教育部高等学校材料类专业教学指导委员会规划教材

生态环境功能材料

梁金生　主　编
王　菲　副主编

ECO-ENVIRONMENTAL
FUNCTIONAL MATERIALS

U0243888

化学工业出版社

·北京·

内 容 简 介

《生态环境功能材料》共分 13 章，主要分为如下四部分：第一部分为第 1 章绪论，主要介绍了生态环境功能材料学科的兴起、内涵、研究内容、研究方法、研究主要进展和发展趋势。第二部分为第 2 章材料的环境负荷评价与生态设计，主要介绍材料的环境负荷评价、材料的生态化改造、材料的生态设计、典型材料的碳达峰与碳中和路径。第三部分包含第 3～7 章，主要介绍典型非金属矿物生态环境功能材料。第四部分包含第 8～13 章，主要介绍低品位非金属矿和典型固废生态环境功能材料。

本书可作为高等院校无机非金属材料工程、功能材料、资源循环科学与工程、矿物材料、矿物加工等专业以及战略性新兴产业其它相关专业的本科生和研究生教材，也可为相关专业工程技术人员提供参考。

图书在版编目（CIP）数据

生态环境功能材料/梁金生主编；王菲副主编. —
北京：化学工业出版社，2023.4（2024.11重印）
ISBN 978-7-122-42994-0

Ⅰ.①生…　Ⅱ.①梁…②王…　Ⅲ.①生态环境-
功能材料　Ⅳ.①TB39

中国国家版本馆 CIP 数据核字（2023）第 033148 号

责任编辑：陶艳玲　　　　　　　　　装帧设计：史利平
责任校对：边　涛

出版发行：化学工业出版社（北京市东城区青年湖南街13号　邮政编码100011）
印　　装：北京机工印刷厂有限公司
787mm×1092mm　1/16　印张 14¾　字数 335 千字　2024 年 11 月北京第 1 版第 2 次印刷

购书咨询：010-64518888　　　　　　　售后服务：010-64518899
网　　址：http://www.cip.com.cn
凡购买本书，如有缺损质量问题，本社销售中心负责调换。

定　　价：69.00 元

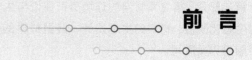

前　言

　　生态环境功能材料学科是在全球人口快速增长和工业化快速发展所导致的资源、能源消耗过快、环境污染日趋严重、生态危机加剧和生物健康矛盾凸显等背景下诞生和发展起来的新兴交叉学科，它涉及材料、环境、能源、矿业、地质、生态等多学科的交叉融合。

　　生态环境功能材料主要研究以各种天然原料的特殊结构、特殊性能以及资源禀赋特征为基础开发环境功能新材料，其发展理念和研究方法充分体现了人类向自然学习、与生态环境协同发展的精神，对资源的循环利用、高效利用以及实现"碳达峰"与"碳中和"具有重要意义。生态环境功能材料将成为未来材料和相关产业可持续发展、生态文明建设的重要方向，生态环境功能材料学科和产业必将会加速发展。

　　在生态环境功能材料学科专业人才培养方面，河北工业大学于 2001 年 1 月批准建立了能源与环保材料研究所，并依托该研究所、材料科学与工程学科率先开展了能源与环境材料专业方向本科生和研究生的培养工作。在此基础上，2010 年获教育部批准设立功能材料战略性新兴产业相关本科专业，2012 年功能材料专业纳入国家级综合改革试点建设本科专业建设计划。经过 2019 年学科专业调整，2020 年功能材料专业作为特色的无机非金属材料工程专业列入国家一流本科专业建设计划。经过 20 余年的建设和发展，河北工业大学生态环境功能材料已成为国家一流学科建设的特色方向和国家一流专业建设的核心特色课程。

　　在生态环境功能材料研究方面，"十五"期间国家"863 计划"在特种功能材料主题下设立了"具有自调温隔热功能墙体材料""产生负离子功能内墙涂料及评价方法"等课题；"十一五"和"十二五"期间在国家科技支撑计划设立了"高性能非金属矿物材料先进制备技术"和"日用陶瓷高品质功能化关键技术"等重点项目；"十三五"期间在国家重点研发计划中设立了"环保非金属矿物功能材料制备技术及应用研究""节能非金属矿物功能材料制备技术及应用研究""环境友好非金属矿物功能材料制备技术及应用""京津冀工农城固废跨产业跨区域协同利用及集成示范"等重点项目。经过 20 余年国家重点科研计划等项目的资助研究，我国在非金属矿物材料晶体结构、微观结构、环保性能调控、环保性能评价与测试技术等方面，以及尾矿等大宗固体废物制备生态环境功能材料的研究方面，均取得了大批科研成果，并在土壤调理、低温脱硝、空气净化、高难水处理、饲料脱霉、易洁环保陶瓷等领域形成了一批新兴产业。本书作者为上述项目或课题的负责人以及研究团队的骨干成员，经过对各位学者取得的重要成果进行梳理和凝练，形成了本书的主要内容。

本书主要分如下四部分。

第一部分：第 1 章绪论，主要介绍了生态环境功能材料学科的兴起、内涵、研究内容、研究方法、研究主要进展和发展趋势。由河北工业大学梁金生研究员撰写。

第二部分：第 2 章材料的环境负荷评价与生态设计，主要介绍材料的环境负荷评价、材料的生态化改造、材料的生态设计、典型材料的碳达峰与碳中和路径。由河北工业大学孟军平副研究员撰写。

第三部分：第 3~7 章，主要介绍典型非金属矿物生态环境功能材料。其中第 3 章电气石矿物生态环境功能材料，由河北工业大学张红副教授、梁金生研究员撰写；第 4 章海泡石矿物生态环境功能材料，由河北工业大学王菲研究员、汤庆国研究员撰写；第 5 章蒙脱石矿物生态环境功能材料，由华润水泥控股有限公司雷东升教授级高工、苏州非金属矿研究设计院有限公司张明教授级高工以及咸阳非金属矿设计研究院有限公司张红林教授级高工撰写；第 6 章硅藻土矿物生态环境功能材料，由北京工业大学杜玉成教授、吴俊书副研究员以及山东建筑大学郑广伟讲师、重庆大学张育新教授撰写；第 7 章石墨矿物生态环境功能材料，由北京大学传秀云教授编写。

第四部分：第 8~13 章，主要介绍低品位非金属矿和典型固废生态环境功能材料。其中第 8 章低品位非金属矿生态环境功能材料，由内蒙古大学王文波研究员撰写；第 9 章海洋贝壳生态环境功能材料，由河北工业大学王丽娟副研究员和中国建筑材料科学研究总院有限公司冀志江教授级高工撰写；第 10 章生物炭生态环境功能材料，由河北工业大学段昕辉副研究员撰写；第 11 章铁尾矿生态环境功能材料，由河北工业大学田光燕讲师、梁金生研究员撰写；第 12 章锂辉石尾矿生态环境功能材料，由唐山惠达陶瓷股份有限公司、河北工业大学杨晖正高级工程师、常宇成工程师、王宇梅工程师撰写；第 13 章新能源退役设施及催化剂资源化应用，由河北工业大学王亚平讲师、李思佳副教授撰写。全书由河北工业大学梁金生研究员、王菲研究员修改定稿。

生态环境功能材料学科是一门新兴的交叉学科，其形成和快速发展反映了材料学科的发展趋势，也是 21 世纪实现可持续发展远景目标和生态文明的必然要求。期望本书对大学生和科研人员学习能力、首创意识、首创精神、创新思维等的培养，以及资源高效循环利用具有一定的价值和作用。

本书涉及的科研成果主要来自作者长期从事的国家重点科研项目，曾多次受到科技部、国家自然科学基金委员会立项支持。本书的出版得到了教育部高等学校材料类专业教学指导委员会规划教材建设计划立项，还得到了生态环境与信息特种功能材料教育部重点实验室(河北工业大学)和河北工业大学"十四五"教材建设重点项目的资助。在"生态环境功能材料"课程中有多年教学实践经验的课程团队教师也对本书提出了许多建设性的意见和建议。本书立项、审稿和出版阶段得到了许多专家的指导和帮助，在此一并表示衷心感谢。

由于作者水平所限，存在的纰漏和不足之处恳请读者批评指正，我们将不胜感激。

编者
2023 年 1 月于河北工业大学

目 录

第1章 绪论

第2章 材料的环境负荷评价与生态设计

第3章 电气石矿物生态环境功能材料

第4章 海泡石矿物生态环境功能材料

第5章 蒙脱石矿物生态环境功能材料

第6章　硅藻土矿物生态环境功能材料

第7章　石墨矿物生态环境功能材料

第8章　低品位非金属矿生态环境功能材料

第9章　海洋贝壳生态环境功能材料

第10章 生物炭生态环境功能材料

第11章 铁尾矿生态环境功能材料

第12章　锂辉石尾矿生态环境功能材料

第13章　新能源退役设施及催化剂资源化应用

绪论

材料是国家基础产业、高新技术产业和国防工业发展的重要支撑，是社会进步和国家富强的重要标志。进入中国特色社会主义新时代，新材料产业的基础性和战略性特征更加显著。21 世纪以来，材料产业的迅速发展给人类带来了巨大的物质财富，但在材料制造、使用及废弃过程中也产生了巨大的能源消耗和资源消耗以及环境负荷激增等不可持续发展问题。随着经济、科技全球化及生态文明建设的加速，以非金属矿物功能化、矿物资源高效利用为标志的生态环境功能材料正在逐渐成为新材料、节能环保以及资源循环利用等新兴产业发展的新增长点。本章重点介绍生态环境功能材料学科的兴起、内涵、基本概念、新进展及发展方向。

1.1 生态环境功能材料学科的兴起与发展

能源、信息和材料是现代物质文明建设的三大支柱，其中材料是科学技术发展的物质基础，没有先进的材料就没有先进的工业、农业和科学技术。纵观世界科技发展史，重大的技术革命无不起源于新材料的巨大突破，而近代和当代新技术（如计算机、原子能、集成电路、航天工业、云计算、大数据、人工智能、量子技术等）的发展又加速了新材料的研制和材料新功能的发现。材料科学与工程学科已不仅主要研究材料的成分、结构和性能之间的关系，关于材料的生产、使用、废弃全过程对环境和健康的影响研究越来越受到社会各界关注。

1.1.1 生态环境功能材料学科的兴起

1994 年日本东京大学山本良一教授出版了第一部《环境材料》（日文）著作，提出开发新材料时不仅要考虑其优异的使用性能，还要求所开发的新材料在生产、流通、使用和废弃的全过程中对环境产生的负荷最小。我国学者王天民教授将该著作翻译成中文，于 1997 年在化学工业出版社出版。事实上，环境材料不仅包括按上述理念设计开发的新材料，也涵盖了对传统材料基于材料全生命周期评价（materials life cycle assessment，MLCA）原则的生态化改造。环境材料发展理念提出后，世界各国逐渐开始研究建立典型材料和产品的环境负荷数据库。

进入 21 世纪，随着世界科技进步和生态环境意识的普遍提高，人们对健康舒适环境及相关材料产品提出了新的需求，在生产、流通、使用和废弃全过程中与地球生态环境保持协调已经成为材料必须满足的基本要求，生态环境功能材料的概念应运而生。河北工业大学梁金生教授提出，生态环境功能材料是指以天然矿产资源为主要原料开发的环境污染防治功能材料和微环境调控功能材料。认为环境污染防治功能材料技术主要指可以改善水污染、大气污染、土壤污染等环境科学与工程领域基本环境问题的新型功能材料（简称环境功能材料）的制备技术、应用技术与评价技术；微环境调控功能材料是指可以调控研究对象局部环境质量的功能材料，例如可以调控人、动物、植物微循环的功能材料，以及改善工业燃烧系统能耗与排放的功能材料等。生态环境功能材料学科的形成与发展过程示意图，见图 1-1。

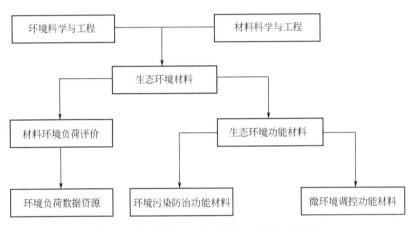

图 1-1　生态环境功能材料学科的形成与发展

与此同时，为了加速生态环境功能材料研发和高层次创新型人才培养，2001 年初成立了河北工业大学能源与环保材料研究所，并依托该研究所、材料物理与化学国家重点学科率先开始了能源环境材料方向本科生和研究生的培养工作。2006 年组织创建了天津市硅酸盐学会生态环境功能材料专业委员会，2008 年创建了中国仪表材料学会生态环境功能材料专业委员会、生态环境与信息特种功能材料省部共建教育部重点实验室（河北工业大学），有力促进了生态环境功能材料学科的发展和人才培养能力的迅速提升。

1.1.2　生态环境功能材料的分类

非金属矿物材料主要由天然矿物或岩石等原料经提纯、加工、改性等工艺制成。开发生态环境功能材料一般以非金属矿物等天然材料为主要生产原材料，例如具有特殊晶体结构的电气石、石墨等；一维纳米纤维状结构的海泡石、凹凸棒石；具有二维纳米片状结构的蒙脱石、高岭石；具有三维纳米孔结构的硅藻土、沸石。低品位非金属矿是指介于边界品位与最低工业品位之间，在当前经济技术条件下不具开采价值的非金属矿产。非金属矿具有独特的表面吸附、离子交换、自发极化等性质，且具有与自然环境协调性佳的特点，这使其在制备生态环境功能材料的过程中具有天然优势。目前，以天然矿物资源为主要原料开发的生态环境功能材料在环境污染防治和微环境调控功能方面已展现出巨大的应用潜力，在污染治理、环境修复、微环境调控领域将发挥越来越重要的作用。

尾矿指选矿厂在特定的经济技术条件下，将矿石磨细，选取有用成分后排放的废弃物。尾矿主要有铁尾矿、钒钛磁铁尾矿、金尾矿、钼尾矿等金属矿尾矿，锂辉石尾矿、电气石尾矿、锰方硼石尾矿等非金属矿尾矿，以及煤矿尾矿（或伴生矿）等。这些尾矿成分多为复合硅酸盐矿物，都具有非金属矿物的结构特点，具有深度利用和高附加值开发的潜力。科学家们近年来也开始了以植物秸秆、果壳、园林废弃物、海洋贝壳等为原料研究加工制作结构信息丰富的天然结构功能材料。以上述资源为主要原料，可以开发系列生态环境功能材料。

可见，经过近 20 年的发展，生态环境功能材料的内涵、研究内容等已经明确涵盖了以天然非金属矿物资源、尾矿资源、生物质资源、海洋贝壳资源等天然材料为主要原料开发的环境污染防治功能材料和微环境调控功能材料。根据所用生产原料划分，目前生态环境功能材料已经发展成如下四种主要类型：①非金属矿资源生态环境功能材料；②尾矿资源生态环境功能材料；③生物质资源生态环境功能材料；④海洋贝壳资源生态环境功能材料。

1.2 生态环境功能材料的主要研究内容

1.2.1 材料的环境负荷评价与生态设计

随着经济科技全球化及绿色可持续发展的迫切要求，对传统材料和新材料的生产、流通、使用、废弃全过程影响环境与健康的评价范围更加广泛，技术指标也在不断提高，在线监测数据技术和装备水平显著提升。材料的环境负荷评价与生态设计理论与实践研究方面，在材料的环境负荷评价基本概念、原则和方法等相关理论研究基础上，近年对典型材料的碳足迹解析和利用开展了研究，为碳达峰碳中和目标的实现探索新路径。

1.2.2 非金属矿资源生态环境功能材料

（1）电气石矿物生态环境功能材料

电气石是一类以含硼为主要特征，由钠、镁、铁、铝、锂等元素组成的环状结构硅酸盐晶体矿物，化学式通式可表示为 $XY_3Z_6[T_6O_{18}][BO_3]_3W_4$，其中 X 为碱土、碱金属阳离子或空位，Y 和 Z 为镁、铁、锰、铝、铬等阳离子，T 为硅、铝阳离子，W 为氢氧根、氟、氧等阴离子。电气石晶体只在 C 轴方向呈现轴对称现象，其结构中的 $ZO_5(OH)$ 八面体沿着 C 轴方向形成八面体螺旋结构，它们将元胞晶体沿 C 轴串连起来形成结构稳定的晶粒，天然电气石颗粒由许多这样的晶粒通过晶界物质结合而成。电气石具有特殊的晶体结构和复杂的矿物成分，正负电荷中心不重合，使得电气石具有异于其他非金属矿物的压电性、热电性、自发极化特性和发射远红外线性能。研究发现，将纳米粒径电气石均匀分散，有利于电气石提供规则的电场、磁场、远红外等微能量场效应，推动电气石纳米颗粒的特殊性能在低温脱硝催化、水体净化、易洁抗菌功能陶瓷、生物健康、微环境调控等领域能更有效发挥作用。

（2）海泡石矿物生态环境功能材料

海泡石矿物为链层状含水富镁硅酸盐或镁铝硅酸盐矿物，素有"软黄金"之称。自然界中有热液型和沉积型两种海泡石矿物，热液型海泡石为大束纤维状晶体，通常称为纤维状海泡石；沉积型海泡石为非常细且短的纤维或纤维状集合体，通常称为土状海泡石。海泡石的标准晶体化学式为 $Si_{12}O_{30}Mg_8(OH)_4(H_2O)_4 \cdot 8H_2O$，属斜方晶系，其晶体结构单元层由两层 $[SiO_4]$ 四面体之间夹一层 $[MgO_6]$ 八面体组成，为 2:1 型。天然海泡石多呈纤维状或纤维束状集合体，纳米纤维轴向存在许多弯曲且不连续、内径约为 $23 \sim 26nm$ 的孔道，纤维侧壁上还存在许多直径约为 $1 \sim 9nm$ 的微孔与中孔结构。以海泡石矿物纳米纤维可制备系列生态环境功能材料。近年来，海泡石矿物生态环境功能材料在环境工程、节能绿色建筑材料、复合催化剂、生物医药等领域已获得应用。

(3) 蒙脱石矿物生态环境功能材料

蒙脱石是一种含少量碱及碱土金属离子的水合铝硅酸盐层状黏土类矿物，含量在 85%~90% 的蒙脱石矿物称为膨润土，也称斑脱岩、皂土或膨土岩。蒙脱石的标准晶体化学式为 $(Na,Ca)_{0.33}(Al,Mg)_2(Si_4O_{10})(OH)_2 \cdot nH_2O$，属于单斜晶系，单位晶胞由两层硅氧四面体和一层铝氧八面体组成，结构单元厚度约为 1nm。蒙脱石颗粒通常由很多蒙脱石结构单元层堆叠而成，每个颗粒包含数十个结构单元层所夹的层间区域。蒙脱石单元层之间的结合力小，水分子和极性分子很容易进入到层间区域，因此蒙脱石在溶剂中具有良好的吸附性、可膨胀性、分散性和悬浮性。近年来，蒙脱石矿物生态环境功能材料已应用于环境工程、防渗工程、健康药物、饲料脱霉、有机/重金属吸附剂、复合相变储热材料等领域。

(4) 硅藻土矿物生态环境功能材料

硅藻土是由古代地质时期硅藻的遗骸经长期地质作用形成的化石性硅质沉积岩，它是一种经自然界演化产生的具有独特超微结构和优异性能的天然物质，主要成分是二氧化硅，矿物相为蛋白石及其变种。硅藻土具有松散、质轻、比表面积大、三维介孔纳米孔道结构、化学性质稳定等特性，是目前人工尚不能合成的天然非晶质硅质矿物。目前，硅藻土矿物生态环境功能材料在高难度废水处理和空气净化建材领域已经得到广泛应用。采用现代技术提升或优化硅藻土矿物的禀赋或功能，开发了具有光催化降解功能的硅藻土负载纳米 TiO_2 复合材料、具有调湿调温功能的硅藻土环保管材壁材、多功能硅藻板、高性能硅藻土助滤剂、水质净化与废水处理材料等。

(5) 石墨矿物生态环境功能材料

石墨是典型的层状矿物，根据其晶体化学特征石墨有多种同质多象变体（polymorph），存在两种晶体结构形式：六方晶系的六方石墨、三方晶系的菱形石墨。石墨中，碳原子被杂化后，形成 sp^2 杂化轨道，在水平（XY）轴方向上，碳原子通过共价键相连形成六方环、构成六方网状结构；在平面上成层分布，形成碳原子层；垂直碳层面的 Z 轴方向上，通过很弱的分子键连接。上下六方网状层中的碳原子位置并不重合。因为石墨中碳原子的化学键结构特征，石墨表现出优异的导电、导热性，具有良好的化学和高温稳定性，润滑和涂敷性能优良。石墨矿物生态环境功能材料已经在石油废水处理、污水处理、大气污染治理和电磁污染防治等方面获得成功应用。

(6) 低品位非金属矿生态环境功能材料

自然界中多数非金属矿为湖相或海相沉积成因矿，在成矿过程中多种矿物同时形成，产生大量共生/伴生矿，同时外界金属离子与矿物晶格离子间存在类质同晶取代现象，导致矿物的物相组成和化学组成较复杂，品位较低，难以进行高值化利用。随着优质非金属矿物资源不断消耗，以凹凸棒石黏土作为自然非金属矿的代表、煤矸石作为伴生尾矿的代表，探索低品位非金属矿的资源禀赋特征、加工和利用途径、低品位非金属矿生态环境功能材料的应用和发展趋势，开发低品位非金属矿生态环境功能材料具有重要意义。

1.2.3 海洋贝壳资源生态环境功能材料

贝壳砂和贝壳是蓝色海洋经济快速发展的重要产物。贝壳砂是贝壳类海洋动物的遗体经过潮汐和陆地入海经海水的冲击被推到一个特殊海域而沉积下来的一种产物，产量巨大，其主要成分为层状碳酸钙。贝壳一般是贝类加工剩余的固体废弃物，主要由碳酸钙和胶质层复合构成。利用贝壳砂和贝壳的资源属性开发易洁抗菌陶瓷、环境净化功能涂覆材料、特种生物修复材料等具有广阔的应用前景。

1.2.4 生物质资源生态环境功能材料

生物质资源生态环境功能材料的主要代表是生物炭。

生物炭是植物秸秆、坚果果壳等生物质农林废弃物在缺氧条件下经过热裂解或水热炭化等热化学转化所获得的富碳产物，主要由芳香烃、单质碳或者具有类石墨结构的碳组成，碳元素含量一般占 $70\%\sim80\%$。生物炭孔隙结构丰富、比表面积大、理化性质稳定等的特点决定了其具有强抗氧化能力、强吸附能力和离子交换能力，已经成为当今农业与土壤等领域的研究热点，在污染土壤修复、土壤环境和水体环境改善等农业资源环境保护中具有广阔的应用前景。

1.2.5 尾矿资源生态环境功能材料

（1）铁尾矿生态环境功能材料

铁尾矿是钢铁工业中铁矿石选矿工艺后排放的大宗工业固体废弃物，化学组成上除含有少部分金属元素外，主要由 Si、Al、Fe、Mg、Ca 以及少量的 K、Na、P、S 等元素组成。铁尾矿的堆积存放不仅占用土地、污染水资源，还会存在尾矿库溃坝等安全隐患，引发严重的环境和生态问题。事实上，铁尾矿主要由石英、钙长石、斜长石、斜绿泥石和黑云母等矿物组成，具有由硅氧四面体与其他原子（Si、Al、Mg 等）构成的四面体或八面体结构联结形成的复杂结构，属于硅酸盐复合矿物。目前，针对粒径 $75\mu m$ 以下铁尾矿的天然资源属性和高附加值功能化利用需求，已研究了环境净化用系列介孔功能材料、气凝胶材料、隔热保温材料、远红外功能陶瓷等生态环境功能材料。

（2）锂辉石尾矿生态环境功能材料

锂辉石尾矿为能源金属产业非金属矿选矿工艺后产生的一类重要非金属矿尾矿，其主要成分为 Si、Al、Mg、Ca、K、Na 等元素，为绿柱石、长石、少量锂辉石等构成的复杂铝硅酸盐复合矿物。这些非金属矿物与玻璃、陶瓷行业的长石等主要原料组成和性能相近，锂辉石尾矿有望用于卫生陶瓷、日用陶瓷等产业中长石等优质工业原料的替代以及开发新型节能环保陶瓷。目前，已经用锂辉石尾矿制备轻质高强卫生陶瓷和多孔环保陶瓷等生态环境功能材料。

1.2.6 新能源退役设施及催化剂资源化应用

新能源一般指采用新技术和新材料系统开发利用的能源。发展新能源技术的核心和应用基础则是新能源设施与材料,电池方面主要包括锂离子电池、镍氢电池、太阳能电池等器件及其相应材料。随着新能源技术的不断开发与应用,带来的资源环境问题也将日趋严峻。另外,工业生产中退役催化剂的产生速率也在不断增大。回收退役电池和催化剂中的有价金属,对于保护环境和稀贵金属资源的高效循环利用具有重要意义。以退役三元锂动力电池、磷酸铁锂动力电池、镍氢电池和退役催化剂为例,探索新能源退役设施及催化剂资源化应用方法。

1.3 生态环境功能材料学科的发展方向

生态环境功能材料主要研究以各种天然原料的特殊结构、特殊性能以及资源禀赋特征为基础开发新材料,其发展理念和研究方法对资源的循环利用、高效利用,实现碳减排碳中和具有重要意义,将成为未来材料和相关产业可持续发展的重要方向。在现今全球环境生态危机加剧的背景下,生态环境功能材料学科和产业必将得到加速发展。

1.3.1 大宗矿物材料、尾矿等天然资源的高效平衡利用模式创新

现有选矿和矿物加工等资源开发利用理念主要是建立在提纯等技术基础上的,由于专业划分过细、不同产业之间交流较少,造成一方面进行高成本提纯加工,做减法,产生大量尾矿;另一方面应用时将纯物质再进行混合加工,做加法。这种模式造成了巨大的资源能源浪费。随着万物互联互通的新时代迅猛发展,科学确定矿物加工的"加减法",做到宜加则加、宜减则减,大大减少固废资源的产出,探索精细分级、分质、高效平衡利用和可持续发展新模式,加速实现大宗矿物材料、尾矿等天然资源工业原料化。

1.3.2 生态环境功能材料的高端化应用

非金属矿物材料经纯化等加工后一般含有微量的共伴生矿物质,对于需要特殊环境下服役的高纯纳米纤维、纳米片、纳米孔状材料,在其矿物微结构中可以构筑功能性纳米点或纳米晶,实现矿物的高附加值、高效利用。例如在海泡石纳米纤维表面和电气石纳米晶表面构筑二硫化钼纳米片、纳米点,在硅藻土纳米孔结构表面构筑硅酸镁纳米催化剂后可以实现高难度废水中有机污染物降解和重金属脱毒;将电气石晶体加工到粒径100nm以下后,在其表面构筑含锰、镍、稀土的纳米催化剂,可实现水泥窑复杂烟气工况低温工业脱硝。

1.3.3 人居环境健康舒适系列生态环境功能材料

根据天然结构材料的资源禀赋特征,对其快速、高效、低成本加工后,可以开发易洁抗菌陶瓷、抗病毒涂料、抗菌防臭卫生洁具、空气净化功能涂覆材料、抗病毒空气消毒液等生态环境功能材料产品,应用这些产品可以营造健康舒适的人居环境。例如,蒙脱石具有特殊层状结构,离子交换能力强,在特殊环境危机应急处理以及低环境毒害药物开发方面具有很好应用前景。

1.3.4 现代农牧业种养循环一体化系列生态环境功能材料

我国农业种植依靠农药、化肥等物化技术，农业生态资源过度消耗，化肥过量施用引起土质下降、土壤有效成分减少，严重制约现代农业的高质量发展；以植物为食的畜禽的肉质和蛋奶的质量也存在潜在风险，影响人类的健康。畜禽养殖业中，在动物生长、健康、保健等方面，常使用抗生素、生长素等各种药物，这种养殖模式不仅会导致人的食品安全风险，也存在环境危害风险。因此，开发种养结合的系列生态环境功能材料是现代农牧业实现种养一体化高水平发展的重要途径。

1.3.5 生态环境功能材料学科人才培养模式创新

生态环境功能材料科技创新、产业健康发展，涉及材料、矿业、环境、能源、工程等多学科知识和运用的能力，对人才创新能力提出了更高的要求。对大学生和科研人员学习能力、首创意识、首创精神、创新思维、前瞻思维等进行重点培养，探索功能材料科技、产业、创新人才培养融合发展新模式，是实现生态环境功能材料产业健康发展的根本保障。

1.4 扩展阅读

2015年9月，中国在联合国发展峰会上郑重承诺，以落实2030年可持续发展议程为己任，团结协作，推动全球发展事业不断向前。2020年9月22日，在第七十五届联合国大会一般性辩论上，中国提出将提高国家自主贡献力度，采取更加有力的政策和措施，二氧化碳排放力争于2030年前达到峰值，努力争取2060年前实现碳中和。2021年3月5日，十三届全国人大四次会议政府工作报告中提出，扎实做好碳达峰、碳中和各项工作，制定2030年前碳排放达峰行动方案。

这里所说的碳是指人类生产、生活所排放的各种温室气体，为了便于统计，按照各种温室气体导致温度效应的程度差异，统一折算成二氧化碳当量，因此常常将 CO_2 作为温室气体的代名词。碳达峰是指一个地区或行业温室气体排放总量达到年度历史最大值，是温室气体年排放总量由增转降的曲线拐点，标志着社会经济发展由高耗能、高污染模式转向绿色低能耗模式。碳中和是指在一定时期内（一般指一年）某个地区人类活动过程中直接或间接的碳排放总量，与通过工业固碳、植树造林吸收的碳总量大致相等，实现近零碳排放。资源环境与材料技术领域率先研究矿物资源和生物质资源等天然资源的高效循环利用，以及退役工业材料产品、大宗工业固废等资源化循环利用的理论体系、技术体系和标准化体系，建立与相关产业发展要求相适应的创新人才培养体系，可为碳达峰碳中和目标的实现提供强力支撑。

近年，我国将聚焦源头减量减害、过程清洁生产、高质循环利用等重大科技问题，攻克一批产品数字化绿色设计、固废源头减量清洁工艺、多源有机固废协同处置、废旧物资智能拆解利用、化学品环境健康风险控制、产业循环链接等重大核心共性技术。面向国家碳达峰碳中和重大需求，将聚焦社会发展和二氧化碳难减排行业的关键技术进行重点突破，综合提升我国应对气候变化的技术研发能力。重点研究解决面向碳中和的脱碳模型构建与决策支持系统；面向碳交易检测和监测的关键核心技术研发；新型二氧化碳捕集、化学利用、区域封存安全性评价；生物质负排放技术、非二氧化碳温室气体减排；钢铁行业的富氢气体还原冶炼、钢-化联产技术；水泥行业耦合碳捕集利用封存流程再造技术；碳中和的前沿和颠覆性技术；非二氧化碳温室气体监测；碳中和技术发展路线图与创新支撑体系；碳中和进程重大治理策略、全球气候治理关键问题与应对。

思考题

（1）什么是生态环境功能材料？其主要特点是什么？

（2）说明生态环境功能材料的主要研究内容。

（3）新时代生态环境功能材料研究开发的意义和必要性有哪些？

参考文献

[1] 孙剑锋，张红，梁金生，等.生态环境功能材料领域的研究进展［J］.材料导报（A），2021，35：13075-13084.

[2] 梁金生，丁燕.功能材料专业教育教学实践［M］.北京：北京大学出版社，2018.

[3] A. Wang，W. Wang. Nanomaterials From Clay Minerals：A new approach to green functional materials［M］. Elsevier，2019.

[4] 中国硅酸盐学会.矿物材料学科发展报告：2016—2017［M］.北京：中国科学技术出版社，2017.

[5] 吕国诚，廖立兵，李雨鑫，等.快速发展的我国矿物材料研究——十年进展（2011—2020年）［J］.矿物岩石地球化学通报，2020，39：1-12.

[6] 路畅，陈洪运，傅梁杰，等.铁尾矿制备新型建筑材料的国内外进展.材料导报（A），2021，35（5）：05011-05026

[7] L. Linson，Y. Liu，R. Tarek，et al. Development of biochar-based green functional materials using organic acids for environmental applications［J］. Journal of Cleaner Production，2020，244：118841.

[8] J. Yang，L. Xu，H. Wu，et al. Preparation and properties of porous ceramics from spodumene flotation tailings by low-temperature sintering［J］. Transactions of Nonferrous Metals Society of China，2021，31：2797-2811.

[9] G. Dong，G. Tian，L. Gong，et al. Mesoporous zinc silicate composites derived from iron ore tailings for highly efficient dye removal：Structure and morphology evolution［J］. Microporous and Mesoporous Materials，2020，305：110352.

[10] F. Wang，Z. Xie，J. Liang，et al. Tourmaline-modified FeMnTiO$_x$ catalysts for improved low-temperature NH$_3$-SCR performance［J］. Environmental Science & Technology，2019，53：6989-6996.

[11] C. Lu，H. Yang，J. Wang，et al. Utilization of iron tailings to prepare high-surface area mesoporous silica materials［J］. Science of the Total Environment，2020，736：139483.

[12] M. Hao，H. Li，L. Cui，et al. Higher photocatalytic removal of organic pollutants using pangolin-like composites made of 3-4 atomic layers of MoS$_2$ nanosheets deposited on tourmaline［J］. Environmental Chemistry Letters，2021，19：3573-3582.

[13] Z. Ren，L. Wang，Y. Li，et al. Synthesis of zeolites by in-situ conversion of geopolymers and their performance of heavy metal ion removal in wastewater［J］. Journal of Cleaner Production，2022，349：131441.

材料的环境负荷评价与生态设计

导读

  随着世界人口的增加和科技经济全球化进程的加速，人类对资源、能源的消耗将进一步增加，资源、能源的短缺问题将日益严重。这些问题的积累不仅加剧了人类与自然的矛盾，还对社会经济的持续发展和人类自身的生存构成新的障碍。材料产业的发展必须走与资源、能源及环境相协调的道路才能实现可持续发展。在这个大背景下，20 世纪 90 年代日本东京大学山本良一教授等提出了"环境材料"（也称生态环境材料）的概念，认为开发新材料时不仅要考虑其优异的使用性能，还要求材料在生产、流通、使用和废弃的全过程中对环境产生的负荷最小。那么，什么样的材料才称得上是环境材料？这涉及如何评价材料的环境协调性，即环境表现或环境性能，并由此产生了材料的环境协调性评价研究。

  本章首先介绍材料的环境负荷评价的基本概念、原则和方法等相关理论，在此基础上阐述基础材料和开发各类高性能生态环境材料的生态设计相关理论与方法，最后探讨典型材料的碳达峰与碳中和路径。希望学生通过学习不仅要理解基础研究对科技的发展和创新的意义，还要学会用生态平衡和生态环境协调的观点运用相关理论知识分析与解决材料工程中的实际问题。

2.1 材料的环境负荷评价

2.1.1 环境负荷评价的概念与技术框架

2.1.1.1 环境负荷评价的概念

  环境负荷评价又叫生命周期评价（life cycle assessment，LCA）或者环境协调性评价，是一项自 20 世纪 60 年代开始发展的重要的环境管理方法，现在已经成为国际社会通用的方法。生命周期是指某一产品（或服务）从取得原材料，经生产、使用直至废弃的整个过程，即从摇篮到坟墓的过程。按 ISO14040 的定义，生命周期评价是用于评估与某一产品（或服务）相关的环境因素和潜在影响的方法，它是通过编制某一系统相关投入与产出的存量记录，评估与这些投入、产出有关的潜在环境影响。

2.1.1.2 环境负荷评价的技术框架

按 ISO14040 定义的 LCA 技术框架包括目标与范围的定义、清单分析、影响评价和结果解释四个方面，图 2-1 所示为我国稀土材料环境负荷评价的技术框架。

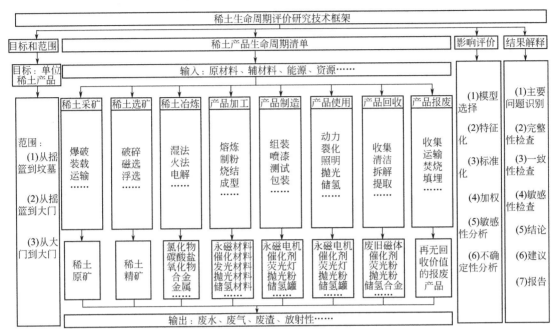

图 2-1　我国稀土材料环境负荷评价的技术框架

（1）目标和范围的定义

在开始 LCA 评估之前，必须明确地表述评估的目标与范围。这是清单分析、影响评价和结果解释所依赖的出发点和立足点。

目标的定义：实施 LCA 评价的对象可以是一种产品，也可以是一个过程或一种活动（图 2-1 中案例特指稀土产品）。

范围的定义：LCA 的范围应该根据需要达到的既定目标来确定。应妥善规定范围的定义，以保证评估的广度、深度和详尽程度与之相符，并足以适应所确定的研究目的。LCA本身是一个反复进行的过程，必要时可以加以修正。关于范围的定义，需要明确以下内容：①产品系统功能的定义；②产品系统功能单位的定义；③产品系统的定义；④产品系统边界的定义；⑤系统输入输出的分配方法；⑥采用的环境影响评估方法及其相应的理解方法；⑦数据要求；⑧评估中使用的假设；⑨评估中存在的局限性；⑩原始数据的质量要求；⑪采用的审核方法；⑫评估报告的质量和方式；⑬边界：包括地理边界、时间边界等。

（2）清单分析

清单分析是收集产品系统中定量或定性的输入、输出数据，计算并量化的过程。即对所有通过系统边界的物质、能量流进行量化的过程。如图 2-2 为李德祥等人整理的四种一次性餐盒的生命周期系统。在清单分析过程中，通常经过以下几个过程和步骤。

① 系统和系统边界定义　系统的定义是指为实现产品的特定功能而执行的与物质、能量相关的操作过程的集合。它包括对其功能、输入源、内部过程等方面的描述以及地域和时

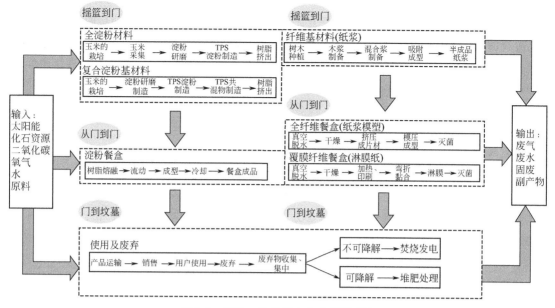

图 2-2　四种一次性餐盒生命周期系统

间上的考虑。

系统边界是系统与外部环境的切分点或切分线，即系统边界以内的包括在 LCA 评估当中，而以外的则不包括在其中。

② 系统内部流程　为更清晰地显示系统内部联系，寻找环境改善的时机和途径，通常需要将产品系统分解为一系列相互关联的过程或子系统。

③ 编目数据的收集与处理。

数据收集：系统内部流程图得出后，开始收集数据。数据包括：每个流程的物质和能量以及从该流程排到空气、水体和土壤中的物质。所有数据尽可能从生产过程中获得，也可以从工程设计者以及其他渠道得来。总之，数据要有代表性。

数据处理：第一，分配问题。如果系统中得到多个产品，或多种废弃物，就有一个输入、输出的数据如何在多个系统中分配的问题。基本上可以从系统中的物理、化学过程出发，依据质量和热力学标准进行分配。第二，能源问题。首先要考虑类型、转化效率、能源生产中的清单数据以及能源消耗量等。

（3）影响评价

影响评价又称生命周期影响评价（life cycle impact assessment，LCIA），是生命周期评价的第三个阶段，是理解和评价产品系统潜在环境影响的大小和重要性的阶段。其目的是评估产品系统的生命周期清单结果，将 LCI 结果转化为资源消耗、人类健康影响和生态影响等方面的潜在环境影响，以便了解该产品系统的影响程度。LCIA 阶段将所选择的环境问题（称为影响类型）模型化，并使用类型参数来精简与解释生命周期清单结果。类型参数用于表示每项影响类型的总污染排放或资源消耗量，这些类型参数代表潜在的环境影响。

（4）结果解释

结果解释是生命周期评价中根据定义的目标和范围的要求对清单分析和（或）影响评价

的结果进行归纳以形成结论和建议的阶段。解释环节中可包括一个根据研究目的对 LCA 研究范围、收集数据的性质和质量进行反复评审与修正的过程。解释应能反映所做的所有敏感性分析的结果。主要步骤如下：①在生命周期评价或清单研究结果基础上对重大环境问题的辨识；②在完整性、敏感性和一致性分析基础上对生命周期评价或清单研究结果进行评价；③得出解释、结论、建议和最终报告。

2.1.2 材料环境负荷评价的基本概念

材料的环境负荷评价一般是指对材料及材料产品在生产、使用、废弃、后处理全过程中与地球生态环境的协调性进行的评价。将 LCA 的基本概念、原则和方法应用到材料寿命周期的评价，即为材料的环境负荷评价，通常称为 MLCA（materials LCA）。我国于 20 世纪末开始材料环境负荷评价理论与评价方法方面的研究工作，在钢铁、水泥、铝、工程塑料、建筑涂料、陶瓷等典型基础材料领域取得了丰硕研究成果。开发了材料环境负荷基础数据资源系统，建立了适合我国国情的材料环境负荷评价方法。MLCA 的研究范围不断扩大，已从包装材料、容器等产品领域转向各种金属、高分子、无机非金属和生物材料，从侧重于结构材料的评价转向对功能材料的研究。

2.1.3 材料环境负荷评价的要素和方法

MLCA 研究一般包括以下 4 个方面的内容。

① 性能要求　要明确作为研究目标的材料所要求的特性及其允许的范围，还要明确为达到上述性能指标，对加工、表面处理等技术的要求，以及服役环境对使用寿命的影响。

② 技术系统　建立与材料对应的技术系统，包括材料的制备、加工成型和再生处理技术，以及相应的副产品、排放物等基本情况。

③ 材料流向　分析资源的使用和流向，特别是要关注那些很难再被循环利用的微量元素的使用和流向。

④ 统计分析　对技术流程中各阶段的能源和资源的消耗、废弃物的产生和去向进行分析和跟踪。

针对上述四个要素的材料环境负荷评价体系，目前已经建立相应的资料库，并研究了相关的方法论，引入相应的指标体系。其中资料库大致可以分为有关材料性能的材料特性资料库和有关材料环境表现的环境表现资料库两大类。环境表现资料库包含相关材料的资源储量、探测采掘、制造技术、循环利用、废弃排放等资料，并用计算机数据库的形式保存起来，便于数据的查询和获取。

2.1.4 材料环境负荷评价研究的重要意义

材料环境负荷评价是一个多学科交叉的研究领域，涉及材料科学、环境科学和管理科学等多个方面，对材料的设计、生产都有重要影响，主要体现在以下三个方面。

① 从环境污染总量上看，与材料相关的环境污染占了很大的比例，所以充分研究材料生产与环境之间的关系，进而改进材料的设计、控制材料的生产过程对于保护环境有重要的意义。

② 从 LCA 的研究体系来看，几乎所有产品的寿命周期都包含了材料生产的阶段，所以选择典型的材料进行评估，可以为众多的产品评估打下基础，减少评估中的重复，有利于 LCA 方法的应用和推广。为此，国外多数的 LCA 数据库中都包含有能源生产、运输和基础材料的评估数据。

③ 材料环境负荷评价和环境材料的研究代表着材料科学研究的一个新思路和新方向，材料研究者不仅应该在基础材料中，还应在包括新材料的成分、结构、性能、工艺和成本的各方面中加入对材料环境性能的考虑，尽量不断地降低材料造成的环境负担。

2.1.5　材料环境负荷评价实例及分析

（1）用一次性纸杯喝热水是否安全

在现代化办公环境中，纸杯的便利性使得它很难找到合适的替代品，这些产品甚至已经与自动售货机或其他热饮机融为一体。2021 年印度理工学院的一项研究发现，使用以塑料涂层作为内衬的一次性纸杯，盛放热液体 15 分钟，内衬材料已发生一定程度的降解，且会向液体中释放微塑料颗粒、有害离子和重金属。研究人员表示，使用这种纸杯饮用热饮时，这些污染物可能会随之摄入体内，从而给人体带来风险隐患，比如会引发生殖缺陷病、癌症，甚至神经系统疾病。相关研究人员称纸杯里装满热咖啡或茶的话，100mL 的杯子中大约会释放出 2.5 万个微米级的微塑料颗粒。也就意味着，如果一个人每天用这样的纸杯喝 3 杯热茶或热咖啡，会摄入 7.5 万个肉眼看不到的微塑料微粒。据分析，这些微塑料来自于纸杯的内衬材料。纸杯内表层通常衬有一层疏水性薄膜，这种薄膜一般是由聚乙烯制成的塑料，这种紧密的结构使得盛放其中的液体不至于渗出。而纸杯盛放热水后，就会出现上述情况。因此在推广这些可能存在生物毒性和环境污染潜在风险的产品之前，需要进行认真考虑。

（2）源于淀粉和纤维素替代材料的 4 类绿色环保餐具评价

李德祥等人以餐饮外卖领域推广使用的生物基餐具（复合淀粉基材料、覆膜纤维基材料）与可降解塑料餐具（全淀粉材料、全纤维材料）为研究对象，分析产品生命周期中的各种资源、能源消耗和环境排放并评价其环境影响。以 1000 个外卖食品餐盒为基准流，利用环境评估软件建立绿色环保餐具的生命周期评价模型。结果表明，源于淀粉的绿色餐盒碳排放和能量消耗主要集中于原料获取和废弃物处理两个阶段，源于纤维的绿色餐盒碳排放和能量消耗则主要集中在制品生产阶段。全淀粉可降解餐具的各项环境影响指标最低，其中累计释放 CO_2 39.91kg，消耗电能 332.04MJ，较全纤维可降解餐盒碳排放降低 69.5%，节约电能 416.23MJ。

2.2　材料的生态化改造

2.2.1　材料生态化改造的基本概念

所谓的材料生态化改造主要是针对基础材料而言，基础材料包括金属类、非金属类、有机高分子类材料等。这些材料在生命周期中所涉及的制备原理、制备工艺、性能强化理论、性能表征、应用领域、固废回收再利用等已经形成了较完备的理论体系。从生态环境材料角度来看，就是将环境协调性意识引入基础材料科学，针对基础材料的特性形成一些新的理论和技术体系，丰富和完善基础材料的发展。

从生态环境材料的角度来看，基础材料的生态化改造主要强调在保持材料的加工性能和使用性能基本不变或有所提高的前提下，尽量保证材料在加工过程消耗较少的资源和能源，排放较少的三废，并且在废弃之后易于回收再生。总之，要保证在不降低使用性能的条件下尽可能提高资源效率和能源效率，降低环境负荷，与环境具有良好的协调性。

2.2.2 材料生态化改造的基本方法

对于基础材料中的金属材料而言，"节能降耗、紧凑流程、降低排放、改善环境"是金属冶炼、加工工艺环境协调性改进的核心内容。例如钢铁工业中铁前原料采取精炼方针，采用干熄焦和小球烧结等技术；炼铁大力推进以高炉喷煤为中心的节焦措施，研发氢冶金方法降低污染物排放；炼钢以连铸为中心，采用三位一体（炼钢、精炼、连铸）的炼钢技术；轧钢采用热衔接，特别是一火成材的紧凑流程等。非铁金属则尽量保证原材料的加工过程消耗较低的资源和能源，排放较少的"三废"，并且在废弃之后易于分解、回收与再生。

对于基础材料中的非金属材料而言，如水泥、玻璃、陶瓷等，量大面广，但是技术、工艺水平落后，企业不集中、规模小、资源能源消耗高，污染大、环境负荷高。近些年来，不仅是发达国家，我国也成功地发展了许多高新技术用于解决这些问题。例如，对于水泥工业采用新型干法（窑外分解技术）、研发纯氧燃烧方法对传统的立窑、机立窑及旋窑、湿法窑进行改造，并运用系统的配套新技术如原料粉碎系统、物料预热处理系统、燃料燃烧技术、熟料烧成技术、收尘技术再配上脱硝脱硫技术等等，在提高资源、能源效率的同时，可使燃料消耗、电耗大幅下降，粉尘及气体污染物 CO_2、NO_x、SO_2 等的排放亦大幅下降。

对于基础材料中的高分子材料而言，在制备、加工和使用过程中，受到热、氧、气候（日晒雨淋和大气环境）、微生物、机械力等的作用，将不可避免地发生老化（降解或交联），部分甚至全部失去其原有的使用性能和使用价值，从而退出生产领域或使用领域。因其产量大、产品使用周期不很长，造成高分子材料废弃物产生量非常大。因此高分子材料废弃物的回收和再利用成为其生态化改造的重点。高分子材料废弃物的再生循环技术可分为三类：一是通过粉碎、热熔加工、溶剂化等手法，使高分子材料废弃物作为原料使用，将此称为材料再生利用技术；二是通过水解或裂解反应等使高分子材料废弃物分解为初始单体或还原为类似石油的物质，再加以利用，将此称为化学再生利用技术；三是对难以进行材料再生或化学再生的高分子材料废弃物通过焚烧利用其热能，将此称为热能利用技术。

2.3 材料的生态设计

2.3.1 材料生态设计的基本概念

生态设计（ecodesign，ED）是指在材料的设计中将保护生态、人类健康和安全的意识有机地融入其中的设计方法，又称为生命周期工程设计（life cycle engineering design，LCED）、绿色设计（green design，GD），或为环境而设计（design for environment，DFE）以及环境协调性设计（environmentally coordinated design，ECD）、材料选择设计（design for material selection，DFMS）等。

目前生态设计已经成为预防生态环境受到危害的重要手段，是高级清洁生产措施和可持续发展的最佳途径。生态设计是采用先进技术、工艺并采用可循环材料以减少对生态环境的破坏，要在材料制造前，即在材料循环的前端明显地减少隐性材料物质流和能源流，而不仅仅是促进生产造成废弃物的循环。事实上，并非所有物质都可以循环，例如，煤和石油就只可燃烧一次。而在大部分工业化国家，矿物燃料及其隐性原料占到材料总使用量的 26%～46%。

生态设计的基本思想是将粗放型生产、消费系统变成集约型生产、消费系统。设计时，从原料开采阶段就开始自觉地运用生态学原理，使材料生产进行物质合理转换和能量合理流动，使材料生命周期的每个环节结合成有机的整体。生态设计的原则和方法不但适用于新材料的开发，也适于基础材料的改进设计。

在材料生产和使用过程中，生态设计目标主要考虑 4 个要素，即先进性、经济性、协调性和舒适性。对材料产品而言，先进性是要充分发挥材料的优异性能，满足各行各业对材料产品的要求；经济性即考虑材料产品的成本，能够保证制造商的利润，维持经济活动的运转；协调性就是要保证在材料的生产和使用过程中与环境尽可能协调，维持生物圈循环过程的平衡；舒适性是指材料产品能够提高生活质量，使人类生活环境更加舒适。

减少材料环境影响的措施包括减少材料的用量、回收循环再利用、降解及废物处理等。减少材料的用量主要靠采用高强、长寿命及其他性能优异的新材料来实现；加强材料的回收再利用，是提高资源效率的有效措施；对某些材料，特别是一次性包装材料，可采用可降解材料，减少对环境的影响；对那些既不能再回收利用，也不能降解的材料，可以采取废物处理的方式进行处理，尽量减少对环境的污染。

生态设计应使传统的材料设计思想有新的转变。传统设计是依据技术、经济性能、市场需求和相应的设计规范，着重追求生产效率、保证质量、自动化等以制造为中心的设计思想，将使用的安全、环境影响和废弃后的回收处理留给用户和社会。而生态设计的基本思想是在设计过程中便考虑材料的整个生命周期对生态环境的负作用，将其控制在最小范围之内或最终消除；要求材料减少对生态环境的影响，同时做到材料设计和结构设计相融合，将局部的设计方法统一为一个有机整体，达到最优化。

2.3.2 生态设计与 LCA

生态设计就是"设计＋LCA"，这是日本学者山本良一教授提出的概念，生态设计的概念见图 2-3。随着 ISO14000 和环境标志在全世界的推行，材料的设计和开发不引入 LCA 方法将是不可能的。生态设计的目标是降低各个过程综合环境负荷指标和降低总影响评估值。设计者完成材料生命周期设计，要经过 4 个过程，即 LCA 概念→瓶颈 LCA→合理化 LCA→完整 LCA。要求如下。

① 调查各个生命周期阶段的资源、能源消耗量和废弃物排放量，并进行清单分析；

② 掌握消耗量和排放量（环境负荷）最大的生命周期阶段；

③ 掌握影响评估的各类别中环境负荷相对较大的类别；

④ 根据环境负荷的空间规模（当地、区域或全球等）考虑权重系数；

⑤ 将环境负荷的时间非可逆性纳入权重系数；

⑥ 根据影响评估加权总和，提出材料环境质量改进方向分析和新材料产品设计方案。

其中，②~③为研究瓶颈 LCA，④~⑤为研究合理化 LCA，通过⑥提出环境协调性设计方案，设计过程通过 LCA 的反馈不断修正，最后达到生态设计目标值。

生态材料=材料设计+生命周期评估
生态产品=产品设计+生命周期评估
生态服务=服务设计+生命周期评估

图 2-3　生态设计的概念

2.3.3　材料生态设计和产品生态设计

推进资源再生循环利用的工作应从两个不同的角度进行，即①建立和发展社会性再生循环体系；②尽量减少自然资源采掘量并持续提供高性能的再生循环材料。第一点属于社会学的研究领域，而第二点属于材料学的研究领域。迄今为止，材料科学工作者一直致力于研究和开发高强度、高韧性、更适合在严酷环境条件下使用的高性能材料。例如，对合金材料而言是开发出使用合金元素种类越来越多、组成越来越复杂的各种材料，而在材料的研制和开发过程中在一定程度上忽略了节约资源、材料再生循环利用和环境保护等问题。片面追求高性能和高附加值的设计思想，导致了传统上大量生产、大量使用和大量废弃的生产方式。而从可持续发展的角度出发，要求产品设计要在尽量减少新材料的使用数量、尽量增加再生循环材料使用数量的基础上，同时满足产品的高性能和使用要求。为了实现这种新的材料和产品的设计理念，以合金材料为例，除了研究材料在再生循环过程中的性能演变机理及其影响因素、研究在材料再生循环过程中去除有害杂质和使杂质无害化的技术之外，还要研究组元数少、组成简单、通过调控工艺过程参数使性能可在大范围内变化的通用性合金和材料以及材料的性能预测技术等。此外，还要在产品和材料的设计中引入环境负荷的指标。

由此，生态设计包括材料生态设计和产品生态设计，两者均在整个生命周期内着重考虑生态属性，并将其作为设计目标，同时保持应有的功能、质量、经济性。材料和产品同时存在于一个生命周期内，追求共同的准则。两者的区别是产品生态设计着重考虑生态材料选择、产品可拆卸及回收；而材料生态设计着重考虑原料选择，制造过程省资源、省能源和无污染，废弃后可循环再生。日本学者八木晃一提出材料设计和产品结构设计融合化，这是因为产品性能是以材料来保证的，而材料也是根据产品要求来设计的。例如结构产品，不仅要求强度，也要求有足够的刚性，复合材料往往可以满足刚性要求，但可循环再生性不好，因此还需要与材料生态设计相融合。

20 世纪 80 年代以来，材料生命周期评估的出现和发展，以及材料可设计化研究成果的逐渐增多，尤其是大数据时代的到来，更加丰富了材料环境协调性设计理论。主要表现在以下几个方面。

① 人们了解到改变材料的组成、结构及加工方法可以达到改善环境负荷的目的。通过研究，逐渐积累起既能满足材料必要的性能，又能降低环境负荷的内在规律数据，逐步建立和完善了材料生态设计数据库。

② 通过对材料组成、结构与性能关系的大量研究，积累了大量实验数据，使人们对材料的结构与性能的关系有了比较系统的了解，对材料制备、加工过程中的物理化学变化也有了较深的认识，这为材料设计打下了理论基础。

③ 计算机信息处理技术的发展，特别是人工智能、模式识别、计算机模拟、知识库和数据库网络等技术的发展，使人们能够将理论和大批实验资料联通起来，用归纳和演绎相结合的方式为新材料设计提供行之有效的技术和方法。

21 世纪的材料设计会逐步实现从资源、能源合理利用—材料组成—制备工艺—使用性能—生态平衡（环境保护、材料循环再生）的总体优化设计，将会按照指定的生态协调性、物化性能和功能性设计新材料，并按要求设计最佳的制备和加工方法。

2.3.4 生态设计方法与过程

生态环境材料设计实际上是将传统的材料设计方法与 LCA 方法相结合，从环境协调性的角度对材料设计提出指标和建议。即生态设计从原材料的选择与开发、生产、使用、废弃、再回收整个生命周期的各个阶段进行分析和生命周期成本评估。

2.3.4.1 设计关键点

减少材料整个生命周期对环境的影响应首先考虑对原材料的选择。原材料选择是对制造、加工、使用和废弃、再回收等后处理各阶段对生态环境可能造成的影响进行识别和评价，从而通过比较选择出最适宜的原材料。选择的具体原则如下：①采用易再循环材料，不采用难于回收或无法回收的材料；②尽量避免使用或减少使用有害、有毒、危险的原材料；③选择丰富、容易得到的原材料，优先选择天然材料代替合成材料；④减量化，尽可能减少材料使用量，节省资源；⑤统一化，尽可能采用同一种材料，使材料产品使用后容易处理；⑥组合化，尽可能采用即使混合也不妨碍再资源化的材料组合；⑦尽可能从循环再生中获取所需原材料，特别是利用固体废弃物作为原材料；⑧选择能耗低的原材料，使用量大的原材料尽可能就地取材，避免远途运输，以降低能耗和成本。

2.3.4.2 生态设计具体过程

生态设计是传统设计的发展，其基础依然是传统设计。

从时间轴向分类如下：①初步设计（概念设计）；②详细设计（基本设计）；③生产设计。

从空间轴向分类如下：①材料设计；②功能设计；③外观设计。

空间轴向设计要贯穿在整个时间轴向设计中。两个轴向设计的框架都要考虑环境性能和经济因素，并受其制约。

根据要求生态设计有两种类型：①现有材料的生态化再设计。现有材料的生态化再设计是以降低资源、能源消耗，降低环境负荷，通过环境标志标准等为主要目的的设计。②新型生态材料的生态设计。新型生态环境材料的生态设计目前尚处于研究发展阶段，还缺乏充分的数据和知识，需要有材料的组成、结构及加工方法与材料环境负荷的内在规律数据的积累，需要建立完善的材料生态设计的数据库和知识库，以人工智能、模式识别、计算机模拟等技术作为设计支撑体系。

生态设计应是以系统工程和并行工程的思想为指导，以 LCA 为手段，集现代工程设计方法为一体化、系统化和集成化的设计方法。生态设计涉及众多学科领域的知识，这些知识不是简单的叠加或组合，而是有机的融合，又由于设计数据和知识多呈现出一定的动态性和不确定性，使用常规的设计方法已不适应，所以生态设计必须有相应的设计工具作支持，多采用计算机辅助设计系统。目前的生态设计方法主要有系统设计、长寿命设计及再生设计等。

（1）系统设计

生态设计要求设计人员在材料开发设计过程中要有系统的观点，充分掌握设计的全盘性、相互联系与制约的细节。其设计思想是整体性、综合性和最优化，其特点是采用物料和功能循环的思想，延长材料的寿命周期，有利于维护生态系统平衡，提高资源效率，减少废弃物数量及处理成本。这就要求材料科技工作者把环境协调性设计的思想始终贯穿在从采矿开始，到材料的加工、使用、废弃，一直到再生利用等诸环节，保证材料的服务性能和环境性能相协调。

（2）长寿命设计

按照 LCA 理论，材料的寿命越长，其环境负荷越小。因此，长寿命设计目前不仅在基础材料而且在新材料设计中也比较流行。特别是对一些影响到人身安全的材料产品，长寿命设计更是首选的设计原则，以确保材料能够长周期安全地使用。比如对于高温长寿命结构陶瓷的设计而言，首先是要搞清楚陶瓷高温长寿命的影响因素是成分、结构还是材料本身的特性，如高温破坏的显微结构是高温氧化破坏还是高温应力破坏造成的。如果是高温氧化破坏，对于非氧化物陶瓷如氮化硅，其表面由于氧化形成二氧化硅保护膜，但温度高于1600℃时保护膜破坏，导致氧化快速进行。氮化硅氧化晶界上形成氮氧化物-玻璃相，烧结时成为氧扩散的通道，另一方面玻璃相蒸发也引起沿晶界的龟裂，因而造成破坏。如果是陶瓷高温应力破坏，在高温应力条件下，陶瓷多晶体晶界迁移而产生空洞，在三叉晶界处发生应力集中，并生成空洞核心，空洞进一步连接而产生微裂纹，微裂纹的连接导致裂纹的再扩大，最终造成材料破坏。空洞的形成和裂纹的扩展与杂质玻璃相的黏度有关，而玻璃相的黏度随玻璃相的化学组成和结构发生变化，人们已经认识到添加稀土元素是提高玻璃相耐热性能的有效方法。此外，通过热处理使玻璃相晶界晶化，也将提高陶瓷耐高温强度。

（3）再生设计

材料再生设计的要点一般包括把上一个过程的废弃物作为下一个过程的原料，建立利用废弃物作为资源的观念。在技术可能的条件下，考虑最经济的再生循环利用率。减少一次污染，把污染物尽量在过程内部消化，控制排出循环过程以外的污染物总量。对那些不得不排出循环过程以外的污染物，应设计污染处理流程，对污染物进行治理，努力避免二次污染等。

从生产和使用的角度看，有关材料再生设计的内容主要有四个方面：一是对某种废弃物的直接再利用；二是对某些零部件的回收再利用；三是将某种废弃物作为原料再利用；四是有关材料生产过程中的能源回收再利用。

直接再利用是指将某种不用的物品或材料不进行再加工或处理，直接作为材料产品使用。最常见的例子是建筑物拆卸时砖瓦的重新利用，以及钢铁构件拆卸时的结构材料再利用等。

在再生设计中，将废弃物作为原料再利用是较成熟的一种废物再利用思想。例如将废旧塑料经加工做成器件，或生产汽油、柴油等；废旧钢材重新回炉冶炼，加工成钢铁；炼钢过程中的钢渣用于生产水泥或建筑瓷砖等。

实际上对于使用量较大的基础材料如钢铁、玻璃、塑料而言，人类将来不得不面对需要充分利用品质低劣的相关材料这一现实。虽然各类废旧材料的研究已有多年的积累，但只停留于定性认识的水平，极少看到通过定量计算作预测的工作。殊不知城市矿山已经积累到很严重的程度，我们应该研究如何将此类矿产作为原材料的潜力发挥出来，从"矿山城市"向"无废城市"转型，就近获取零碳能源服务。资源配置注重人与自然和谐共生，是碳中和的必然选择。

2.3.5 生态设计数据库和知识库

生态设计数据是指在生态设计过程中所使用和产生的数据。生态设计涉及材料生命周期的全过程，同时还涉及材料质量、物化性能和生态性能的要求，因此需要庞大的数据支持。该数据库的建立是为满足环境协调性设计的要求，保证设计的完整性、可靠性的有效途径。国内外对数据库进行了很多研究，并且有些也得到了应用。由于评价体系多带有主观色彩，数据来源具有地域性和时间性，多数数据库侧重于某一行业，所以具有局限性，但仍旧为现阶段的应用和进一步完善奠定了良好的基础。

生态设计知识库是指支持生态设计决策所需要的规则。设计涉及大量的公理性知识、经验性知识和标准性知识等，这些知识主要用于设计过程中的选择和决策。数据库和知识库所提供的数据通过描述和管理实现计算机辅助设计。

2.4 典型材料的碳达峰、碳中和路径

随着全球人口数量的增加和社会经济的发展，生活和生产用能需求的上升是必然趋势。在这一过程中化石燃料的大规模使用，例如用煤炭发电和供暖、以燃油为动力的汽车，是温室气体的重要来源，导致全球变暖。全球气候的这种变化，使人类生存发展面临危机，而全球快速变暖，自然环境亦面临威胁。

2.4.1 碳达峰、碳中和基本概念

这里所说的碳是指人类生产、生活所排放的各种温室气体，为了便于统计，按照各种温

室气体导致温室效应的程度差异，统一折算成二氧化碳当量，因此常常将CO_2作为温室气体的代名词。碳达峰是指一个地区或行业温室气体排放总量达到年度历史最大值，是温室气体年排放总量由增转降的曲线拐点，标志着社会经济发展由高耗能、高污染模式转向低能耗绿色模式。碳中和是指在一定时期内（一般指一年）某个地区人类活动过程中直接或间接的碳排放总量，与通过工业固碳、植树造林吸收的碳总量大致相等，实现近零碳排放。

工业是碳排放的重要领域，工业低碳减排对全国实现碳达峰和碳中和的目标至关重要。火电、钢铁、水泥、有色、石化、化工、煤化工等行业的二氧化碳排放量占全国总排放量的80%左右，未来将面临碳排放强度和碳排放总量的"绝对约束"以及严峻的"碳经济"挑战。为此，必须制定碳达峰、碳中和路径，阻止二氧化碳排放量的上升趋势。

2.4.2 钢铁行业碳达峰、碳中和路径

对于钢铁行业而言，"碳中和"是指钢铁服役的全生命周期过程中，从铁矿石等原料的开采、运输，到钢材的生产，再到钢材产品的使用、废弃以及回收整个过程中所排放的二氧化碳和吸收利用的二氧化碳达到平衡。我国钢铁工业实现"碳中和"是一项系统工程。从技术角度，需要系统能效提升、资源循环利用、流程优化创新、冶炼工艺突破、产品迭代升级、CO_2捕集封存利用等。

提高能效：包括余热余能利用、炉窑热效率提升、能源梯级利用等。例如，高炉冲渣水余热和空压机站余热经过换热站换出的低温热源用于供暖或作为生活热水。可以采用风能、太阳能、氢能、生物质能等清洁能源，比如氢能源既可以替代化石燃料应用于高炉炼铁、烧结、热风炉、石灰窑、轧钢加热炉等生产工序，又可以作为还原剂完成炼钢过程的还原反应。

资源循环利用比如短流程清洁冶炼技术以废钢为原料，与采用矿石炼铁后再炼钢（长流程）相比，省去了能耗最高的高炉炼铁工序、焦化和烧结球团工序，更有利于生产的清洁化、低碳化。对钢铁行业已经产生的二氧化碳亦可加以转化利用，实现碳的资源化利用。比如，我国钢铁厂的CO_2主要为中等浓度，可采用燃烧前和燃烧后捕集技术进行捕集。又如，钢铁工业尾气富含二氧化碳、甲烷和一氧化碳等C_1化合物，可利用钢铁尾气生产醇类化工产品。

2.4.3 煤炭行业碳达峰、碳中和路径

世界能源发展已完成两次重大转换，正在经历从传统化石能源到新能源的第三次重大转换，能源转型发展整体呈现出清洁化、科技化、电气化、智能化四大趋势。在能源转型和碳达峰、碳中和目标背景下，中国需要加快构建"清洁低碳、安全高效"的能源体系，创新能源学理论研究与能源技术突破。作为能源体系的重要组成部分，碳中和背景下，煤炭行业的发展在于先进技术的突破和多元化转型。煤炭作为我国基础能源，无论是在开发还是在利用过程中都应大力推广应用煤炭清洁生产、低碳利用和高效转化技术，都应加强开发利用全过程的节能。对企业来说，应积极参与新能源的转型，主要方向有三个：一是股权投资或自主经营光伏、风电等产业链的业务；二是大力发展高端煤化工项目；三是进军氢能源、储能等领域。

对于科研人员来说，应该研究如何通过太阳能发电制取绿氢用于化工生产，从而实现新能源替代化石能源，减少煤炭消耗和二氧化碳排放。或者研究集清洁、高效、可靠的煤气化系列技术，比如可以采用多喷嘴气化技术降低能源消耗，有效减少煤炭使用量，从而实现二氧化碳排放量的减少，有利于实现碳达峰碳中和。

2.4.4 水泥行业碳达峰、碳中和路径

从水泥整个生命周期来看，熟料生产环节的碳排放较高，是技术创新的关键。目前我国水泥熟料碳排放系数（基于水泥熟料产量核算）约为 0.86，即生产 1 吨水泥熟料将产生约 860kg 二氧化碳，折算后我国水泥碳排放量约为 597kg。尚未达到国际要求指标，我国水泥行业需要抓紧时间并为此付出巨大努力。

在水泥整个生命周期，较为可行的解决路径有六条：一是使用替代燃料，提高燃料替代率，有效减少化石能源，如研发氢能利用技术等；二是提高能效水平，通过节能减排技术的进步和应用推广实现减排目标；三是提升水泥产品利用效率、减少水泥用量；四是开发并推广应用低碳水泥；五是优化调整水泥产品原材料结构，实现熟料替代，减少熟料用量；六是 CCS、CCUS（碳捕集、利用、封存）技术推广应用及发展。

能源替代方面，近期可以借助于我国大力施行的垃圾分类措施，用有热值的垃圾或生物质燃料替代传统化石燃料。未来也可以期待清洁能源技术的持续发展，推动水泥行业能源使用结构调整，从而降低碳排放。另外水泥企业也可以通过分布式光伏项目，在企业用电方面实现减碳目的。

节能减排技术推进和应用推广方面，水泥企业可以依托二代水泥技术标准来提升改造生产线，提升能效实现减碳排放，其中包括高效粉磨技术推广（辊压机终粉磨技术），高效低阻旋风预热器、高能效分解炉及第四代冷却机技术装备的使用。相关研究结果显示，该路径从每吨熟料热耗、电耗方面，可帮助水泥行业降低约 20% 的碳排放。

水泥产品利用效率的提升，可有效减少水泥产品的使用。目前我国建筑领域有关混凝土的现行标准规范还存有不科学的地方，应在保证混凝土性能的基础上，尽可能减少水泥用量，因此需要对相关的技术规范、施工规范、设计规范做进一步修订，提高水泥产品使用效率。另外，在工程管理上也需要在水泥利用效率上加强控制，通过更优、更细的管理促使水泥用量下降，这会给予水泥碳中和直接支持。另外，水泥行业正在推动绿色智能化，这一过程将会催生许多不同的智能化能源管理辅助手段，比如通过智能化技术来减少熟料煅烧过程的波动性，从而达到减排效果。

2.5 扩展阅读

20 世纪 70 年代和 21 世纪初，粉末冶金和碳/碳复合材料作为第一代和第二代刹车盘材料先后在我国军机上应用。碳/碳刹车盘从根本上克服了粉末冶金盘密度高、磨损率大和熔点低导致高温变形和粘盘等缺点。但碳/碳盘的静摩擦系数低、湿态衰减大和生产周期长等缺点日益凸现。2001 年，我国女科学家张立同团队率先提出碳陶刹车材料制备技术新途径，

2004 年与西安航空制动科技有限公司通过产学研合作，在碳/碳刹车盘制备工艺基础上，成功开发了可调可控反应熔体浸渗法制备碳陶飞机刹车盘，弥补了我国刹车系统适应性差的短板，并实现在军机上的创新应用。2008 年，装备了碳陶刹车盘的某型歼击机首飞成功，使我国成为国际上首个将碳陶刹车盘成功应用于飞机机轮刹车的国家。

先进军机要求机轮刹车系统自适应性强、压力调节范围宽。同时对刹车材料提出更苛刻要求，即环境适应性更强、磨损率更小、重量更轻、成本更低。经实际应用实践，用碳陶刹车盘刹车平稳、效率高，有效解决了碳/碳刹车盘湿态性能衰减大的问题；碳陶刹车盘耐海水、耐盐雾腐蚀性能强，抗震和抗冲击能力强；碳陶刹车盘解决了起飞线刹车力矩不足的问题，还实现了浇水快速冷却，从而缩短了飞机连续出动的时间间隔；无人机用碳陶刹车盘抗震和抗冲击性能优异，使用寿命长，环境适应性强。碳陶刹车盘除了应用于飞机外，还可在高档轿车、重型汽车、坦克、重型机械和高速列车等领域转化，可形成巨大的产业规模，有力推动我国交通运输等相关行业的技术进步和产业升级。

总之，科技是国家强盛之基，创新是民族进步之魂。材料强，则国家强。陶瓷基复合材料正向"更高温度、更长寿命和结构功能一体化"方向发展，将材料技术转化成构件技术和产品技术，才能强力支撑国家战略装备的发展与应用。

思考题

（1）根据自己的理解，给出材料环境协调性评价的定义。

（2）你认为材料的生态设计应该包括哪些内容，请按重要性排序。

（3）选择一种你所熟悉的材料用 LCA 方法进行环境影响评价，并根据评价结果提出相应的减少污染的技术途径。

（4）利用生态设计理论分析我国固废资源化、材料化研究的重要意义和模式。

（5）我国生态文明建设进入崭新阶段，举例分析我国材料产业实现碳中和的路径。

参考文献

[1] 聂祚仁.生命周期方法与材料生命周期工程实践 [J].科技导报，2021，39（09）：1.

[2] 李小青，龚先政，聂祚仁.中国材料生命周期评价数据模型及数据库开发 [J].中国材料进展，2016，35（3）：171-178.

[3] 聂祚仁，刘宇，孙博学.材料生命周期工程与材料生态设计的研究进展 [J].中国材料进展，2016，35（3）：161-170.

[4] 龚先政，聂祚仁，王志宏，等.中国材料生命周期分析数据库开发及应用 [J].中国材料进展，2011，30（8）：1-7.

[5] 聂祚仁，高峰，陈文娟.材料生命周期的评价研究 [J].材料导报，2009，23（13）：1-6.

[6] 左铁镛，聂祚仁.环境材料基础 [M].北京：科学出版社，2008.

[7] 王天民.生态环境材料 [M].天津：天津大学出版社，2000.

［8］ Huang B，Gao X，Xu X，et al. A life cycle thinking framework to mitigate the environmental impact of building materials［J］. One Earth，2020，3（5）：564-573.

［9］ Zhang W，Li Z，Dong S，et al. Analyzing the environmental impact of copper-based mixed waste recycling-a LCA case study in China［J］. Journal of Cleaner Production，2021，284：125256.

［10］ Cui L，Liu M，Yuan X，et al. Environmental and economic impact assessment of three sintering flue gas treatment technologies in the iron and steel industry［J］. Journal of Cleaner Production，2021，311：127703.

［11］ Jian S-M，Wu B，Hu N. Environmental impacts of three waste concrete recycling strategies for prefabricated components through comparative life cycle assessment ［J］. Journal of Cleaner Production，2021，328：129463.

［12］ Wang L，Wang P，Chen W-Q，et al. Environmental impacts of scandium oxide production from rare earths tailings of Bayan Obo Mine［J］. Journal of Cleaner Production，2020，270：122464.

［13］ Zhou H，Zhang W，Li L，et al. Environmental impact and optimization of lake dredged-sludge treatment and disposal technologies based on life cycle assessment（LCA）analysis［J］. Science of the Total Environment，2021，787：147703.

［14］ Zhang Y，Li F，Peng N，et al. Environmental impact assessment of air-permeable plastic runway production in China［J］. Science of the Total Environment，2020，730：139073.

［15］ Yao X，Cao Y，Zheng G，et al. Use of life cycle assessment and water quality analysis to evaluate the environmental impacts of the bioremediation of polluted water［J］. Science of the Total Environment，2021，761：143260.

［16］ Zheng G，Li M，Shen Y，et al. Environmental impact and adaptation study of pig farming relocation in China ［J］. Environmental Impact Assessment Review，2021，89：106593.

［17］ Chen K，Wang J，Yu B，et al. Critical evaluation of construction and demolition waste and associated environmental impacts：A scientometric analysis［J］. Journal of Cleaner Production，2021，287：125071.

［18］ 李德祥，李玉坤，叶蕾，等.源于淀粉和纤维素替代材料的4类绿色环保餐具评价［J］.中国食品学报，2021：1-8.

［19］ 王路，王茜茜，汪鹏，等.稀土工艺及产品生命周期评价分析：技术框架及研究展望［J］.稀土信息，2021，12：22-28.

电气石矿物生态环境功能材料

导读

　　电气石是一种化学成分复杂、晶体结构特殊的非金属矿物材料，呈现各式各样的颜色。在我国，常把颗粒大、颜色鲜艳、透明度好、内含杂质少的天然矿物电气石作为宝石装饰品，俗称为碧玺。电气石英文为 tourmaline，由斯里兰卡的古僧伽罗语 "turmali" 一词衍生而来，指 "未有证明身份的混合宝石"。从 1780 年开始，英文 "schorl" 单指黑色电气石。现在 "tourmaline" 是各种电气石的总称，被称作电气石族。电气石具有自发极化、发射远红外线等特异性能，在新型功能材料、环保、健康和节能等领域具有广阔应用前景。

　　本章介绍电气石矿物的资源禀赋特征，宝石级和非宝石级电气石国内外资源分布及开发利用情况；详细分析电气石的成分和结构特点、特异性能、结构与性能之间关系、电气石深加工方法以及性能调控方法；通过案例分析电气石在工业低温脱硝、室内空气净化、工业废水净化、污染土壤修复等生态环境领域的应用及其作用原理，进一步加深对电气石矿物结构和特异性能、深加工理论和方法以及生态环境领域应用等相互关系的认识。

3.1 电气石矿物的资源禀赋特征

　　世界上有很多国家和地区拥有电气石矿产资源，根据资源利用分类，电气石可分为宝石级和非宝石级两大类。电气石存在于热液型矿床、变质矿床和表生矿床中，其中宝石级电气石主要产于稀有金属伟晶岩型矿床及外生砂矿型矿床。在宝石级矿脉的周围，产出有不少颜色、透明度较差的电气石。许多伟晶岩及气成钨锡矿成矿区，都有电气石作为共生矿物产出，硼矿床、东硫铁矿床、铜矿床等也有电气石作为伴生矿物大量产出。

3.1.1 国外电气石资源主要分布

　　不同产出国的电气石在成因、产状上都有一定的区别，以下是世界范围内品质较好的电气石的产地情况。

　　(1) 巴西电气石

　　巴西为世界上最大的电气石出产国之一，米纳斯吉拉斯伟晶岩矿床产出世界 50%～

70%的彩色电气石。1978年发现了世界上最大的碧玺晶体（长130cm，直径40cm）。巴西宝石级电气石通常为锂电气石，它的中心产区在阿拉苏阿伊、圣若泽－达萨菲拉、佩纳顾问城和瓦拉达里斯州长市附近；含铜的铜青色或氖蓝色的帕拉伊巴电气石，最早发现于帕拉伊巴州。其他常见颜色的锂电气石产地主要在赤道镇和帕雷利亚斯之间。巴西颜色最深、最漂亮的电气石是塞阿拉的红色锂电气石，主要产自巴西东北部的塞阿拉州的伟晶岩中，孔达杜矿是最有名的产区。

（2）俄罗斯电气石

电气石产于乌拉尔山穆辛卡的花岗岩碎裂风化的黄色黏土层中，与锂云母共生，优质者有蓝色、红色和紫色。其中乌拉尔山产出的优质红碧玺有"西伯利亚红宝石"之称，较为罕见的蓝色碧玺是价值最高的色种。在卡累利阿的铀钒矿床存在着富铬的钒氧电气石，是世界上第二个铝铬钒氧电气石产地。

（3）斯里兰卡电气石

宝石级电气石的最早发现地，电气石的名称就来源于斯里兰卡的古僧迦罗语。由于特殊的地层构造，除北部的贾夫纳半岛外，全岛其他地域都蕴藏着丰富的矿产资源且品质出色，其中南部冲积砂矿中产黄色和褐色电气石，也产出宝石级玫瑰碧玺。

（4）缅甸电气石

宝石级电气石的存量和前景非常可观，红色和粉红色电气石产于片麻岩、花岗岩的冲积砂矿中，与孟休红宝石共生最多的是含有微量的铬、钒、钛和氟的褐色至绿色的镁电气石（淡绿色电气石含铬少，绿色电气石含铬多）。还有目前只在缅甸发现的形状像蘑菇的"蘑菇碧玺"，中心生长一个相对比较大的柱状黑色电气石，在柱面和锥面上向外放射状生长着纤维状粉红色透明的电气石。

（5）美国电气石

加州是优质电气石原料的重要产地，以产优质的粉红色电气石著称。纽约州圣劳伦斯县巴尔马特1号矿产出的电气石为富铬电气石，阿迪朗达克山脉西北部的富铬电气石是迄今发现的富铬程度最高的电气石之一，面理呈淡绿色至深绿色，同时也呈深绿色斑块。缅因州产出的电气石多为锂电气石，马萨诸塞州中南部麻粒岩相区域存在富钛氧电气石。

除了以上产地以外，中国、印度、巴基斯坦、意大利、肯尼亚、尼日利亚、阿富汗以及南非和其他非洲东部等地同样产出宝石级电气石和大量非宝石级电气石。据统计，目前国际上每年电气石需求量在70万吨左右，巴西和澳大利亚的电气石矿产资源都受到了垄断性开采。

3.1.2 中国电气石资源主要分布

我国是世界上少数电气石资源丰富的国家之一，全国除上海、天津、重庆、宁夏、江苏、海南及香港、澳门、台湾等地未见报道有电气石产出外，其余省、直辖市和自治区均发现有电气石产出。广西、新疆、江西、云南、辽宁、内蒙古、山东、河南、河北等地都有可开采的品质优良的电气石矿产。以下主要对具有良好开发利用前景的新疆、云南、内蒙古等地的典型矿区资源进行介绍。图3-1为典型电气石矿物的形貌。

(a) 黑色柱状晶体电气石

(b) 黑色纤维状电气石

(c) 红色电气石

图 3-1　典型电气石矿物

（1）新疆阿勒泰电气石

分布区位于卡拉额尔齐斯复背斜中部的西南翼，出露地层为中-上奥陶统黑云母石英片岩，矿区东北、西南侧分布有片麻状黑云母花岗岩和细粒二云母花岗岩。花岗伟晶岩脉赋存于黑云母石英片岩中，长 10～100m，厚数米，走向近南北，倾向东，倾角 86°。黑色电气石多为针状、放射状集合体以及六棱柱单晶状，主要产于花岗伟晶岩脉的中粗粒结构带（与更长石、微斜-条纹长石、白云母共生）、块体结构带及后期矿物交代集合体中。

（2）内蒙古电气石

分布于乌拉特中旗角力格太等地，其分布区出露地层为白云鄂博群的混合岩化黑云母斜长片麻岩、大理岩等，与石英、绿泥石伴生。区内共发现花岗伟晶岩脉约 2037 条，单脉长约 200m，厚约 5m，走向近南北，倾向 105°～120°，倾角 20°～30°。晶体大小不等，从隐晶质到 0.5cm 的柱状晶体，集合成多晶块状，集合体疏松。

（3）河北电气石

曲阳县中佐伟晶岩型白云母矿是华北地区为数不多的伟晶岩型矿床之一，矿区伟晶岩脉中分布有大量灰黑色自形电气石，夹杂白色石英。伟晶岩脉中电气石属镁电气石-铁电气石固溶体系列，在较高温度条件下，岩浆熔体与高温流体和围岩发生同化混染的过程中形成，与绿柱石、锂云母、石榴石、铌钽类矿物共生，在伟晶岩中的含量大于 5%。晶体形态从隐晶粒状到柱状均有，柱面有纵纹。

（4）云南电气石

云南电气石有三个成矿带，分别为①高黎贡山变质带，产地有三个。贡山丹珠箐碧玺矿，怒江西岸，由单珠村沿沟上约 2km 处，赋存于石英岩中，少数赋存于花岗伟晶岩脉里，经风化后形成了残积砂矿，易开采。福贡腊吐朵碧玺矿，位于福贡县架科底乡腊吐朵村，区内出露地层为高黎贡山群的混合岩、变质岩，走向北东-南西，倾向 280°，倾角 85°。福贡害扎碧玺矿，位于福贡县利莎底乡怒江西岸害扎村，平距 0.5km，围岩为灰、深灰色薄层至中厚层砂泥质碳酸盐岩，走向为北东-南西，倾向 115°～140°，倾角 50°～70°。②澜沧江变质带，位于保山市，电气石呈黑色、黑褐色居多，晶体长可达 3～4cm。在此变质带以西的龙陵，晶体可长达 5cm。③哀牢山变质带，位于元阳县，沿哀牢山呈北东-南西分布，赋存于酸性岩有关的花岗伟晶岩中，暗色或黑色，粒径十厘米至数十厘米。

（5）辽宁电气石

辽宁有两个较为集中的产区，均为铁镁电气石，形成方式包括沉积变质和热液交代两种。其中北纬35.99°、东经119.42°的产区主要为岩浆热液型电气石矿床，属于软矿，晶体形态从隐晶粒状到细小针状都有，晶体中有很多大小不等的晶洞；北纬40.47°、东经124.05°的产区主要为热水沉积型电气石矿床，属于硬矿，岩石组成矿物颗粒细小，粒径为0.10～0.15mm，粒状变晶结构，自形～半自形粒状镶嵌结构，矿物颗粒间无定向。

（6）其他地区电气石

鲁西电气石矿物含量60%～90%，该矿床产于张扭性构造裂隙中，与石英紧密共生，属气成热液黑电气石矿床。电气石矿的主要含矿围岩为前寒武纪条带状英云闪长岩、细粒闪长岩，其硼元素的含量远远高于地壳丰度和同类岩石的维氏值，为电气石的矿源层。目前柳家电气石矿区已发现工业矿体21个，矿体最长230m，最短15m，平均70m左右，其水平宽度平均为1.5m，最宽可达3.6m。广东较为发育的高温热液型钨锡矿床或花岗伟晶岩型矿床中产有电气石，分布于粤西、粤中、粤东，有的个体较大；在粤北还发现锂电气石红色透明晶体。台湾中央山脉的花岗伟晶岩中和中央山脉东斜面的变质岩中有电气石产出，另外其东海岸的砂矿床、海岸山脉的沉积岩中亦可见到电气石。

由于地理位置的不同，电气石矿床成因也不同，主要分为热液型矿床、伟晶岩矿床和变质岩矿床三大类。成因和矿物结构决定了电气石一般零散地夹杂在其他矿物之中，很少会以整条矿脉出现，国内尚未发现有高度集中埋藏的整座矿山存在，也很难探明某一座山岭所埋藏的电气石储量。对黑龙江林口42号伟晶岩脉、广西贵港龙头山、云南石屏龙潭及西盟阿莫、内蒙古卫境苏木及别鲁乌图、西藏玉龙莽总、山西中条山及辽宁凤城宽甸地区等几个电气石矿产规模较大产地进行估算，资源量近2000万吨。因此，要对电气石单一矿种，特别是柱状结晶电气石进行针对性开采具有一定的难度。

"十五"以来，我国在国家863计划、国家科技支撑计划、国家重点研发计划等重要研究计划中相继对电气石矿物的结构与性能、加工制备、节能与环保、健康保健、基础信息与应用信息资源库、测试技术与方法等诸多领域研究进行了立项支持，取得了一批重要研究成果，在国际上逐渐形成了研究特色。

3.2　电气石矿物的结构与性能

3.2.1　电气石矿物材料的成分与结构

电气石族矿物以其丰富的晶体形态、绚丽多姿的晶体颜色、独特的晶体结构、复杂多样的化学成分、特殊的物理性质著称。按晶体化学分类，它隶属于含氧盐大类-硅酸盐类-环状结构硅酸盐亚类-电气石族，是由铝、钠、钙、镁和铁等元素组成的环状硼硅酸盐晶体矿物，化学成分高度多样化，其通式可表示为 $XY_3Z_6[T_6O_{18}][BO_3]_3W_4$，[式中 $X = Na^+$、Ca^{2+}、K^+、$\square$（空位），$Y = Mg^{2+}$、Fe^{2+}、Mn^{2+}、Al^{3+}、Fe^{3+}、Mn^{3+}、Li^+，$Z = Al^{3+}$、Fe^{3+}、Cr^{3+}、Mg^{2+}，$W = OH^-$、F^-、O^{2-}]。其中"XY_3Z_6"为中心阳离子，三种占据晶体结构中不同晶格位置的不同类型的离子根据碱性由强至弱、价态由低至高的顺序书写，电气石是一种成分极为丰富的复阳离子矿物。在这三个晶格位置上，化学元素存在极其复杂的类质同象替代，其中任一晶格位置上元素变化都可能使电气石过渡成另一个亚种，物理化学性质随之改变，这一过程往往也是电气石着色的过程。"$[T_6O_{18}][BO_3]_3W_4$"则展现出电气石阴离子及络阴离子框架，规定了其基本结构，限定了电气石的基本种属，同时 W 位阴离子也是可以替代变动的，但是这些变动相对固定。到目前为止，已发现的电气石族矿物有十几种，化学式如表 3-1 所示。

表 3-1　常见电气石种类

电气石名称	化学式
铁电气石	$NaFe_3Al_6[Si_6O_{18}][BO_3]_3(O,OH,F)_4$
锂电气石	$Na(Al,Li)_3Al_6[Si_6O_{18}][BO_3]_3(O,OH,F)_4$
镁电气石	$NaMg_3Al_6[Si_6O_{18}][BO_3]_3(O,OH,F)_4$
钠锰电气石	$NaMn_3Al_6[Si_6O_{18}][BO_3]_3(O,OH,F)_4$
铬镁电气石	$NaMg_3Cr_6[Si_6O_{18}][BO_3]_3(OH)_4$
布格电气石	$NaFe_3Al_6[Si_6O_{18}][BO_3]_3O_3F$
铁镁电气石	$Na(Fe,Mg)_3Fe_6[Si_6O_{18}][BO_3]_3(O,OH,F)_4$
钒镁电气石	$NaMg_3V_6[Si_6O_{18}][BO_3]_3(OH)_4$
钙锂电气石	$Ca(Li,Al)_3Al_6[Si_6O_{18}][BO_3]_3(O,OH,F)_4$
钙镁电气石	$Ca(Mg,Fe)_3Al_5Mg[Si_6O_{18}][BO_3]_3(OH,F)_4$
无碱锂电气石	$\square(LiAl_2)Al_6[Si_6O_{18}][BO_3]_3(OH)_4$
无碱铁电气石	$\square(Fe_2Al)Al_6[Si_6O_{18}][BO_3]_3(OH)_4$
无碱镁电气石	$\square(Mg_2Al)Al_6[Si_6O_{18}][BO_3]_3(OH)_4$

注：表中□表示氧空位。

1969 年，Barton 发现了电气石结构的绝对方向，确定了电气石的空间群，电气石晶体结构属三方晶系，L^33P 对称型，R_{3m} 空间群。电气石的晶体结构有两个基本结构层（图 3-2）：第一层为 6 个硅氧四面体组成的 $[Si_6O_{18}]$ 六联环；第二层为八面体层，包括 3 个大八面体和 6 个小八面体，大八面体之间组成三个 $[BO_3]$ 平面三角形。第二层的大八面体中，Y 位置的离子如铁离子的配位数为 6（其中两个是 OH^-），组成三重八面体，与 $[BO_3]$ 共氧相连；小八面体中 Z 位置的离子如铝离子几乎与 Y 位置阳离子处于同水平面上。每一个 Z 位置阳离子的配位数为 6，组成扭曲的八面体，与 Y 位置的离子所形成的八面体共棱连接成平行于 c 轴的螺旋柱。$[Si_6O_{18}]$ 复三方环的六个硅氧四面体的顶角氧原子指向同一方向（电气石的正极）。这说明电气石为极性晶体，即存在极轴，又存在与极轴一致的单向（单向是指晶体中唯一的不能通过晶体本身所具有的对称要素的作用而与其他方向重合的方向）。由于复杂的元素和特殊的结构组成，电气石具有特异的自发极化和发射远红外等性能。梁金生教授课题组深入分析了电气石晶体内部的显微结构，基于透射电镜制样方法的优化，国内外首次利用高分辨透射电子显微技术直接观察到了电气石的原子位置，进而阐明了电气石矿物内部活性位点的形成机制，实验分析结果与理论模型晶体结构具有很好的一致性

（图 3-3 所示）。此结构的首次原子分辨成像，为电气石矿物功能材料的远红外发射、自发极化等性能基于原子结构的微观解释奠定了良好的基础。

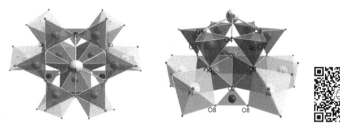

图 3-2　电气石的晶体结构

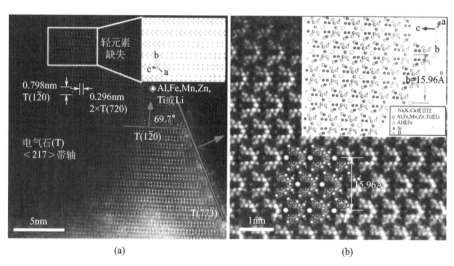

图 3-3　电气石晶体内部的显微结构
（a）电气石＜217＞带轴晶体结构及表面暴露状态；（b）透射电镜直接观察到电气石原子结构

3.2.2 电气石的特异性能

3.2.2.1 自发极化性

电气石能够永久地在一端产生正电极，在另一端产生负电极，这与一般电介质只有放入电场才会产生电极化不同。电气石不放入电场中，矿石本身也有电极化产生，其电极不受外界电场影响。这种在没有外界电场的作用下，晶体内部结构引起的极化状态称为自发极化，电气石的这种特性由日本学者 Kubo 首次发现。

电气石存在自发电极与其晶体结构有关。电气石晶体中只有唯一的非中心对称的单向极轴（c 轴），2 种八面体的晶格扭曲导致其稳定性降低，直接作用于 $[BO_3]_3$ 三角，在 $[Si_6O_{18}]$ 四面体六角环单向性作用下，引起 $[BO_3]_3$ 三角中硼原子从三角平面中向 c 轴的反方向位移。在晶体结构中存在大量的未成对的孤对电子和游离的正离子，导致正负极性中心不重合，使晶体结构内部产生了偶极矩，进而表现出永久电极性，即自发极化。没有外加电场的情况下，对称 c 轴的两端自发产生等量的异性电荷，静电场随着远离中心迅速减弱，可按如下公式计算：$Er = (2/3)E_0 \cdot (a/r)^3$（$a$ 为电气石微粒半径，r 为距中心的距离）。因此，在电气石表面厚度十几微米范围内存在 $10^4 \sim 10^7$（最高值）V/m 的高电场。当在电气石表面或周围有自由电子存在的时候，自由电子将会被电气石的阳极迅速吸引并牢固地捕获，使自由电子丧失自由运动的能力。

电气石具有介电特性，用扫描电镜观察电气石颗粒微观形貌时，喷金后表面形成一定的导电特性，经过电子束扫描才能形成二次电子像。在实验观察中，用电子束能谱分析表面化学成分，然后再次扫描成像在颗粒表面留下的辐照电子束斑（图3-4）。结果表明电子束辐照轰击电荷在颗粒表面形成了荷电现象（即自由电子在表面形成了积累）。电子辐照斑亮度的不均匀性，说明表面电荷密度的不同，这可能是电气石两端存在异性电荷的具体表现。当然，也有专家认为亮斑的两端出现明暗对比也可能和二次电子成像角度有关。

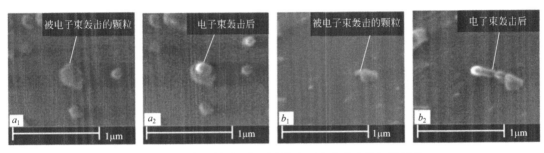

图 3-4　电子束照射时电气石颗粒表面电荷分布的扫描照片

3.2.2.2　热释电性

电气石是最早被发现具有热释电效应的矿物晶体。公元前 372—287 年，Theophrastus 最先对电气石的热释电性进行了描述；公元 1703 年，荷兰人发现了电气石受热后能够吸引粉灰，冷却时却排斥粉灰的特殊现象。热释电效应是材料热能和电能之间相互耦合、相互转化而产生的。晶体按其晶胞中有无固有电偶极矩可分为极性晶体和非极性晶体。晶体只有存在唯一的与其他任何极轴都不同向的"单向"极轴时，才有可能在这一方向上产生程度不同于其他方向的应变，使晶体结构内正负电荷产生相对位移，引起非极性晶体中出现电偶极矩或极性晶体中电偶极矩的增大（或减小），表现为晶体表面从不显示电性到显示电性或所呈现的电性增强（或减弱），也就是热释电效应。

电气石是一种异极性矿物，三重对称轴 c 轴为单极性轴，当温度发生变化时，晶体结构中的正负电荷中心产生相对位移，晶体偶极矩变化，导致晶体在沿 c 轴的两端产生数量相等、符号相反的电荷，即热释电现象。自发极化强度变化 ΔP_s 与温度变化 ΔT 的关系为 $\Delta P_s = p\Delta T$，其中 p 为热释电系数，单位为 C/(m² · K)。

3.2.2.3　压电性

压电性是某些晶体材料按所施加的机械应力成比例地产生电荷的能力。由于机械应力的作用而使电介质晶体极化，并形成晶体表面电荷的效应称为正压电效应；反之，由于外电场而使晶体形变的效应（应变或应力与电场强度成正比）称为逆压电效应。正压电效应和逆压电效应统称压电效应，描述压电体的力学量和电学量之间线性响应关系的比例常数称为压电常数，它反映了压电体的力学性质与介电性质之间的耦合关系。

电气石具有自发极化性，它的压电性表现为晶体在某一方向上受到外力作用发生机械应变时，晶体结构中正负电荷中心产生相对位移，在晶体两端面产生数量相等且符号相反的极化电荷，电荷中心分离得越远，形变越严重，表面电荷量越多。电气石产生负离子的本质原因也在于其自身的自发极化特性，由于晶体结构异极不对称，微小的压力或温度变化使得晶体两端产生电势差，周围邻近空气受其影响发生电离，游离电子附着于水或氧分子则成为空气负离子。

3.2.2.4 发射红外线性能

电气石主要发射波长为 $4\sim14\mu m$ 的红外线，结构的多种缺陷形态决定其具有强的发射远红外线能力。根据电气石的红外光谱，除了与［SiO$_4$］四面体的顶角相连的 Si—O—Si 伸缩振动和弯曲振动具有红外活性外，结构羟基水的 O—H 键、其他金属离子与氧形成的键也存在红外活性振动。单一的红外活性键只能发射或吸收特定波长的红外光，只有多种红外活性键的存在才能使材料在红外波长范围内具有较高的红外积分发射率。所以，电气石具有高红外发射率的本质在于多种红外活性振动键的共存。同时，当 Si—O—Si 的振动和 B—O 键等多种红外活性键做热运动时，相应的 c 轴的偶极距发生变化，即热运动使极性分子激发到更高的能级，当它们向下跃迁时把多余的能量以电磁波的方式放出。当外界环境作用使晶体表面的温度或压力发生变化时，由于晶体的压电效应和热释电效应，c 轴将发生极化，晶体内部分子振动增强，沿 c 轴方向出现正负电荷中心偏移现象，使晶体的总偶极矩发生变化，晶体内的极性分子被激发到更高的能级；当它们向下跃迁至较低能级时，则以电磁波的形式来释放多余的能量，其余的能量以光子形式被带走，从而使电气石晶体具有较强的红外线发射功能，其实质是电气石晶体与外界环境之间的一种能量交换。

根据晶格振动理论，不同质量晶格原子的替代或不同类型缺陷具有不同的晶格振动频率，将直接影响晶体的红外发射特性，天然电气石的品种繁多，红外发射特性迥异悬殊。此外，电气石颗粒粒径大小与红外发射性能之间存在一定的对应关系，随着颗粒粒径的减小，比表面积的增加，红外发射率呈提高趋势，但颗粒粒径小于一定尺寸时，红外发射率则反而下降。杨如增等认为红外发射与电气石的晶体结构、化学组成、折射率等有关，红外发射率会随折射率的增加而下降。而冀志江等则认为，电气石具有高红外发射率与其特殊的 C_{3v} 晶体结构无关。原子或分子的振动、转动能量是量子化的。转动能级差较小，能级跃迁引起的电磁发射或吸收出现在长波区；振动能级较大出现在波数为 $10^2\sim10^4 cm^{-1}$ 的红外区。并非所有的振动能级间的跃迁都是允许的，而由选择定则决定，选择定则又由分子的对称性决定。如果振动时，分子的电偶极矩发生变化，则该振动是红外活性的（如果振动时分子的极化率发生变化，则该振动是拉曼活性的）。总之，物质产生红外吸收的条件：①组成物质的分子中原子间存在振动；②分子振动存在电偶极矩。此外电气石经过特殊处理后其远红外性能会有所提高，例如通过掺杂铈离子，电气石远红外线发射率会提高。

3.3 电气石矿物的深加工与性能调控

3.3.1 电气石的提纯

电气石是一种多地质成因的矿物，主要产于伟晶岩和气成高温热液矿床中，与绿柱石、

第 3 章 电气石矿物生态环境功能材料

31

黄玉、锂云母、独居石等共生，除去花岗岩型、与花岗岩热液交代作用型，还有变质作用类型、沉积作用类型等。因变质作用产出的电气石作为变质矿物在岩石或者矿床中往往与石英、各类型云母、长石等共生。电气石自身也可经蚀变向各类型云母、绿泥石转变。另有各种类型的沉积作用而形成的电气石，见于砂矿中。因此我国高品位电气石矿较少，而含石英、云母与长石的贫矿较多，一般贫矿的电气石含量在50%左右，需通过分选提纯才能得到高品位产品。

常用的提纯方法有重选、电选、浮选与磁选四种。电气石矿主要成分为电气石和石英，电气石的密度为3.02~3.40g/cm³，石英的密度为2.65g/cm³，采用重选很难把两者分开。此外电气石的介电常数为5.6，石英的介电常数为4.5~6.0，差异较小，采用电选的方式也很难把两者分开。相比前两种，浮选法投资少，操作简单，采用适宜的药剂制度 [如图3-5（a）]，可把电气石与石英、长石分离开来，是一种比较适宜的选矿提纯方法。此外，当电气石中含有铁元素时（例如，黑电气石），可以采用磁选的方式进行分离提纯。利用黑电气石磁性较大的特点，可采用磁分离工艺从低品位电气石中选出高品质电气石精矿，通过不同粒级的磁选，生产各种品质的精矿，把电气石纯度由50%左右提高到90%以上 [图3-5（b）]。

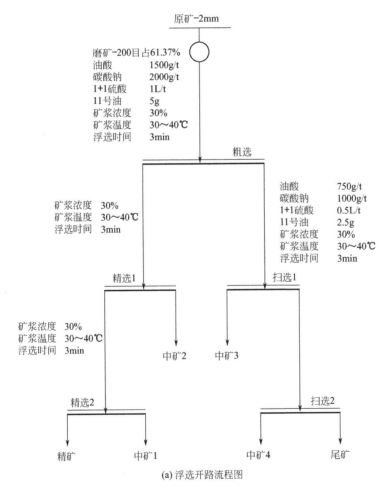

(a) 浮选开路流程图

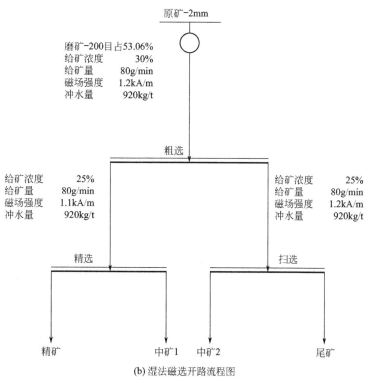

图 3-5 电气石选矿流程图

(b) 湿法磁选开路流程图

由于电气石成因类型和地理位置的不同，同种矿物的属性、形态等存在较大差异。作为基础原材料，应用中主要利用其固有的物理特性和化学特性，或加工后形成的技术物理特性和化学组成，最大限度地发挥其独特性能，实行差异性应用。上述这些因素增加了电气石开发利用方面的复杂性。随着对电气石的认识不断深化和电气石应用领域的不断扩展，电气石深加工将向超纯、超细、改性和复合方面发展。研发微细粒提纯及综合力场（重力、离心力、磁力、电力、化学力等）选矿技术和选矿设备，可生产出高纯度电气石矿物材料。在现有超细粉碎设备基础上，配套开发分级粒度细、精度高、处理能力大的精细分级设备，可生产出粒度分布能满足现代高新技术产业要求的超微细电气石颗粒。

3.3.2 电气石的细化

电气石在很多领域里的应用都是以颗粒的形式呈现的，且颗粒的粒度越细，其比表面积和表面活性可显著提高，其应用范围也将随之扩展。此外，电气石粉应用于不同领域时，其粒度要求是不同的，例如用于涂料、电子及医疗保健等，粒度要求为 $1 \sim 2\mu m$；应用于合成陶瓷、人造纤维中，粒度要求为 $2 \sim 5\mu m$；应用在洗涤球、水处理中，粒度要求为 $42 \sim 38\mu m$。所以研究电气石的超细粉碎对电气石的应用十分重要。

目前已尝试的电气石的细化方式多样，常见的包括球磨机、气流磨、干磨与湿磨结合等。例如采用周期式搅拌球磨机-气流粉碎机复合加工工艺加工电气石，将经过搅拌磨加工粉碎、干燥后的物料加入气流磨给料器，把干燥处理后团聚的假粒子打散，同时充分利用气流磨的"粉碎极限"，将电气石粒径控制在 $5\mu m$ 以下。处理后的物料经过检测，平均粒径为

$0.2\mu m$，最小粒径为 $0.1\mu m$，最大粒径 $5\mu m$。干法和湿法超细粉碎工艺组成的联合工艺流程也可获得超细粒径的电气石。选择不同型号的球磨机搭配工艺参数，可以得到微米乃至纳米粒径的电气石颗粒。

作为天然矿物材料，开采得到的电气石颗粒由多个晶粒通过晶界物质结合而成，颗粒内部晶粒杂乱的排列方向影响自发极化等性能的表现和应用，因此将电气石矿物加工得到超细甚至纳米粒径的颗粒，减少单个颗粒中的晶粒数量将有效降低电气石颗粒内部晶粒的杂乱排列程度，进而加强电气石的自发极化等多种特殊性能。目前本书作者团队实验室实现了电气石矿物材料的超细和纳米颗粒的形貌的可控制备（图3-6）。随着颗粒尺寸的减小，电气石颗粒可以当作一个电偶极子 [图3-7（a）]，晶体极轴两端带有等量异号电荷，因此可观察到电气石超细颗粒彼此相互吸引，首尾相接，呈链条状排列 [图3-7（b）]。

(a) 条块状微粒　　　　　　　　(b) 类球形微粒

图 3-6　电气石矿物颗粒扫描照片

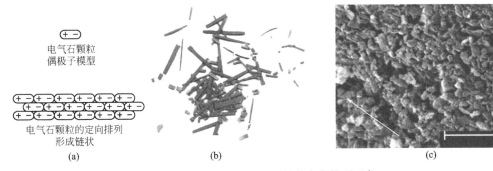

图 3-7　电气石超细颗粒的定向排列现象

由于电气石超细颗粒本身的强极性和颗粒的细微化，它们不易在非极性物质中分散，电气石颗粒在和有机物结合时容易发生团聚现象，因此需要对电气石颗粒进行非极性修饰，以解决其凝聚、分散以及与非极性物质的相容性问题。对于电气石颗粒的表面处理，现在采用最多的是有机包覆方法，在球磨过程或与有机材料复合过程加入改性剂。例如在搅拌磨湿法研磨电气石过程中加入硬脂酸钠作为改性剂，借助研磨产生的机械力化学效应和其他有益作用，进行了电气石颗粒机械力化学法表面改性及其性能的研究。制备复合材料对电气石进行表面改性时，目前选用的表面改性剂有反应性试剂、偶联剂、非离子表面活性剂及阴离子表面活性剂等类型，具体包括硬脂酸钠、硅烷偶联剂、甲基丙烯酰氯、酸酐、Span-60 等。实验发现，复合材料的远红外发射率和负离子释放浓度都有改善和提高，机械性能未受影响，并已有产品尝试用于净化空气、消除异味，用于装修用的涂料和壁纸时还具有环保和保健功能。

3.3.3 电气石的稀土强化

电气石矿物材料的发射远红外线性能与其晶体结构密切相关，晶格振动的固有频率愈高，其发射远红外线性能越强。铈、镧等高丰度稀土元素具有多种化合价态，化学性质非常活泼。当溶液中稀土离子与电气石颗粒发生相互作用时，稀土离子在其电偶极子的负极聚集，经后续热处理后在电气石颗粒表面产生稀土氧化物纳米颗粒，可提高复合材料中电子或电子空穴的跃迁几率，降低离子振动时的对称性、增强偶极矩的变化，显著提高复合材料发射远红外线的性能。稀土铈强化电气石矿物复合功能材料示意图，如图3-8所示。

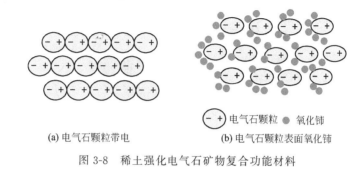

(a) 电气石颗粒带电　　　　　　(b) 电气石颗粒表面氧化铈

图 3-8　稀土强化电气石矿物复合功能材料

3.4　电气石矿物材料在环境领域的应用

工业生产和日常生活排出的废气、废液、固体废弃物中含有大量有害气体、重金属和有机污染物等毒性物质，在环境中发生化学反应或持久存在并形成生物累积，对生态系统构成长期威胁，因此环境友好、高效去除污染物的环保材料的研究迫在眉睫。电气石的特殊结构使其表面产生电场，永久自发极性能够自动调节溶液的 pH 值，并且能发射远红外线，尤其是粒径较小的颗粒作用效果更加明显。研究表明，电气石不仅可用于改良催化剂提高废气脱硝效率，在强酸或强碱环境介质中吸附/固定重金属，还可用于吸附/降解水溶液和土壤中的有机污染物；电气石在污染物质的去除过程中不会造成二次污染，具有良好的稳定性和可重复使用性。

3.4.1 工业低温脱硝

水泥窑、燃煤电厂等工业窑炉的氮氧化物（NO_x）排放量大，烟气成分复杂，可导致光化学烟雾、酸雨、臭氧消耗、温室效应等，对环境的损害作用极大。用 NH_3 选择性催化还原 NO_x（NH_3-SCR）是一种非常有效的固定源烟气脱硝技术，但普通脱硝催化剂工作温度高（300～400℃），含硫化合物和粉尘环境中易失活。将电气石与催化剂复合，电气石的发射远红外线和自发极化性能有利于低温催化效率的提高。选择铈、铁、锰、钛、硅、镍等元素的盐类为主要原料，制备了电气石改性的 $CeMnFeO_x$、$FeMnTiO_x$ 等一系列低温 NH_3-SCR 脱硝材料。例如添加 5wt% 电气石的 $FeMnTiO_x$ 复合催化材料的 NO 转化率在 150℃时达到 80%，总体脱硝效率提升约二十个百分点，操作温度窗口显著拓宽。电气石改性 $FeMnTiO_x$ 复合物 NH_3-SCR 反应机理如图 3-9 所示，其催化性能的增强主要是由于电气石粉末周围的小球形纳米颗粒结构导致催化剂表面 Mn^{3+}、Mn^{4+} 和化学氧含量增加。$FeMnTiO_x$ 与适量电气石矿物配伍制备的催化材料可以显著提升催化剂的低温脱硝活性和抗二氧化硫中毒性能。

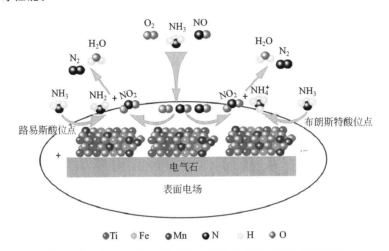

图 3-9　电气石改性 $FeMnTiO_x$ 复合物 NH_3-SCR 反应机理

3.4.2　室内空气净化

室内空气污染物的种类已高达 900 多种，主要有挥发性有机物（VOCs）、微生物、可吸入颗粒物等。纳米 TiO_2 光催化材料可降低环境中污染性气体的浓度，但 TiO_2 存在光的窄吸收、光生电子-空穴对的复合效应以及容易聚集成更大颗粒的缺点，并且须有紫外光对催化效应进行激活，应用于室内空气净化受到较大限制。纳米 TiO_2 的光催化理论可解释为：光激发使价带电子跃迁至导带 $h\nu \longrightarrow h^+ + e^-$，导带中被激发的电子有强还原性，而价带中的空穴则具有强氧化能力。由于表面空间电荷层发生能级弯曲，导致空穴沿着表面层形成电位降，向表面移动，空穴具有夺电子作用，即具有氧化能力。空穴会捕获水中羟基离子（OH^-）的电子，而使 OH^- 形成具有强氧化性的羟基自由基（·OH），可氧化有机物，起到杀菌或净化空气作用。

$$H_2O \longrightarrow OH^- + H^+ \quad （水的离子化）$$

$$OH^- + h^+ \longrightarrow ·OH \quad （空穴氧化 OH^-）$$

$$·OH + 有机物 \longrightarrow H_2O + 其他有机物 \quad （氧化有机物）$$

·OH 的产生受水的离子化程度的影响，促进水的离子化增加水或空气中 OH^- 浓度会增加·OH 的浓度，可以将电气石与纳米 TiO_2 复合使用以促进光催化效果。电气石的表面电场会促进水分子团簇减小，并促使其离子化增加 OH^- 的浓度，所以电气石与纳米 ZnO、TiO_2 等的混合使用会促进其光催化效果。

$$(H_2O)_n \xrightarrow{\text{电气石的电极性与红外线}} n\,H_2O$$

$$H_2O \xrightarrow{\text{电气石的电极性}} OH^- + H^+$$

电气石促进纳米 TiO_2 光催化的另一种理论解释是利用电气石的电场提高光催化量子效率。纳米 ZnO、TiO_2 光催化量子效率低的主要原因是在价带电子吸收光子跃迁到导带的同时，还会有相当部分导带中的电子回迁到价带与空穴复合。电气石表面的强电场作用于纳米 TiO_2，被光子激发到导带上的电子在电气石电场的作用下被转移到其他介质或电气石颗粒的正极吸附，从而减小"空穴"与"电子"的复合几率，提高量子效率。例如将纳米 TiO_2 包覆于电气石颗粒表面或采用溶胶-凝胶法将 TiO_2 镀膜于电气石颗粒上，这样理论上可提高光催化效率。本书作者团队实验室将稀土与电气石复合激活 TiO_2 用于空气净化功能建筑内墙涂料或空气净化器过滤网（图 3-10），提高其对室内污染物 VOCs、NO_x、NH_3 的净化性能。同时，电气石产生的负离子可与空气中浮沉表面正电荷复合，加速灰尘下沉，起到减少空气中灰尘和降低微生物浓度作用。

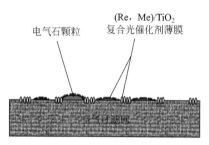

图 3-10　空气净化器用过滤材料

3.4.3　工业废水净化

电气石对溶液中的金属离子、酸根离子均具有吸附、浓集作用，可应用于废水净化。工业上，电气石可吸附水中的重金属离子并形成沉淀，去除率高达 99％；通过水流搅动可使沉淀轻易脱离电气石表面，因此可循环使用且不会有其他副作用。电气石超细颗粒对 Pb^{2+} 有极高的吸附效果，除了在初始溶液 pH 值小于 3 时，其余酸性条件下对 Pb^{2+} 的吸附率均达到 98％以上，并且吸附 Pb^{2+} 的反应速度非常快，在 5min 时吸附已经达到平衡，去除率接近最大值。电气石对工业废水中 Cu^{2+}、Cr^{6+}、Zn^{2+} 等其他金属离子的净化研究已得到广大环保工作者的关注。

与空气净化方法相似，TiO_2 的光催化效应同样可促进水中有机污染物高效、快速、完全降解。鉴于 TiO_2 光催化过程中存在的问题及其传统复合光催化剂的低稳定性，将电气石与 TiO_2 结合形成多相 TiO_2 基复合光催化剂，可以降解水溶液中的有机污染物如甲基橙、亚甲基蓝、刚果红、乙基紫、雅格素蓝 BF-BR 等。

Fenton 试剂已广泛应用于废水中有机污染物的氧化降解，反应中产生的·OH 是一种非特异性强氧化物质，可氧化大多数有机化合物，然而传统的 Fenton 试剂存在 pH 适用范围较窄和二次污染（铁离子）问题。一些学者探索了电气石用于类似 Fenton 的催化系统，发现电气石能拓宽类 Fenton 反应体系的 pH 范围。电气石的优异性能使其不仅可以参与类 Fenton 反应和光催化反应，还可以用于活化过硫酸盐/过氧单硫酸盐。例如电气石辅助过硫酸铵系统在室温下对磺胺嘧啶具有较高的降解效率，并且 Fe^{2+} 和 Fe^{3+} 在电气石表面的自发循环转化确保了其良好的可重用性，避免了使用过渡金属离子激活过硫酸盐对环境造成的负面影响。

3.4.4　污染土壤修复

重金属和有机物是污染土壤中常见的有害物质。重金属不可生物降解，目前用于去除的方法包括物理、化学、生物方法和一些联合技术。通过电气石对重金属污染土壤的修复研究发现，向重金属污染土壤中添加电气石可以将重金属的剧毒组分转化为低毒稳定组分，从而降低重金属对土壤中植物的毒性，电气石的粒径越小，其对重金属的固定效果越好。

电气石与微生物结合可提高土壤中持久性有机污染物的去除效率。电气石能释放稀有的微量元素，促进微生物的生长和降解土壤有机质，已有研究利用联合技术修复被有机氯农药、多环芳烃和多溴二苯醚等污染的土壤。除此之外，当电气石作为一种类 Fenton 材料可以通过产生・OH 破坏土壤有机质的结构，氧化芳香族化合物。与电气石单独降解多溴二苯醚相比，电气石催化 Fenton 技术与微生物相结合使用可使其降解率提高近两倍。

3.4.5　其他

燃烧是可燃物与氧气或空气进行的快速放热和发光的氧化反应。受空气中氧气含量等其他燃烧因素的影响，燃烧过程中总会出现燃料浪费即燃烧不充分的现象，同时未充分燃烧的燃料会造成环境污染。针对汽车中燃油燃烧不充分的情况，采用电气石与树脂制备电气石/树脂复合材料对燃油进行活化，促进燃油的分子热运动，降低燃油中碳链的团聚现象，提高燃油在燃烧时雾化和蒸发的能力。将此复合材料应用于燃油锅炉中发现，该锅炉的耗油量减少了 2.76%，烟气中的 CO 和 NO 含量分别降低了 32.9% 和 15.8%。可见电气石/树脂复合材料不仅可以活化燃油，达到节省能源的目的，而且可以降低烟气中有害气体排放，起到环保作用。

直接甲酸燃料电池是一种以甲酸为燃料的质子交换膜燃料电池，有望应用于便携式电子设备的电源。其中钯是直接甲酸燃料电池中甲酸电氧化最有效的催化剂，具有较高的初始活性，但易受 CO 中毒影响限制了其商业化。通过电气石改性钯，获得核壳结构碳包覆电气石作为钯催化剂载体，可利用电气石的自发极化诱导电场和远红外发射促进合成更小的钯纳米粒子，削弱 Pd—O 键，增加分子振动和迁移速率，并将水分子解离，从而自发地将 CO 中间产物转化为 CO_2，其活性比无电气石的催化剂高 3.1 倍，并且在甲酸电氧化反应过程中具有优异的 CO 容忍度，为其提供了一种有效的催化剂设计策略。

3.5　扩展阅读

目前，应用电气石矿物制备生态环境功能材料多使用黑色电气石或者宝石级电气石的加工余料。宝石级电气石又称为碧玺，因其成分复杂，颜色也复杂多变，按颜色分为黑色、红色、蓝色、绿色、棕色、无色和多色等类型。而在一个晶体上出现红色、绿色的二色色带或三色色带的碧玺为多色碧玺，例如常见的"西瓜碧玺"为红绿相间。出产宝石级电气石的国家或地区主要有俄罗斯西伯利亚、巴西、马达加斯加、美国、坦桑尼亚、纳米比亚、斯里兰卡、加拿大、墨西哥、澳大利亚等。

公元前 315 年，希腊哲学家 Theophratus 认识到电气石的热释电性。1703 年，荷兰人第一次从斯里兰卡把一种被称作"turmale"的精美石头带到荷兰，并清楚地观察到它如磁铁吸引铁那样，能够从热的或燃烧的煤中吸引煤灰。1768 年，电气石的压电性和热释电性被瑞典著名科学家林内斯发现。1880 年，法国的 Jacques 和 Pierre Curie 经研究证实了电气石的热释电和压电性，将其命名为"电气石"。1989年，日本学者T. Kubo发现源于富士山积雪、流经火成岩地层的Kakita河水很难被污染，引起了人们对电气石的关注。进一步研究发现，电气石的一端可以吸引铜离子（图3-11），以此推断电气石可能存在自发极化即永久性电极，至此开创了其在环境保护方面应用的新领域。

在自然界中吸附金属离子形成的化合物

在硫酸铜水溶液中吸附铜离子形成络合物

图3-11　电气石在$CuSO_4$溶液中浸泡24h后横断面形成蓝色沉淀物

在有关电气石矿产储量、电气石结构与性能、电气石原料的质量标准等基础研究方面我国起步较晚，企业对资源无序而分散开采，加上恶性竞争，我国曾主要以电气石原料的形式向国外低价出口，造成了电气石资源的空前浪费。作为一名科研工作者，我们要夯实理论知识基础，要有持之以恒、坚持不懈的精神，永攀科技高峰，更好地保护和利用我国的自然资源。

近年来，中国学者利用扫描电子显微镜从微观角度研究电气石的自发极化现象及其物理本质，提出用电子打击斑亮度高低定性评价电气石粉体颗粒自发极化性能的方法以及用电气石颗粒自迁移距离长短评价其自发极化性能的定量评价方法。在此基础上，建立了依据电气石热释电效、应用电荷积分法测试电气石粉体产品自发极化性能的方法。用傅里叶红外光谱仪和便携式红外发射仪研究了电气石粉体材料的红外发射性能及其影响规律，探寻了电气石微观结构与特殊性能间的关系。上述研究对非金属矿物材料的高效利用、资源循环利用，以及新型功能材料的开发具有重要意义。坚持深入研究电气石矿物材料的特异性能开发和生态环境方向的高附加值应用，推动我国经济社会向绿色可持续发展方向转型，是我们肩负的重要使命。

思考题

（1）说明电气石的晶体结构特点。

（2）说明电气石具有自发极化性能的原因。

（3）说明电气石自发极化性与压电性、热释电性之间的关系。

（4）说明电气石具有发射红外线特性的原因。

（5）电气石在生态环境保护领域有哪些应用前景？

参考文献

[1] 冀志江.电气石自极化及应用基础研究 [D].北京：中国建筑材料科学研究院，2003.

[2] 冀志江，金宗哲，梁金生，等.铁镁电气石的红外发射率研究 [C].北京·秦皇岛：第五届中国功能材料及其应用学术会议，2004.9.

[3] Chen K R, Gai X H, Zhou G J, et al. Study on a new type of pyroelectric materials with structure of tourmaline [J]. Ceramics International, 2019, 45 (8): 10684-10690.

[4] Zhu D B, Liang J S, Ding Y, et al. Effect of heat treatment on far infrared emission properties of tourmaline powders modified with a rare earth [J]. Journal of the American Ceramic Society, 2008, 91 (8): 2588-2592.

[5] Zhou Y, Zhu D B, Zhang X X, et al. Effect of spontaneous polarization of tourmaline on the grain growth behavior of 3YSZ powder [J]. Journal of the American Ceramic Society, 2022, 105 (6): 4542-4553.

[6] 张荔，吴也，肖兵，等.电气石组成、结构及深加工工艺研究 [J].矿产综合利用，2009, 4: 30-34.

[7] Liang Y F, Tang X J, Zhu Q, et al. A review: Application of tourmaline in environmental fields [J]. Chemosphere, 2021, 281: 130780.

[8] Yang J, Li Z Y, Xu X Q. Preparation and evaluation of cooling asphalt concrete modified with SBS and tourmaline anion powder [J]. Journal of Cleaner Production, 2021, 289: 125135.

[9] Wang F, Xie Z B, Liang J S, et al. Tourmaline-modified FeMnTiO$_x$ catalysts for improved low-temperature NH$_3$-SCR performance [J]. Environmental Science & Technology, 2019, 53 (12): 6989-6996.

[10] Liu L H, Liang J S, Xue G, et al. Effect of resin composite materials containing tourmaline powders modified with lanthanum element on diesel oil combustion [J]. Journal of Rare Earths, 2007, 25: 236-239.

[11] Wang C P, Liu J T, Zhang Z Y, et al. Adsorption of Cd (Ⅱ), Ni (Ⅱ), and Zn (Ⅱ) by tourmaline at acidic conditions: kinetics, thermodynamics, and mechanisms [J]. Industrial & Engineering Chemistry Research, 2012, 51 (11): 4397-4406.

[12] Luo G M, Chen A B, Zhu M H, et al. Improving the electrocatalytic performance of Pd for formic acid electrooxidation by introducing tourmaline [J]. Electrochimica Acta, 2020, 360: 137023.

[13] Hao M, Li H, Cui L, et al. Higher photocatalytic removal of organic pollutants using pangolin-like composites made of 3-4 atomic layers of MoS$_2$ nanosheets deposited on tourmaline [J]. Environmental Chemistry Letters, 2021, 19 (5): 3573-3582.

[14] 李明.彩色电气石颜色成因机制研究 [D].武汉：中国地质大学（武汉），2019.

第 4 章

海泡石矿物生态环境功能材料

导读

　　海泡石英语名称为 sepiolite；德语名称为 meerschaum，其中 meer 译为海洋，schaum 译为泡沫。海泡石矿物有白、黄、灰等多种颜色，纯海泡石多呈白色至浅灰白色。海泡石干燥后黏结成块，手触无滑感或少有滑感，黏舌有涩感；风化后具土状光泽，新鲜表面显珍珠光泽，断面呈现纤维状。海泡石莫氏硬度为 2～2.5，质量轻。海泡石粉末易浮于水面，吸水后迅速成絮凝状，且吸水量较大，润湿的海泡石具有极强的黏结性。海泡石为典型的纤维状纳米矿物，具有一维纳米结构和多孔结构特点，比表面积大、吸附能力强，在节能环保、新材料、摩擦润滑材料等领域应用前景广阔。目前，世界上探明的海泡石储量超过 8000 万吨，其主要产出国是西班牙，其次为美国、法国、土耳其、俄罗斯、澳大利亚和非洲一些国家。近年来，西班牙海泡石的出口量占探明总产量的 80%，主要销往美国、俄罗斯、日本、坦桑尼亚等国家。

　　本章首先介绍海泡石矿物的资源禀赋特征，国内外资源分布及其开发利用的重要性；详细介绍海泡石的成分、结构特点、特殊性能，以及其结构与性能之间的关系；海泡石深加工以及性能调控方法。通过应用案例介绍，加深对海泡石矿物结构与性能之间的关系、深加工理论与方法以及生态环境领域应用等相互关系的认识。

4.1 海泡石矿物的资源禀赋特征

　　海泡石按其形态分为 α-海泡石和 β-海泡石两种，前者呈大束的纤维状晶体产出，即通常称为纤维状海泡石；后者常呈土状产出，是由非常细且短的纤维或纤维状集合体组成。海泡石可由转化、次生、热液变质或直接沉淀等方式生成，工业矿体均产在风化壳的含矿地层-黏土层内，黏土层中常见滑石，以下依次为海泡石、蒙脱石、高岭石等。黏土层的上、下部多为蒙脱石-高岭石黏土，海泡石与滑石按任意比例混杂共生出现于中部，海泡石矿体多呈层状、似层状。

　　海泡石矿床的成因可归纳为两大类：①沉积型矿床（与碳酸盐岩、黏土岩共生的沉积成岩作用生成的）；②热液型矿床（从热液中直接析出结晶而成或由火山玻璃、含镁矿物低温热液蚀变形成）。前者呈细小土状产出，通常称为土状海泡石；后者常呈大束纤维状晶体产出，通常称为纤维状海泡石。

4.1.1 国外海泡石资源主要分布

海泡石在自然界属于特种稀有的非金属矿，国外海泡石资源主要分布在西班牙、美国、土耳其等少数国家。

（1）西班牙海泡石

西班牙是全球最大的海泡石生产国，在欧洲90%的海泡石来自西班牙，其余的主要来自土耳其。生产海泡石产品主要有干磨和湿磨两种加工方式。西班牙海泡石产品主要有吸附剂、农药、动物饲料和钻井泥浆等，以及流质猪饲料悬浮剂、用在建筑中的流变性能调整剂和消除异味的粒状海泡石。尽管海泡石有多种应用，但市场的增长将主要发生在流变性控制产品等高附加值产品上；欧洲海泡石市场以大约3%～4%的年增长率增长。西班牙海泡石主要产于第三纪的盆地之中，如塔霍河盆地及爪达尔基维尔盆地，另外在埃布罗盆地、加利西亚格拉纳达盆地也有产出，有的矿床规模大并且海泡石含量高达95%以上，具有重要的经济价值。

（2）土耳其海泡石

土耳其是较大的海泡石生产国和出口国，土耳其海泡石分布在安纳托利亚-埃斯基谢希尔地区，由富镁橄榄石的蛇纹岩或其他镁质岩蚀变而成，呈致密块状并以零散的结核出现。土耳其生产的块状海泡石色泽美，具有隔热、耐高温等特点。心灵手巧的土耳其人很早就开始用海泡石来制作烟斗，例如奥斯曼苏丹头像造型烟斗享誉海内外。

（3）美国海泡石

美国的海泡石矿床，分布在内华达的阿什-密多斯地区，它是美国海泡石的主要产区。该矿床与钙质、钠质和镁质膨润土紧密共生。此外，佐治亚凹凸棒石等矿床中，亦共生有海泡石。

（4）法国海泡石

法国黏土矿采场主要分布在以下地区：①多尔多涅省，采场规模不大，黏土中蒙脱石占40%、高岭石30%、伊利石30%，质量较差；②加尔省，开采量为1千余吨，在渐新世石灰岩中有4或5层0.30～0.40m厚的海泡石；③沃克吕兹省，开采量为1千余吨。

另外，来自南非的Afhold Ltd公司的海泡石产品有望进入欧洲市场。该公司目前每年生产能力为10万吨。根据目前的储量，该海泡石矿预计能够开采10～20年。随着欧洲海泡石市场的不断扩大，南非黏土将有发展空间。

4.1.2 中国海泡石资源主要分布

海泡石矿物材料具有优良的物化性能，尤其是以纳米纤维集合体的束状形式存在的 α-海泡石。中国海泡石存量大、分布广，但目前很大比例廉价出口到其他国家，浪费了大量宝贵的资源。

据有关资料统计，我国发现海泡石矿产地50多处，分布于13个省（区）。主要集中在江西乐平，湖南浏阳，苏皖交界的六合、盱眙、嘉山一带。此外，在陕西、四川等地也发现有海泡石。另外，在内蒙古白云鄂博，甘肃酒泉，湖北广济和宜昌三峡，河南卢氏以及浙江昌化、安吉、河北易县等地也有海泡石矿物聚集。其中，江西、湖南、陕西等省的海泡石，占我国海泡石矿储量80％以上。

海泡石矿床成因有热液型和沉积型两大类。中国海泡石黏土矿床于20世纪80年代初才开始进行系统地质工作。湖南浏阳永和、湘潭石潭和江西乐平牯牛岭，均为海相沉积型矿床。

（1）湖南湘潭海泡石

湖南湘潭县杨嘉桥—石潭地区是全国最大的海泡石矿集区，矿带长达16公里，海泡石储藏量达到全国总量的65％以上。湘潭海泡石探明储量2140万吨，其用途达130多种，发展潜力巨大。近年来，湘潭市的海泡石在科技研发、精深加工、市场应用等方面均取得了较大的进展，建立了全国首家海泡石产业研究院，形成了较为完整的产业链条，并出现了一些航天航空等领域的特殊用途。

（2）江西乐平海泡石

矿层赋存于二叠系茅口灰岩下部黏土岩中，厚度1.64～27.28m，可分为4个矿段。矿石外观与滑石黏土相似，海泡石含量变化大，呈纤维状或纤维束状集合体产出，最高含量达53.84％。乐平市牯牛岭矿区海泡石矿资源储量为57.08万吨，共生滑石黏土矿资源储量16.01万吨。

（3）江苏省盱眙海泡石

海泡石、凹凸棒石黏土主要产于下草湾组地层中的第V号黏土层，层位稳定，矿层厚约6m，产状与上下岩系一致，呈水平状产出，矿层中有较清晰的水平层理，矿层中经常含有似层状的蛋白石层。根据主要矿物含量及构造，将矿石分为凹凸棒石、以凹凸棒石为主的海泡石矿和以海泡石为主其次为凹凸棒石的3种类型；其中海泡石含量为45％～55％，凹凸棒石为20％～40％，两种矿石紧密共生远景资源量大。

（4）陕西省宁强县海泡石

海泡石呈层状赋存于下二叠统中；矿层严格受层位控制，层位稳定、分布广，产状与围岩一致；矿石分原岩型和黏土型，原岩型中海泡石含量不高，黏土型中海泡石含量达40％以上；矿石中矿物组合主要为海泡石、凹凸棒石、蒙脱石、方解石、石英等；为我国大型矿床中第三位，远景资源量极大；海泡石呈纤维状或纤维集合体。

海泡石黏土矿是世界上用途最广泛的非金属矿产之一，对国民经济建设和科学技术发展均具有极为重要的意义。因此积极地加强研究海泡石黏土矿产的形成原因，加深对客观矿床地质条件的认识，对寻找、勘探海泡石黏土矿具有积极意义，这将促使海泡石黏土矿的地质工作做得更好，找到更多的富矿，加速海泡石黏土矿的开发与利用的步伐。

4.1.3 海泡石黏土矿产的成矿地质特征

4.1.3.1 沉积型矿床

此类矿床形成时代从古生代到中生代均有产出，但是已知的具有经济价值的矿床主要产于第三纪和二叠纪。西班牙和美国、非洲、日本的海泡石矿均产于第三系的沉积地层中。

（1）陆相沉积型海泡石矿床

陆相沉积型海泡石矿床一般指干旱气候区受限制的大陆性沉积盆地（古老或现代的）、湖相环境（碱性介质，富镁、氧化硅和铝的环境）中形成的化学蒸发型海泡石及凹凸棒石矿床。

此类矿床的形成过程受干旱气候、盆地和周围岩性及风化作用等控制。气候干旱多半生成海泡石；气候温暖、潮湿多半生成凹凸棒石。沉积盆地较小一般仅有大量新生成的凹凸棒石，若沉积盆地较大则盆地的底部和边部为凹凸棒石，接近盆地的中心形成皂石和海泡石。西班牙的海泡石黏土矿床是此类矿床的典型代表。例如巴列卡斯海泡石矿床即赋存于第三纪盆地的沉积地层中，而该盆地是靠古生代和中生代沉积变质岩系（大理岩、泥质板岩、云母片岩、石英岩、片麻岩）的剥蚀产物得到的。在有海泡石黏土覆盖的岩石中常具有方解石、白云石、石英、水云母、高岭土和绿泥石（图4-1）。

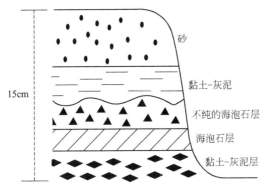

图 4-1 巴列卡斯海泡石矿床剖面

西班牙的海泡石黏土矿主要产地之一的塔霍河盆地，充填有厚达 1800m 的第三纪内陆沉积物，边缘相为碎屑岩相，向中心过渡为由石膏、硬石膏、可溶盐类组成的蒸发岩相。所见的新生黏土矿物从盆地边缘向中心依次分布：贝得石-蒙脱石-凹凸棒石-皂石-海泡石。国外研究西北非洲含有海泡石的第三纪边缘沉积盆地的典型剖面时，发现当由盆地边缘向中心过渡时，就会出现铝质硅酸盐的减少及镁质硅酸盐的增加，当岩屑沉积物减少时，可以观察到矿物分布顺序为：高岭石、含少量伊利石的蒙脱石和绿泥石、蒙脱石、凹凸棒石、海泡石（图4-2）。

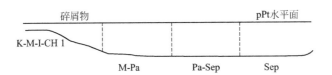

图 4-2 西北非洲边缘沉积盆地的典型沉积剖面图

K—高岭石；M—蒙脱石；I—伊利石；CH1—绿泥石；Pa—凹凸棒石；Sep—海泡石；pPt—硅酸盐沉积区带

以上典型盆地地层剖面说明，在富镁的水盆地中，由盆地边缘补给的黏土矿物与水盆地中的 Mg^{2+} 发生作用生成富镁的黏土矿物。随着时间的增加，由盆地边缘向中心依次生成了蒙脱石、凹凸棒石、海泡石，凹凸棒石与蒙脱石、凹凸棒石与海泡石均紧密共生。

（2）海相沉积型海泡石矿床

据国内外资料介绍，美国佐治亚中新世海泡石矿床为此类矿床。我国产于二叠纪煤系地层的乐平牯牛岭和浏阳永和等大型海泡石矿床均属此类，矿层赋存在燧石灰岩、硅质岩等海相岩层中，产腕足类、珊瑚、苔藓虫和蜒类化石，具有分布面积广、层位稳定、海泡石较丰富、矿床规模大等特征。浏阳永和海泡石矿床是国内目前发现最大的海相沉积型矿床。

4.1.3.2 热液型矿床

目前，世界上所有发现的此类矿床一般呈脉状产出，通常产于富镁的白云质灰岩、白云质大理岩、蚀变火山凝灰岩和热液硫化物矿脉中，常与菱镁矿、绿泥石、蛋白石、方解石等共同充填在裂隙内，且与各类镁质溶液（循环于裂隙带或沿非均质岩诸如灰岩和超基性岩的接触处）的直接结晶作用有关。海泡石为白色纤维状集合体，丝绢光泽，莫氏硬度为 2，具有挠性，质轻，吸水性强。海泡石黏土仅局部富集，往往不能形成工业矿床。从沉积型的物质来源及矿物形成方式看，它们和火山岩关系密切。如著名的美国内华达州阿什密多海泡石黏土与钙质、钠质及镁质膨润土共生。

这类矿床形成后的保存条件较严格，在地表其对风化作用很敏感，淋滤作用较强时因pH 值下降而消失，所以其在土壤中一般很少存在。相反当埋深过大时，随压力以及地温的影响会渐渐向富镁蒙脱石、水化滑石和滑石转化。

热液型矿床的 Mg^{2+} 取自富镁的围岩（白云岩、白云质灰岩、蛇纹岩等）本身，围岩在富含二氧化硅的热水溶液作用下蚀变成矿。

4.2 海泡石矿物的结构与性能

4.2.1 海泡石矿物材料的成分与结构

海泡石属斜方晶系，为链层状含水富镁硅酸盐或镁铝硅酸盐矿物。海泡石标准晶体化学式为 $Si_{12}O_{30}Mg_8[OH]_4[H_2O]_4 \cdot 8H_2O$，在扫描电镜下观察，海泡石呈纤维状，其聚集体呈束状。其晶体结构如图 4-3 所示。

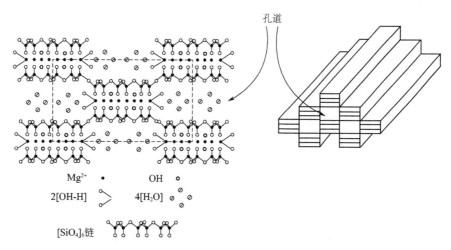

图 4-3　海泡石晶体结构

海泡石具有截面积尺寸为 0.37nm×1.06nm 的管状贯穿通道，其晶体为层链状结构。经计算海泡石表面积可达 900m²/g，其中内表面积为 500m²/g，外表面积为 400m²/g。海泡石所特有的结构使其具有沸石水通道和孔洞，具有很好的吸附性能、流变性能和催化性能。

在海泡石微结构研究方面，国内外学者开展了较深入的研究工作。Mark 等利用透射电镜对凹凸棒石-海泡石矿物纤维内部缺陷结构进行研究，发现了 2∶1 层面带分子缺失造成的开放孔道缺陷、平面缺陷和层面带分子在 180°旋转叠加造成的缺陷，认为这些缺陷可能加大纤维的结晶率，一些缺陷明显封闭了纤维内通道的某些部分，并且可能阻碍阳离子、水分子和有机分子的交换，并用分子缺失缺陷解释了一些样品吸收有机大分子的能力。Bautista 等利用浸渍法合成了负载于 TiO_2-海泡石和海泡石的氧化钒系物质，并研究其催化性能，发现在最大负载 15%（质量分数）时，氧化钒以 V_2O_5 纳米颗粒晶体出现，尤其在 V/Sepc（海泡石）系统中，也以焦钒酸镁和偏钒酸镁形式出现。Goktas 等对来自土耳其不同地区的海泡石矿物进行处理，在很宽的温度范围内研究其焙烧行为，发现海泡石在 1000℃高温处理后仍然存在特殊的孔结构（在 $0.015 \sim 1.0\mu m$ 范围内孔的平均尺寸为 $0.02\mu m$），7.28% 的低线性区间缩小值表明了其在过滤、分子筛和吸附方面均具有良好的应用前景。

在海泡石纳米纤维内部孔理论研究方面，Inagaki 等通过吸附曲线发现有两种微孔存在，第一种半径小于 0.5nm，第二种半径大于 1.7nm。半径小于 0.5nm 的孔由于海泡石的结构通道造成，半径大于 1.7nm 的孔由于结构缺陷或者纤维间空隙造成，表明水和氮分子都能进入经脱气处理后的海泡石孔道。用氨、氮、乙醇、吡啶、苯和水得到相同 BET 表面积的海泡石，表明这些分子能进入海泡石孔道。而乙苯、1,3,4-三甲苯和叔丁基苯不能进入孔道。对吸附分子与海泡石孔道的大小进行对比，如图 4-4 所示。其中，使用的尺寸大小由范德华半径、离子半径和 Brauner & Preisinger 海泡石模型决定。

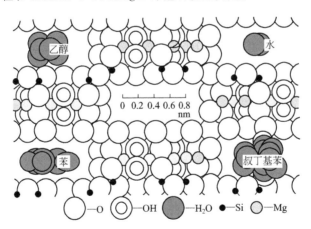

图 4-4　不同吸附剂分子与海泡石孔道尺寸比较

基于金属包埋-切割电镜制样技术，本教材编写课题组利用高分辨透射电子显微技术首次直接观察到所制备的矿物纳米纤维内部存在许多不连续、弯曲的纳米级孔道（图 4-5 所示）。阐明了海泡石族矿物纤维孔道微结构的形成机制，为矿物纳米纤维功能材料在节能环保、高分子复合材料领域的应用奠定了坚实的基础。

海泡石的化学组成中类质同象混入物有铝、铁、铜和少量的钙、锰、铬、钾、钠等杂质。产地不同，海泡石的化学组成也有所差异。表 4-1 所示为不同产地的海泡石的化学组成。

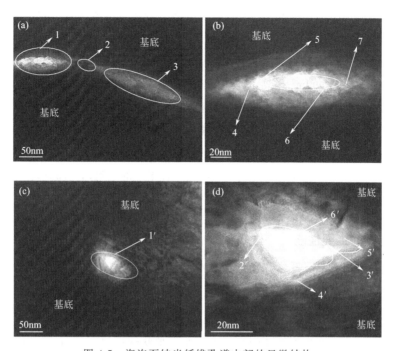

图 4-5　海泡石纳米纤维孔道内部的显微结构
（a）纤维纵切面；（b）对于图 a 中区域 1 的放大；（c）纤维横切面；（d）对于图 c 中区域 1′的放大

表 4-1　不同产地的海泡石的化学组成　　　　　单位：%（质量分数）

编号	SiO$_2$	Al$_2$O$_3$	TiO$_2$	Fe$_2$O$_3$	FeO	Mn$_2$O$_3$	MnO	CaO	MgO	NiO	CuO	Na$_2$O	NH$_3$	H$_2$O$^-$	H$_2$O$^+$	合计
1	52.5	0.6		2.9	0.7			0.47	21.31					12.06	9.21	99.75
2	56.1	0.42		0.2	0.05			0.34	24.3			1.13		10	9.21	99.05[①]
3	54.97	0.26		0.21					25.35			0.09		9.25	10.04	100.25[②]
4	52	0.4		0.21					23.35							
5	52.97	0.86		0.7		3.14			22.5		0.87			8.8	9.9	99.74
6	52.43	7.05		2.24	2.4				15.08				0.58	10.48	9.45	99.71
7	45.82		0.05	21.70	0.2		0.17	0.9	12.32					9.48	9.41	100.05
8	46.6	0.65	0.05	16.76	1.5		0.32	0.71	15.49					8.12	10.3	100.5
9	50.4			0.73					20.28	9.78				9.92	8.63	99.79
10	50.8	0.66	0.02	1.85	1.51				16.01			8.16		13.68	6.82	99.51

① 含 0.11% 的 K$_2$O，0.12% 的 P$_2$O$_5$，0.27% 的 CO$_2$。
② 含 0.02% 的 K$_2$O，0.76% 的 CO$_2$。
注：1. 马达加斯加 Ampandrandava 的海泡石。
2. 中大西洋山脊的海泡石，分析者：Paul Elmore，Lowell Artis，Sam Botts，Gillison Chloe 以及 H. Smith。
3. 塞尔维亚南部 Goles 的海泡石。
4. 土耳其小亚细亚的海泡石。
5. 美国犹他州 Little Cottonwood 的海泡石。
6. 南澳大利亚 Tintinara 的铝海泡石。
7. 奥地利蒂罗尔 Sterzing 的铁石棉。
8. Schneeberg 的铁石棉。
9. Nouvelle Caledonic 的含镍海泡石。
10. 美国怀俄明州 Sweetwater 县的丝硅镁石。

不同产地的海泡石的化学组成表明，富镁海泡石的化学组成比较一致。MgO 的含量一般为 21%～25%，Mg 一般填充 90%～100% 的八面体位置。海泡石的特殊结构决定了其拥有包括贯穿整个结构的沸石水通道和孔洞以及大的表面积，具有截面为 0.36nm×1.06nm 的管状贯穿通道及高达 900m^2·g^{-1} 的理论表面积。在通道和孔洞中可以吸附大量的水或极性物质，包括低极性物质，因此，海泡石具有很强的吸附能力。而且由于海泡石具有良好的机械和热稳定性、多孔性、强吸附性以及可处理改善的大比表面，使之具备作催化剂载体的良好条件。海泡石的一些表面性质（如表面酸性弱、镁离子易被其他离子取代等），使其本身也可用作某些反应的催化剂。故海泡石不仅是一种很好的吸附剂，而且是一种良好的催化剂载体。

4.2.2 海泡石的主要性能

海泡石纤维是一种具有多孔结构的矿物材料，展现出优良的物化性能，主要表现在吸附性能、流变性能和隔热性能等方面。

4.2.2.1 吸附性能

海泡石有三种类型的吸附活性中心：①分布在带状结构层边缘与八面体镁离子配位的水分子，它可与吸附物形成氢键，具有良好的吸附性能；②硅氧四面体中的氧原子，由于这类矿物的四面体片中仅存在少量的类质同象代替，氧原子提供弱的电荷，因而它们与被吸附物之间也存在微弱的相互作用；另外一个主要因素是，海泡石的特殊结构决定了它拥有包括贯穿整个结构的沸石水通道、孔洞和大的表面积，通道和孔洞可以吸附大量的极性物质，包括低极性物质，体现了海泡石的吸附性；③在四面体外的表面由 Si-O-Si 键破裂而产生的 Si-OH 离子团，这些 Si-OH 离子团可以与海泡石外表面的吸附物分子相互作用，并能与某些有机物分子形成共价键，表现一定的吸附性。

4.2.2.2 流变性能

海泡石的晶体结构含有三维立体链，有很强的形成胶体的能力，在比其他黏土浓度低得多的情况下，可以形成稳定的高浓度悬浮液。海泡石在水中分散后，其针状晶体束分散形成杂乱的网格，网格束缚液体使体系增稠；在受到剪应力时，网状结构破坏，束缚被解除，所以流动性增加，显示出较高的触变性。另外，饱和吸附在其晶间孔道的水，也有可能在剪应力作用下部分溢出，导致溶剂增多，内摩擦力减少，黏度下降。

4.2.2.3 隔热性能

海泡石具有截面为 0.37nm×1.06nm 的管状贯穿通道，通道结构尺寸小于常温下空气分子的平均自由程（70nm），抑制了气体导热对热量的贡献；海泡石纤维之间的孔隙的存在减少了固体之间的热传导，纤维中的孔隙壁相当于遮板，在一定程度上降低辐射传热，从而使材料的隔热性能提高；海泡石纤维存在微孔和中孔，常温下空气分子的平均自由程在70nm，而微孔和中孔的孔径小于空气分子的平均自由程，气体在微孔和中孔内发生对流作用较弱，气相传递减少。

4.3 海泡石矿物的深加工与性能调控

4.3.1 海泡石除杂方法

海泡石矿物一般含有许多方解石、白云石等杂质，为了充分发挥其性能，需对其进行除杂处理。除杂方法主要分为化学法和物理法两大类。最常用的物理法为沉降法，其工艺主要是加入六偏磷酸钠等分散剂后搅拌一定时间，再用重力或离心沉降法分离去除部分大颗粒杂质。物理法难以获得高品位的海泡石精矿，主要由于原矿中含微粒伴生矿物杂质，很难用该方法除去。化学法的主要过程是，首先通过简单的物理方法除去沙砾，随后在不断搅拌下按一定比例加入酸或碱，通过发生反应使矿物中的杂质矿物生成可溶性盐，从而达到进一步除杂的目的，最后经抽滤、洗涤、干燥得到最终的产品。化学法可以使杂质比较彻底的去除，适合于预除杂后进一步除杂工艺。Zhou 等先采用物理自然重力沉降法去除石英和滑石，再采用化学微波酸化法去除方解石等可溶性碳酸盐，海泡石品位从不到 30% 提高到 80% 以上，利于海泡石后续产品的制备。

提纯后的海泡石晶体堆积状态、表面形态以及孔道结构仍处于无规则状态，纤维团聚，其自然孔道内和晶体间填充有碳酸盐类胶结物，其特有的材料性能被掩盖，需要对其进行进一步的活化处理。海泡石常用的活化手段主要有酸化活化、热处理以及酸化与热处理结合活化等。Valentin 等认为是由于酸处理后，海泡石部分孔道疏通的结果，镁氧八面体结构内部的 Mg^{2+} 可被酸溶出。如果酸浓度过大，会造成八面体 Mg^{2+} 近乎完全溶解，内部四面体片从而失去支撑，导致结构塌陷，其内孔孔道结构被破坏，极有可能会变成硅胶，这时海泡石的比表面积又明显降低。

4.3.2 海泡石解束方法

天然海泡石纤维以大量粗纤维束形式产出，纤维间互相胶结在一起，难以松解和分散，因此，海泡石纤维束的有效剥离是其高效利用的前提。

4.3.2.1 水热法

水热法处理在高压釜内进行，将一定量矿物材料与水混合均匀，加入反应釜内，在所需温度下搅拌一段时间，然后将矿物材料混合物经固液分离、干燥后粉碎。对于纤维状矿物，由于采用较低的搅拌速度，纤维束在水热作用下，先离解再逐渐断开。因此，水热法处理理论上可以获得高长径比的超细纤维。但是，水热处理法存在处理量小、处理时间长等缺点，难于批量生产。

4.3.2.2 化学松解法

化学松解法是通过表面活性剂降低水的表面张力，使水流在机械搅拌下产生的剪切力充分作用于纤维间，从而实现纤维的松解。在化学松解法处理纤维状矿物过程中，表面活性剂主要起三种作用。①处理前纤维状矿物一般呈团聚态被空气包围，进入水中要将其周围的空气取代出来，此过程中作用力可以看作水在矿物纤维表面上铺展系数 S（$S=\sigma_{sg}-\sigma_{sl}-\sigma_{lg}$）。加入表面活性剂会在界面上使 σ_{sl}、σ_{lg} 下降，使空气更易被水取代。②团聚态矿物纤维受到高速搅拌机械力作用会产生许多微裂缝，这些缝隙由于自身分子力会被愈合。加入表面活性剂后，表面活性剂分子会进入裂缝中，使裂缝逐渐深入、变大，有利于纤维的松解。③吸附表面活性剂后，固体表面吸附层逐渐增厚，可以有效地阻止矿物纤维的再次聚集。

在化学松解法处理纤维状海泡石矿物方面，有少量相关研究。例如，刘开平等通过实验研究发现，在以水溶性磷酸盐为分散剂对海泡石纤维的松解处理过程中，增大筛分孔径、增加打浆时间、提高打浆速度均有利于纤维的松解。刘开平等还研究了不同种类分散剂对海泡石纤维的松解效果的影响。结果表明，在海泡石纤维松解处理过程中，水溶性磷酸盐类表面活性剂所得松解效果好。其中，磷酸三钠及六偏磷酸钠松解效果最好，但松解处理后所得的海泡石纤维直径仅达到亚微米级，尚未批量制备出直径为纳米级的纤维样品。

4.3.2.3　机械粉碎法

对于干法机械粉碎，物料粉碎按施力方式主要可分为压碎、击碎、磨剥、弯折和劈碎五种类型，任何一种机械设备通常不会只存在一种施力方式，而是以某种施力方式为主，辅以其他施力方式。目前，矿物纤维加工处理多采用破碎或研磨设备通过磨球等介质对纤维进行松解，这些方法会严重减小纤维长度，破坏纤维的结构。尹辉等研究发现：对海泡石进行球磨一定时间后，纤维状结构完全消失，转变为球形颗粒，并出现了颗粒二次团聚体，如图4-6所示。

图 4-6　球磨处理后海泡石显微结构

4.3.3　海泡石矿物的深加工

纤维状矿物的长径比是评价矿物活性和功能有效发挥程度的重要指标之一，实现矿物纤维的保护性松解、避免纤维径向断裂，是提高纤维长径比的关键。矿物纤维晶体的径向比较脆弱，利用传统的球磨法制备矿物纤维容易发生径向断裂问题，呈短柱状且极易发生团聚，失去其优异的性能。另外，天然海泡石矿物常含有伴生矿，纤维与伴生矿之间结合十分牢固，若不进行有效分离与提纯，也会影响矿物纤维的性能。为此，本教材编写课题组在除杂基础上系统探索了湿法机械解束和干法气流解束海泡石的工艺方法，并对纳米矿物纤维进行表征。

海泡石矿物纳米纤维制备工艺步骤主要如下。

（1）预除杂

将原矿海泡石粉体过80目筛；取过80目筛的海泡石粉体与水按质量比1∶25的比例混合，加入1%（质量分数）的六偏磷酸钠，在分散机上机械搅拌，转速设定为2500r/min，分散4h；静置1h，取上层悬浮液，进行抽滤、水洗，反复三次；放入恒温干燥箱中，100℃下烘干至恒重，制得预除杂海泡石。

（2）除杂

将经预除杂的海泡石与4%（质量分数）盐酸溶液按质量比1∶20的比例混合；在分散机上机械搅拌3h，转速设定为1500r/min；然后将海泡石混合液真空抽滤；再经过多次洗涤、抽滤，直至用硝酸银检测不出氯离子，放入恒温干燥箱中，100℃下烘干至恒重，制得除杂海泡石。

（3）解束

海泡石纳米纤维高效解束有如下两种方法：①湿法机械解束，将一定量的十八烷基三甲基氯化铵与水混合均匀，加入经除杂后的海泡石粉末，在分散机上搅拌1h，经抽滤、烘干、粉碎制得湿法机械解束海泡石纤维样品；②干法气流解束，将除杂后的海泡石样品用气流磨在超音速气流作用下进行解束，磨腔的气压控制在0.7～0.85MPa之间，清洗气体压力为0.15MPa，给料速度为2～12kg/h，制得干法气流解束海泡石纤维样品。

湿法机械解束制备海泡石纳米纤维的过程，主要如下。

① 分散机搅拌过程中，产生机械力作用。利用此机械力作用使海泡石和水在容器内同时搅拌—碰撞—劈裂，主要碰撞有三种：纤维之间的碰撞、纤维与介质水之间的碰撞、纤维与容器内壁或搅拌桨之间的碰撞，这几种碰撞在理论上均可以在保证纤维长度的前提下进行解束，如图4-7所示。

② 表面活性剂对纤维的润湿与分散作用。在加入十八烷基三甲基氯化铵后，由于海泡石吸附性能好，表面活性剂加入后易于吸附在纤维上。在机械搅拌作用下，海泡石、表面活性剂、分散介质水在容器内的反应过程可以简述为：搅拌—断键—吸附。此外，由于表面活性剂的存在，在机械搅拌作用下还产生气泡，有利于海泡石纤维束进一步解离。解束过程中表面活性剂与纤维作用，如图4-8所示。

可以看出，加入表面活性剂后水的表面张力迅速降低、渗透作用增强，水借助表面活性剂的润湿作用渗透到矿物纤维表面之间，降低了纤维表面的结合能，有利于纤维的解离。同时，根据DLVO理论，粒子的分散特性受其间双电层静电作用能及粒子间分子作用能的支配。海泡石以纤维状细粉体形式存在，细粉体矿物比表面积大、表面能高，纤维中表面作用力强，纤维之间一般处于互凝状态，从而影响了纤维的松解。由于所选用表面活性剂与海泡石纤维表面所带电荷相反，在表面活性剂添加量较小时，海泡石表面负电荷会被中和，纤维静电作用不断降低，从而使纤维松解蓬松；此外，由于表面活性剂的吸附，

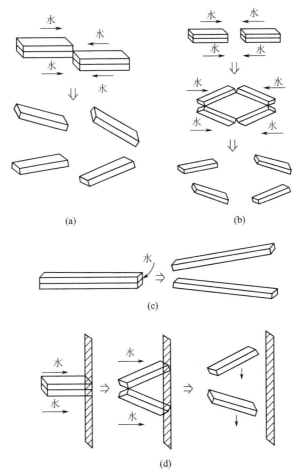

图 4-7　海泡石纤维在湿法机械解束过程中碰撞示意图

（a）～（b）纤维之间的碰撞；（c）纤维与介质水之间的碰撞；（d）纤维与容器内壁或搅拌桨之间的碰撞

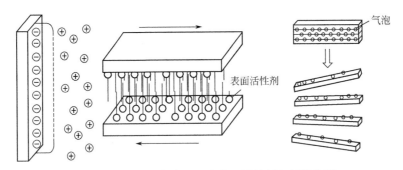

图 4-8　湿法机械解束过程中表面活性剂与纤维作用

使海泡石纤维表面吸附层增厚，对海泡石纤维重新聚结起到一定的阻碍作用。实验发现，当表面活性剂添加量达 2.5％时，堆密度达到最小值 0.06g/cm³；随着表面活性剂添加量继续增大，堆密度也逐渐增大。这主要由于随着表面活性剂添加量继续增加，在生成了电性中和的粒子上又吸附了第二层离子后，海泡石纤维又重新带有正电荷，从而使松解的纤维再次聚集。

与球磨粉碎不同，气流磨是以流体——压缩空气作为工作介质对粉体实行粉碎的设备，其起到粉碎作用的部分主要由箱体和喷嘴组成。粉末状海泡石纤维样品被高速气流产生的压力加速，其粉碎主要通过纤维之间、纤维与箱体内壁之间的碰撞实现。干法气流解束制备海泡石纳米纤维的过程，如图 4-9 所示。

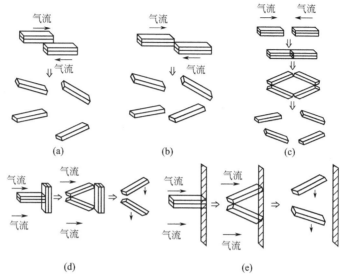

图 4-9　海泡石纤维在干法气流解束过程中碰撞示意图
（a）～（d）纤维间的碰撞；（e）纤维与箱体内壁之间的碰撞

可以看出，高速气流产生的压力能通过气流超细设备转换成动能作用在海泡石纤维束上，使海泡石纤维束通过纤维束之间的碰撞和纤维束与箱体内壁的碰撞得以解离，其受力方式有利于晶体结构的保护，这可以由上述相关实验结果证实。纤维状海泡石在解束过程中以线接触形式为主，当外应力大于海泡石纤维内应力时，海泡石纤维延长轴方向解离。因此，干法气流解束理论上可以减少海泡石纤维横截面碰撞，经过干法气流解束后，海泡石纤维束不仅被解离、直径明显变细，而且纤维长度得以保持。此外，低的给料速度有利于如图 4-9（e）所示纤维与内壁之间的碰撞，但是不利于如图 4-9（a）～（d）所示纤维之间的碰撞。高的给料速度有利于如图 4-9（a）～（d）所示纤维之间的碰撞，但是不利于如图 4-9（e）所示纤维与内壁之间的碰撞。当给料速度达到最佳时，纤维与内壁之间的碰撞与纤维之间的碰撞综合作用达到最佳效果。不同给料速度制得的海泡石矿物纤维的堆积密度可以证实，在干法气流解束处理过程中存在一个细化效果最佳的给料速度值。在此给料速度值下气流解束处理后，纤维状海泡石被解离，直径明显变细，经过统计，其平均直径约为 90～100nm。

4.4　海泡石矿物材料在环境领域的应用

工业废气、重金属离子和有机污染物会对生态系统构成长期威胁，因此环境友好、高效去除污染物的环保材料的研究迫在眉睫，与此同时温室气体 CO_2 的排放给环境带来了诸多问题。海泡石的独特结构和性能使其在吸附方面具有独特的优势，已成为在环境治理领域受到广泛关注的环境矿物材料。

4.4.1 室内空气净化

随着建筑装饰材料与室内空调、电脑等产品的广泛应用，室内空气污染问题日益受到人们关注，海泡石等多孔非金属矿物功能材料对这一污染问题的解决表现出很好的潜力。

以海泡石、硝酸铋、偏钒酸铵、硝酸铜、硝酸银为原材料，可制得 Ag^+/Cu-$BiVO_4$ 复合海泡石室内净化材料。分别用海泡石、$BiVO_4$、Cu-$BiVO_4$ 和 Ag^+/Cu-$BiVO_4$ 复合海泡石材料处理不同浓度的甲醛和甲苯时，当甲醛初始浓度为 $1mg/m^3$、甲苯初始浓度为 $2mg/m^3$ 时，Ag^+/Cu-$BiVO_4$ 复合海泡石材料对甲醛和甲苯的去除效果最佳。另外，Ag^+/Cu-$BiVO_4$ 复合海泡石材料还具有较好的调湿、灭菌和释放负离子性能。所制备的复合硅酸盐净化材料具有净化效率高、无二次污染、作用持久等优点，是一种新型复合室内空气净化材料。

4.4.2 污水重金属吸附

海泡石具有独特的微观结构以及较强的吸附性，对环境产生的污染小，使用后可进行再生处理，因此在水处理方面使用较多。国内外有大量的研究表明，海泡石有优良的去除废水中重金属离子的能力。Kara 等将海泡石用酸进行处理，并将改性的海泡石用于吸附重金属离子，结果表明其对 Pb^{2+}、Cu^{2+}、Cd^{2+} 的吸附量分别达到 $120.5mg/g$、$89.7mg/g$、$73.4mg/g$，研究认为海泡石是通过离子交换实现对重金属离子的吸附，这也表明了海泡石强大的离子交换能力。金胜明等对海泡石先后进行酸处理和热处理，将所得海泡石用于去除废水中的 Pb^{2+}、Hg^{2+}、Cd^{2+}，取得了较好的效果。

将壳聚糖与海藻酸钠、海泡石进行复合，可以制备一种新型高效多功能的复合水处理剂（CSS）。将 CSS 应用到活性红 141 染料废水和含铬废水中，测试其对不同废水中污染物的去除效果。结果表明，处理染料废水时，pH 为 6、投加量为 $150mg/L$ 的条件下，沉降 25min 后 CSS 对色度的去除率最佳，为 98.1%。处理含铬废水时，在 pH 为 4、投加量为 $1.8g/L$ 时，振荡 120min 后，对 Cr（Ⅵ）的去除率最佳，达到 98.7%。CSS 功能多样，可处理多种废水，且处理效果优于单独投加壳聚糖、海藻酸钠、海泡石以及壳聚糖/海藻酸钠聚合物，具有成本低、效果优、反应速度快的优点。其具备了吸附、絮凝、助凝、离子交换等作用，可以处理可生化性能差、有毒等难处理的废水，是一种无二次污染的绿色水处理剂。

4.4.3 温室气体 CO_2 吸附

CO_2 是主要温室气体，其过度排放会造成全球气候变暖，引发灾难性后果，因此许多学者都在研究有效捕集和固定 CO_2 的方法，降低其排放。目前，捕集 CO_2 主要采用液体、固体以及膜分离技术。当前已经有多种多孔材料被应用于 CO_2 吸附材料的基体，包括石墨/石墨烯、碳材料、沸石、硅材料、有机金属框架（MOF）等。尽管以上吸附剂能达到较高吸附量，但无论是碳/碳纳米管材料、硅材料还是石墨/氧化石墨材料，它们的成本和储量都限制了其工业化应用。为了降低固体 CO_2 吸附剂的成本，黏土矿物用于 CO_2 吸附剂基体具有明显优势。郑承辉等人采用浸渍法将四乙烯五胺（TEPA）负载至 β-海泡石纤维上，负载 50% TEPA 的改性海泡石在 75℃、干燥 CO_2 和 N_2 混合气氛下的最大 CO_2 吸附量达 $1.82mmol/g$。

4.4.4 有机污染物的降解

（1）海泡石在基于·SO_4^-的深度氧化技术中对有机污染物的降解

将金属氧化物负载在海泡石上可提高金属氧化物活化过硫酸盐的效率，提升超级氧化有机污染物的能力。例如 Wang 等通过氮掺 TiO_2（N-TiO_2）和酸活化海泡石（ASEP）组成纳米复合材料（N-TiO_2/ASEP）活化过氧化单硫酸盐（PMS），研究发现 N-TiO_2/ASEP/PMS 体系在 60min 内降解了约 95% 的甲基橙，反应速率常数比 TiO_2/PMS 高出近 5.44 倍。

（2）海泡石在基于·OH 的深度氧化技术中对有机污染物的降解

光催化技术作为一种典型的基于·OH 的深度氧化技术，海泡石在其中也有广阔的应用前景。海泡石的加入能通过协同作用和界面效应等显著提高催化剂的光催化效果。Du 等研究发现，Ag_2O-TiO_2/SEP 在一定波长范围的可见光下，比 Ag_2O-TiO_2、TiO_2/SEP 和 Ag_2O/SEP 具有更高的光催化活性。该复合材料之所以具有优异的光催化效率，是因为它们的异质结与黏土层的多孔结构之间存在协同作用，从而产生了高效的吸附和电荷分离能力。

综上所述，海泡石所特有的结构决定了其具有良好的吸附、流变和催化等性能，在环境、能源等多个领域具有广阔的应用前景。

4.5 扩展阅读

（1）以生活常见之物引入本章主角——海泡石

目前，土耳其古老的海泡石雕刻艺术在埃斯基谢希尔市得到传承发扬。埃斯基谢希尔市已经围绕海泡石开发了海泡石集市、传统艺术街区、海泡石博物馆和温泉疗养等旅游项目。海泡石具有质轻、阻燃和隔热的特点，能耐 700℃ 的高温。同时其内部富含一系列矿物晶体，因此具有极大的表面积，是自然界中最具渗透性的物质之一。极强的吸附性和分散性等特性使其不再只是作为艺术品的原料，经过人们的研究已将其应用到各个领域，其中之一就是环境治理领域。

（2）治理环境之使命任重道远

目前我国工业污水排放行业较为多元化，主要集中在石化、煤炭、造纸、冶金、纺织、制药、制革、食品等行业。其中纸制品行业废水排放量较高，占总排放量的 16.4%，化学制造业占总排放量的 15.8%，煤炭开采行业占总排放量的 8.7%。随着当前生态文明建设进程的不断推进，我国政府对于工业污水的治理更加重视，目前成立了多个科研院所着力于污水处理技术的研究，以解决当前占国民经济比重较大的工业废水处理技术难题。改革开放以来，我国工业用水及工业污水排放量的增加，加之工业废水中含有较多的重金属、有机污染物以及氰化物，导致地表、地下和水库水都受到较为严重的污染。当前《中国制造 2025》战略的不断推进，促使了我国工业生产技术的不断进步和更新，能够更好地满足国民物质文化需要。与此同时种类繁多、产量巨大的工业产品也导致了工业废水量的增大，其中的污染物种类多元、特性各异、处理难度不断增大，导致环境受到进一步危害。因而研究吸附材料对工业污水的吸附性变得十分重要，也是我们材料人的使命。

（3）研究引领，因材（材料特性）施教

关于现代工业污水治理的海泡石复合材料的研究，下文介绍本教材主编梁金生团队对基于海泡石矿物材料制备二维复合材料进行污水治理的研究，使学生了解海泡石的特性，有助于学生及早进入实验室参与科研活动，使学生知道根据材料特性进行研究的重要性。具体实例：介绍微波水热法制备的二硫化钼均匀负载于海泡石纳米纤维表面的复合材料（如图4-10所示），在优化透射电镜制样方法的基础上，利用球差校正扫描透射电子显微镜（AC-STEM）对二硫化钼-海泡石复合材料的表面及界面微观结构进行分析，如图4-11所示。

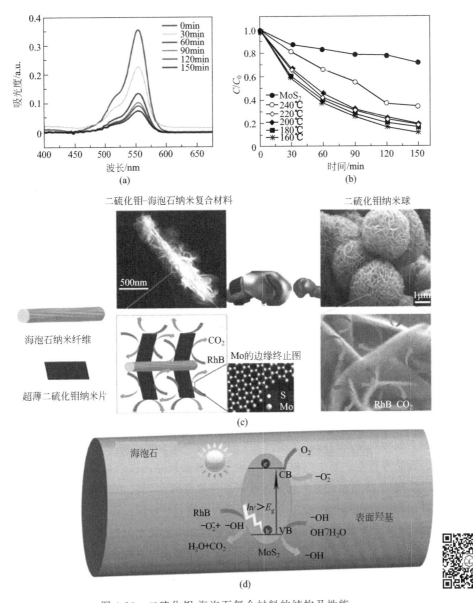

图 4-10　二硫化钼-海泡石复合材料的结构及性能
（a）RhB 溶液的随时间变化的吸收光谱（对于合成的 S220 催化剂），误差条＝SD（$N＝3$）；
（b）在不同温度下制备的 MSEP 纳米复合材料的光催化活性；（c）（d）MSEP 纳米
复合材料和纯 MoS_2 微球光催化剂中涉及的光催化位点和反应步骤的图示

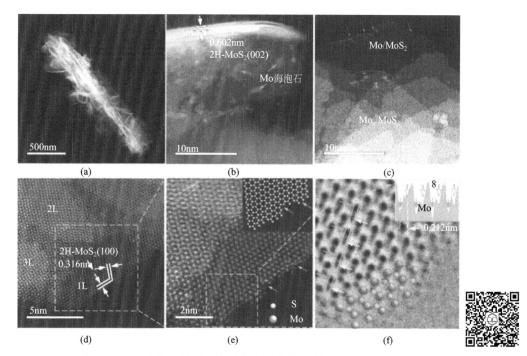

图 4-11　二硫化钼-海泡石复合材料的扫描透射电子显微分析

（a）复合材料的形貌；（b）二硫化钼-海泡石界面的原子结构细节；（c）（d）二硫化钼层的
堆叠交错状态；（e）二硫化钼层边缘的原子缺陷；（f）钼原子及硫原子的精确位置识别

可以看出，复合材料中二硫化钼纳米片层分散均匀且厚度仅为1～4个原子层，层边缘以钼原子为主，显著区别于传统的合成方法所得层边缘以硫原子为主的二硫化钼结构，理论上此种层边缘以钼原子为主的结构有利于促进多种催化反应的进行。

思考题

（1）海泡石的主要结构特点。

（2）海泡石原矿制备纳米纤维的常见方法。

（3）海泡石的主要产地及分布规律。

（4）海泡石的解束方法有哪些。

（5）电气石在生态环境保护领域的应用前景。

参考文献

[1]　邓庚凤，罗来涛，陈昭平，等.海泡石的性能及其应用 [J].江西科学，1999，17：61-68.

[2]　杨瑞士，李文光.我国海泡石矿床成矿条件及成因类型初探 [J].化工矿产地质，2001，23：25-30.

[3]　周治国.国内外海泡石族黏土资源概况 [J].湖南地质，1985：143-151.

[4] 章人骏.中国海泡石的产状和成因 [J].中国地质科学院院报，1987，9：45-51.

[5] Mark P S，Stephen G. Defects in microstructure in palygorskite-sepioliteminerals：A transmission electron microscopy（TEM）study [J]. Applied Clay Science，2008，39：98-105.

[6] Bautista F M，Campelo J M，Luna D，et al. Vanadium oxides supported on TiO_2-Sepiolite and Sepiolite：Preparation，structural and acid characterization and catalytic behaviour in selective oxidation of toluene [J]. Applied Catalysis A：General，2007，325：336-344.

[7] Goktas A A，Misirli Z，Baykara T. Sintering behaviour of sepiolite [J]. Ceramics International，1997，23：305-311.

[8] Tang Q，Wang F，Tang M，et al. Study on pore distribution and formation rule of sepiolitemineral nanomaterials [J]. Journal of Nanomaterials，2012，2012：6.

[9] Toshiyuki H，AtsumuT，Atsushi Y，et al. Model calculation of sepiolite surface areas [J]. Clays and Clay Minerals，1995，43：391-396.

[10] Zhou F，Yan C，Zhang Y，et al. Purification and defibering of a Chinese sepiolite [J]. Applied Clay Science，2016，124-125：119-126.

[11] 刘开平，孙志华，周敬恩.分散剂对海泡石纤维的化学松解效果 [J].中国造纸，2004，23：19-21.

[12] Ugurlu M. Adsorption of a textile dye onto activated sepiolite [J]. Microporous & Mesoporous Materials，2009，119：276-283.

[13] Valentin J L，Lopez-Manchado M A，Rodriguez A，et al. Novel anhydrous unfolded structure by heating of acid pre-treated sepiolite [J]. Applied Clay Science，2007，36：245-255.

[14] 尹辉，梁金生，汤庆国，等.海泡石显微结构对涂层材料隔热性能影响 [J].人工晶体学报，2005，34：519-524.

[15] Kara M，Yuzer H，Sabah E，et al. Adsorption of cobalt from aqueous solutions onto sepiolite [J]. Water Research，2003，37：224-232.

[16] 金胜明，阳漠军，唐谟堂.海泡石表面改性及其应用试验研究 [J].非金属矿，2001，24：23-24.

[17] 郑承辉，欧阳静，侯凯，等.β-海泡石提纯与胺基改性及其用作 CO_2 固体吸附剂的研究 [J].矿冶工程，2017，37：131-132.

[18] Wang Q，Cui Y，Huang R，et al. A heterogeneous Fenton reaction system of N-doped TiO_2 anchored on sepiolite activates peroxymonosulfate under visible light irradiation [J]. Chemical Engineering Journal，2020，383：9-14.

[19] Wang F，Hao M，Liu W，et al. Low-cost fabrication of highly dispersed atomically-thin MoS_2 nanosheets with abundant active Mo-terminated edges [J]. Nano Materials Science 2021，3：205-212，

[20] Du Y，Tang D，Zhang G，et al. Facile synthesis of Ag_2O-TiO_2/sepiolite composites with enhanced visible-light photocatalytic properties [J]. Chinese Journal of Catalysis，2015，36：2219-2228.

[21] 郭振华，刘中桃，杨帆，等.海泡石在废水处理中的应用 [J].环境保护与循环经济，2016（10）：3.

[22] 伊宜.国外海泡石生产与市场 [J].化工矿物与加工，2003，32（3）：1.

第 5 章

蒙脱石矿物生态环境功能材料

导读

蒙脱石发现于法国西部的 Montmorillon，并以该地名命名其英文名称，属于蒙皂石族（smectite）矿物，是重要的黏土矿物，一般为块状或土状。分子式为 $(Na，Ca)_{0.33}(Al，Mg)_2[Si_4O_{10}](OH)_2 \cdot nH_2O$，中间为铝氧八面体，上下为硅氧四面体所组成的三层片状结构的黏土矿物，在晶体构造层间含水及一些交换阳离子，有较高的离子交换容量，具有较高的吸水膨胀能力。蒙脱石晶体属单斜晶系的含水层状结构硅酸盐矿物。

蒙脱石颗粒细小，约 $0.2 \sim 1\mu m$，具胶体分散特性，通常呈块状或土状集合体产出。蒙脱石在电子显微镜下可见到片状的晶体，颜色或白灰，或浅蓝或浅红色。当温度达到 $100 \sim 200 ℃$ 时，蒙脱石会逐渐失水。失水后的蒙脱石还可以重新吸收水分子或其它极性分子，当它们吸收水分后还可以膨胀并超过原体积的几倍。蒙脱石的用途多种多样。根据它特殊的物理化学性质，能够在生态环保领域起到吸附与净化作用。它还可以作为填充剂和原料用于造纸、橡胶、化妆品、石油脱色和石油裂化催化剂等方面。此外，蒙脱石在地质钻探，冶金及医药等领域也有着广泛应用。

本章首先介绍蒙脱石矿物的资源禀赋特征，随后介绍蒙脱石的结构以及结构与性能的关系，最后介绍蒙脱石的加工、改性调控以及在生态环境领域的应用。

5.1 蒙脱石矿物的资源禀赋特征

5.1.1 国外蒙脱石矿物资源主要分布

蒙脱石为膨润土矿的主要矿物成分。世界膨润土矿物资源丰富，主要分布在环太平洋带、印度洋带和地中海-黑海带。主要资源国有美国、中国、俄罗斯、希腊、土耳其、德国、意大利、墨西哥和日本等。其中美国、中国和俄罗斯三国探明储量约占世界总储量的 4/5。

美国是世界上最大的膨润土资源国和生产国之一，已探明矿床 150 多处。到 2016 年，已查明资源总量 8 亿吨，其中，钠基膨润土储量居世界首位，约为 1.5 亿吨。膨润土资源主要集中于怀俄明州及蒙大拿州，其次为南达科他、得克萨斯、加利福尼亚、科罗拉多及亚利桑那等地。怀俄明膨润土以储量多、质量好著称于世，是海相层状膨润土矿床的典型代表，所产膨润土主要用于钻井泥浆、铁矿球团及铸造。亚利桑那州和加利福尼亚州的膨润土可生产酸性白土，用于精炼石油。

俄罗斯为世界上膨润土的重要资源国和生产国，膨润土矿床的工业类型可分为三种：①独特的或特别重要的类型；②重要类型；③一般类型。属于第一种的有热液型钠基膨润土矿床和火山沉积型钠基膨润土矿床，比如：萨里格尤赫斯卡依矿床、达湿萨拉赫里斯卡依矿床、阿斯勘斯卡依矿床和阿哥兰宁斯卡依矿床等，已应用于很多工业部门。属于重要类型的有钙基沉积矿床和火山沉积型膨润土矿床，比如：比可良斯卡依矿床、斯梅湿良耶夫斯卡依矿床、切尔卡斯卡依矿床、古木波里斯卡依矿床等，其开采量为俄罗斯总开采量的10%。属于一般类型的矿床有钠基和有局部意义的钙基膨润土矿床，比如给列斯卡依矿床、杰夏季乎豆尔斯卡依矿床等，每年总计开采量为百分之一或千分之几。从成因类型来看，在已勘探的矿床中属于热液型的有3个，即阿斯勘斯卡依矿床、达湿萨拉赫里林斯卡依矿床和萨里格尤赫斯卡依矿床。属于火山沉积型的有13个，大多数是小矿床，其中奥格兰宁斯卡依矿床为稀少的浅色致密状膨润土。属于陆源沉积型的有8个大型和中型矿床。

澳大利亚膨润土分布于昆士兰、新南威尔士、博格布里等地，新南威尔士的膨润土产于二叠—三叠系的煤系地层中，有一定规模，含一定数量的伊利石、蒙脱石混层。侏罗系和古近系—新近系中的膨润土是粗面岩、安山岩、集块岩蚀变的产物，厚度可达 2～3m。

西班牙膨润土矿床分布于阿尔梅里亚、格拉纳达、卡巴纳等地。阿尔梅里亚膨润土由古近系—新近系的流纹质和安山质火成岩经热液蚀变而成，矿床规模较大，部分矿体厚度达 8m 以上，为镁钠基膨润土。格拉纳达膨润土矿床产于白垩系中，为钠基土或钠钙基土，其中铁含量很高。卡巴纳膨润土矿床产于古近系—新近系中，赋存于白云岩和白云质砂岩中，大部分为蒙皂石。

5.1.2 中国蒙脱石矿物资源主要分布

我国膨润土资源非常丰富，遍布 26 个省市，主要分布在广西、新疆、内蒙古、江苏、河北等地。膨润土矿种类齐全，既有钙基膨润土，又有钠基膨润土，此外还有氢基、铝基、钠钙基和未分类的膨润土。我国以钙基膨润土为主，约占总储量的 90%，钠基膨润土浅表储量较少。

截至 2019 年底，全国膨润土查明资源储量 30.05 亿吨，基础储量为 6.74 亿吨，位居世界第一位。全国已形成辽宁、内蒙古、河北、浙江等膨润土生产基地。膨润土生产矿区较为集中，主要为河北宣化和邯郸、辽宁黑山和建平及阜新、浙江临安和安吉、江西广丰和乐平、河南信阳和南阳、山东安华和潍县、内蒙古固阳及兴和、四川三台及广汉、广西田东和宁明、新疆夏子街和巴里坤、吉林九台和公主岭、安徽淮南及铜陵等地。其中新疆和布克赛尔蒙古自治县境内的膨润土矿储量已突破 23 亿吨，是目前已探明储量的全国最大膨润土矿区。

根据膨润土矿床（点）的成群、成带分布特点，可将我国膨润土矿床归纳为五个主要矿带、四个主要产区。第一矿带，由黑龙江宾县经吉林省九台、双阳，辽宁黑山、建平、凌源到河北、山西、陕西至四川省；第二矿带，由黑龙江东部海林市经山东、河南、安徽到湖北、湖南境内；第三矿带由浙江省经江苏、福建、广东到广西壮族自治区；第四矿带在新疆至甘肃一线；第五矿带为西藏至云南、贵州一线。其中第一至第四矿带为我国膨润土矿的四个主要产区。

根据 43 个矿床统计，平均蒙脱石含量为 63%，明显高于规范所要求的平均工业品位（大于或等于 50%）。其中四川的膨润土矿 4 个矿床平均品位为 88%；特大型矿床以广西宁明县宁明矿床最高，达 62.67%；中型以广西田东县田东矿床最高，达 72.5%。新疆和布克赛尔蒙古自治县乌兰林格-日月雷矿为品位最低的特大型矿床，蒙脱石含量仅为 48%。

与膨润土伴生的矿产以高岭石和伊利石最为普遍，有的矿床与凹凸棒石共生，如盱眙县雍山凹凸棒石黏土矿床。东北一些膨润土矿则与沸石共生，如黑龙江勃利县团山及海林市的沸石-膨润土矿床，吉林省长春市九台区羊草沟和银矿山膨润土-沸石矿床等。华东一带有与残留母岩——珍珠岩伴生的矿床，如江苏省镇江市丹徒区垂山和安徽省宣城市宣州区水东的珍珠岩矿床。中国膨润土矿床多位于丘陵区，埋藏较浅，覆盖层厚度一般 1~15m，适于露天开采，少数矿可用地下开采。

蒙脱石一般可选性能良好，部分矿山曾进行干法或湿法选矿试验。例如浙江临安平山的钠基膨润土，原矿石蒙脱石含量仅为 45%，浙江地质科研测试中心进行了湿法选矿，将纯度提高至 95%（吸蓝量测定）以上。

我国最早对蒙脱石矿物矿床进行分类的是 1978 年杭州地质大队袁慰顺等。此后，1979 年 9 月袁慰顺、周钦贤以蒙脱石矿物的主要生成期为依据将蒙脱石矿物划分为两大类六个亚类，是当时我国成因研究较完善的一个分类，该分类的可取之处在于将成矿环境和成矿机理进行了有机结合。对成矿母岩、后生变化（自然改性）、矿石属性、矿物组合和矿体形态等方面均作了全面的概括，它代表了 20 世纪 70 年代末我国蒙脱石矿物矿床地质研究的水平。

随着近十年蒙脱石矿物开发应用及其勘查的进展，对矿床成因分类和研究也越趋完臻。将收集到的国内外代表性的分类方案列于本章附表。矿床类型的划分反映着人类对矿床的成矿作用、地质特征的认识过程，它是人类对矿床认识的高度概括。正确地制定矿床分类对了解成矿作用和地质特征的本质、指导生产实践具有重要的意义。

当前，矿床分类普遍采用以成因为基础，以成矿作用、成矿物质来源、矿床和矿体地质特征以及工业意义为条件的分类方式。对蒙脱石矿床，我们从其自身的地质规律出发，不在各成因之争中探求"最佳成因"观点，而是偏重和突出勘查中的直观判别和比较——勘查的实用性，强调蒙脱石矿物矿床成矿作用的多因性、叠生性和长期性，提出了分类依据。该依据是以含矿岩系、成矿母岩为基础，由含矿岩系的岩性、岩相、构造环境，成矿母岩的差异和水动力、水化学条件在成矿过程中的控制作用而引起的各类矿床地质特征的不同为基本条件，同时选择的划分标准易于宏观识别，且不易混淆。

5.2 蒙脱石矿物的结构与性能

5.2.1 蒙脱石矿物的晶体结构与分类

蒙脱石属于 2∶1 型层状硅酸盐矿物。属单斜晶系，对称型 L^2PC。其晶体的基本结构有两种：一种是硅-氧四面体（用 T 表示）；另一种为铝氧和氢氧所组成的八面体（用 O 表示）。T、O 两种基本单元以 TOT 层结构出现，如图 5-1 所示，在 TOT 层间充满 $n\mathrm{H_2O}$ 和交换性阳离子。

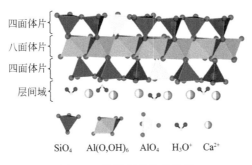

SiO_4　$Al(O,OH)_6$　AlO_4　H_3O^+　Ca^{2+}

图 5-1　蒙脱石的晶体结构

蒙脱石矿物晶体结构具有以下特点：

① 重叠的晶胞之间的氧层和氧层相对，其间的作用力为弱的分子间力。晶胞间联结不紧密，在极性水分子或外界力的作用下，晶胞之间会产生相对运动而剥离，易分散。

② 蒙脱石矿物晶格常存在同晶置换现象。铝氧八面体中的铝离子可被镁、铁、锌等离子所置换，置换率可达 20%～35%；硅氧八面体中的硅离子也可以被铝离子所置换，置换率较小，一般小于 5%。同晶置换使蒙脱石矿物晶胞带较多的负电荷，蒙脱石矿物晶胞成为带电荷的"大负离子"，每个晶胞所带的净电荷大约是 -0.66。蒙脱石矿物同晶置换形成的负电荷一部分靠吸附交换性阳离子来平衡，一部分由八面体晶体中的 OH^- 置换 O^{2-} 来补偿，使蒙脱石类矿物有吸附阳离子和极性有机分子的能力。

③ 蒙脱石矿物晶体结构沿 a、b 轴方向可无限延长，沿 c 轴方向以一定的间距重叠。由于 c 轴方向晶层间的氧层与氧层的联系力较小，可形成良好的解理面，层间易于浸入水分子或其它极性分子，引起 c 轴方向的膨胀。这种特殊的晶格结构，使得蒙脱石矿物具有良好的膨胀性、吸附性和阳离子交换性，为许多客体物质进行层间复合或嵌入反应提供了较有利的条件。

蒙脱石矿物单位晶层间的可交换性阳离子的种类和含量关系到蒙脱石矿物的一系列性质，从而也关系到膨润土的各种性能。因此，常按蒙脱石矿物所含的主要交换性阳离子来划分膨润土的属性，其主要分类方法如下。

（1）碱性系数法

钠基蒙脱石矿物：碱性系数 $(E_{Na^+}+E_{k^+})/(E_{Ca^{2+}}+E_{Mg^{2+}})>1$，$Na^+>K^+$

钙基蒙脱石矿物：碱性系数≤1

（2）交换性阳离子含量法

钠基蒙脱石矿物：$E_{Na^+}/\Sigma E > 50\%$

钙基蒙脱石矿物：$E_{Ca^{2+}}/\Sigma E \geqslant 50\%$，$E_{Mg^{2+}}/\Sigma E < 25\%$

钠-钙基蒙脱石矿物：$E_{Na^+}/\Sigma E > 30\%$，$E_{Ca^{2+}}/\Sigma E < 45\%$

钙-钠基蒙脱石矿物：$E_{Na^+}/\Sigma E > 30\%$，$E_{Ca^{2+}}/\Sigma E > 45\%$

钙-镁基蒙脱石矿物：$E_{Ca^{2+}}/\Sigma E > 45\%$，$E_{Mg^{2+}}/\Sigma E > 25\%$

镁—钙基蒙脱石矿物：$E_{Mg^{2+}}/\Sigma E > 45\%$，$E_{Ca^{2+}}/\Sigma E > 25\%$

（3）钠钙比法

钠基蒙脱石矿物：$E_{Na^+}/E_{Ca^{2+}} > 1$

钙基蒙脱石矿物：$E_{Na^+}/E_{Ca^{2+}} < 1$

式中，ΣE 为阳离子交换总量；E_{Na^+} 为交换性钠离子含量；E_{k^+} 为交换性钾离子含量；$E_{Ca^{2+}}$ 为交换性钙离子含量；$E_{Mg^{2+}}$ 为交换性镁离子含量。单位为毫克当量/100 克。

此外，钠基蒙脱石矿物与钙基蒙脱石矿物也有以下明显的不同之处。

（1）胶质价和膨胀性

钠基蒙脱石矿物的胶质价高达 100mL/15g，膨胀倍数高达 20～30 倍；钙基蒙脱石矿物的胶质价约在 50mL/15g，膨胀倍数为几倍到十几倍。

（2）吸水速度

钠基蒙脱石矿物吸水速度慢、时间长、吸水量大；钙基蒙脱石矿物吸水速度快，2h 即达饱和，吸水量少。

（3）差热曲线形态

钠基蒙脱石矿物第一吸热谷为单谷，钙基蒙脱石矿物第一吸热谷为复谷。

（4）Na$_2$O 的含量

钠基蒙脱石矿物化学成分中的 Na$_2$O 的含量较钙基蒙脱石矿物高。

（5）分散性

钠基蒙脱石矿物的粉末投入水中分散不沉淀，而钙基蒙脱石矿物的粉末在水中很快就会沉淀。钠基和钙基蒙脱石矿物主要鉴定特征见表 5-1。

表 5-1　钠基和钙基蒙脱石矿物的主要鉴定特征

属性	碱性系数	pH 值	胶质价/(mL/g)	吸水性	热失量/%	差热曲线形态	d (001)/nm	电子显微镜图像	Na$_2$O 含量	在水介质中表现
钠基	≥1	8.5～10.6	≥100	吸水速度慢，但吸水时间长，吸水量大	室温～110℃：6 110～250℃：1	第一吸热谷为单谷	1.25	连续云雾状集合体	较高	分散，不沉淀
钙基	<1	6.4～8.5	50±	吸水速度快，2 小时即达饱和，吸水量小	室温～110℃：9 110～250℃：1.5	第一吸热谷为复谷	1.56	轮廓不规则块状集合体	较低	分散后沉淀

5.2.2 蒙脱石矿物的物理化学性质

（1）蒙脱石矿物的电负性

一般认为，蒙脱石矿物表面的电荷主要来自三个方面：晶格置换连同内部的补偿置换形成的电负性；离子吸附产生的电负性；晶格离解形成的电负性。上述三个方面中，由离子吸附和晶格离解而产生的电荷都在蒙脱石矿物晶体的端面上，其密度随水介质的 pH 值变化而改变，由于蒙脱石矿物的端面积在总表面积中占的比例很小，因此端面电荷在总电荷中占的比例也就很小。但是，端面电荷对蒙脱石矿物胶体性质和流变性质的影响是极大的，不能忽视。

（2）蒙脱石矿物的阳离子交换性质

阳离子交换是黏土矿物的重要特性，它决定着黏土矿物的利用方向和经济价值。所谓离子交换是指矿物中已吸附的离子与溶液中的离子之间进行的当量交换作用，以钙基蒙脱石矿物为例，即

$$Ca\text{-蒙脱石}+2Na^+ \longrightarrow 2Na\text{-蒙脱石}+Ca^{2+}（钙基土的钠化机理）$$

从上面的化学反应式可看出，蒙脱石矿物阳离子交换具有以下特点：同号离子相互交换，等电量（或等当量）互相交换，阳离子的交换和吸附是可逆的。蒙脱石类矿物层间阳离子大多数都是可交换的。除此之外，其边缘（端面）因破键而吸附的一切极细无机物也具有一定的交换能力（如图 5-2）。

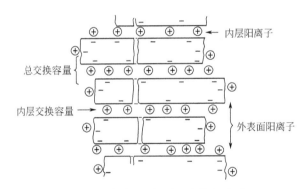

图 5-2 蒙脱石矿物的可交换阳离子

① 阳离子交换容量（CEC） 蒙脱石矿物的交换能力常用阳离子交换容量来表示。所谓阳离子交换容量是指在 pH 为 7 时，蒙脱石矿物吸附可交换性阳离子的总量。它的数值均以每 100g 膨润土（或蒙脱石矿物）吸附阳离子的毫克当量数来表示（即 meq 阳离子总量/100g 蒙脱石）。影响蒙脱石矿物阳离子交换容量的因素很多，有本身特性的因素，也有外界的客观条件，主要有阳离子种类、矿物粒度、介质的 pH 值、温度及矿物的溶解度等。

② 阳离子交换速率 黏土矿物的阳离子交换速率随黏土矿物种类、颗粒大小、阳离子位置、阳离子的浓度和阴离子的性质及浓度、介质的 pH 值、温度和研磨、搅拌等不同而有变化。

一般黏土矿物的阳离子交换作用的速率是：高岭石＞蒙脱石＞伊利石＞绿泥石。某些沸石矿物的交换速率比黏土矿物慢。矿物边缘的交换作用进行得快，晶层底面的阳离子交换作

用需较长时间才能完成。加温，离子的运动加快，交换速率加快。但温度对蒙脱石矿物的交换速率影响并不显著，工业上蒙脱石矿物的阳离子交换通常是常温或稍高一点的温度下进行。由于在黏土矿物表面（层面域的出露部分以及与层相交的破面）上可能多处露氧，使得阴离子交换反应的机会可能比阳离子少。但有些阳离子的交换性能随存在的阴离子性质而变化。当阴离子浓度高时，将改变蒙脱石矿物的构造，生成新化合物，影响交换作用的进行。

（3）蒙脱石矿物水体系的特性

① 蒙脱石矿物中的水分　蒙脱石矿物中存在三种水分，分别为：表面的液态自由水，这种水在稍高于室温的条件下就可全部蒸发掉；层间吸附水，处于晶层底面的取向排列的偶极水和交换性阳离子吸附的阳离子水化膜，这种水一般局限于距蒙脱石矿物颗粒表面 0.8～2.0nm 的范围内（相当于 3～10 个水分子的厚度），它的密度、黏滞度较平常的液态水大，室温下可以逸出一部分，300℃ 左右基本脱净；结构水［OH］，参与构成蒙脱石矿物晶格的水，脱水温度因蒙脱石矿物构成不同而异，一般 500℃ 以上脱出较多，800℃ 左右基本脱净。

② 蒙脱石矿物的膨胀性　蒙脱石矿物遇水膨胀，晶层底面间距加大，即水被积极地吸入层间而扩展层间。引起蒙脱石矿物膨胀的动力是交换性阳离子（包括极化有机分子）和晶层底面的水化能。抑制膨胀的力来自单位晶层间的范德华力和自由交换性阳离子引起的静电引力。因此，交换性阳离子的性质影响蒙脱石矿物的膨胀性能。由于自然界产出的蒙脱石矿物主要是 Ca-蒙脱石矿物，其次 Na-蒙脱石矿物。通常，多价离子比一价离子电荷密度大，因此，它们与黏土矿物的联结能力较强。

蒙脱石矿物由于晶格置换而产生的负电荷必然要吸附反离子（即交换性阳离子）来平衡。而这些反离子是以水化离子形式存在于单位晶层底面附近的，带负电的蒙脱石矿物颗粒吸附水化阳离子形成双电层（水化膜）（如图 5-3）。

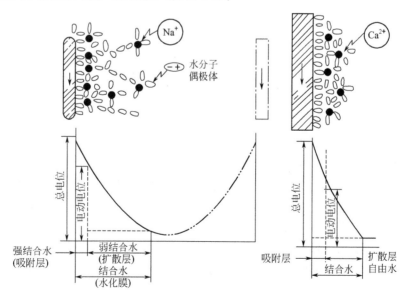

图 5-3　两种蒙脱石矿物胶团结构特点

根据研究，双电层厚度与离子价数的二次方成反比。即阳离子价高，水化膜薄，膨胀倍数低；阳离子价低，水化膜厚，则膨胀倍数高。在蒙脱石矿物颗粒表面负电量（或总电量）相近的情况下，吸附 Na^+ 时被平衡的电荷比吸附 Ca^{2+} 少，所以 Na-蒙脱石矿物在水中的电动电位高，且随距颗粒表面距离加大呈缓慢下降，可以延伸较远距离。而 Ca-蒙脱石矿物的情况则不同，电动电位随距离颗粒表面距离加大呈急剧下降趋势，并且很快消失。因此，Na-蒙脱石矿物较 Ca-蒙脱石矿物的扩散层厚度大，膨胀倍数高。

当蒙脱石矿物以 Na^+ 为交换性阳离子时，非液态水（晶层吸附水）有三层水的厚度（0.75nm），以 Ca^{2+} 为交换性阳离子时非液态水的厚度约为四层水分子的厚度（1.0nm）。Na-蒙脱石矿物在 0.75nm 厚度以外逐渐过渡到液态水，其中水分子的某些取向排列可以延伸到离蒙脱石矿物表面 10.0nm 以上的距离；而 Ca-蒙脱石矿物的晶层吸附水到 1.0nm 以外呈取向排列的水突变为液态水，1.5nm 以外取向排列的水很少或根本不存在。

③ 蒙脱石矿物在分散液中的形态和沉积形态　蒙脱石矿物在分散液中的形态：在蒙脱石矿物的分散液中，蒙脱石矿物颗粒可能呈单一晶胞，也可以是许多晶胞的附聚体。由于蒙脱石矿物晶体表面电荷的多样性和颗粒的不规则性，它们在水介质中会产生许多不同的附聚形式，大致可归为聚集和絮凝两类，如图 5-4 所示。

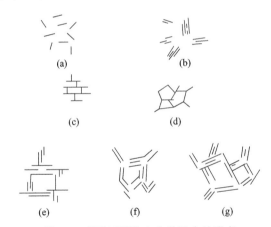

图 5-4　蒙脱石颗粒在分散液中的形态

(a) 胶溶的单一晶层；(b) 面-面型，晶层的平行叠置；(c) 面-端型，晶层面和晶体端面的附聚；
(d) 端-端型，晶体端面和端面的附聚；(e) ～ (g) 聚凝的聚集体

当在分散液中添加大量金属阳离子，尤其是多价金属离子时，会使蒙脱石矿物晶层面的电动电位显著下降，产生面-面型聚集［如图 5-4 (b) 所示］，在碱性分散液中更易发生。聚集使分散相的表面积和分散度变小，更趋安定，且一旦形成之后再分散就比较困难。在弱酸性分散液中没有或少有外来金属离子干扰的情况下，蒙脱石矿物晶体带正电荷的端面与晶层面呈面-端型絮凝［如图 5-4 (c) 所示］。在近中性的分散液中，端面没有双电层（水化膜），所以呈端-端型絮凝［如图 5-4 (d) 所示］。

蒙脱石矿物颗粒的沉积形态：比较稀薄的不安定的蒙脱石矿物分散液，随附聚的发展，颗粒逐渐增大，最后产生沉积。体系原来的分散状态影响着沉积过程和沉积物的性质，如图 5-5 所示。在胶溶或聚集的分散液中［图 5-5 (a)］，颗粒小、分布均匀，沉积速度较慢，沉积物致密，体积小。在絮凝的悬浮液中［图 5-5 (b)］，颗粒很大，棉絮状，沉积速度快、

沉积物疏松、体积大。

④ 蒙脱石矿物-水体系的流变性质　所谓流变性质（rheologic proporties）是指物质在外力作用下的变形（deformation）和流动的性质。流变类型及特点：若以切变速度 D 对切应力 τ 作图，可得到如图 5-6 所示的流变曲线；按变曲线的类型可将流体分为牛顿体（Newtonian fluid）、塑性体（plastic fluid）、假塑体（pseudoplastic fluid）及胀流体（dilatant fluid）。泥浆一般可看成塑性流体，低固相膨润土泥浆（固体含量＜4%）可以看成假塑性流体。蒙脱石矿物颗粒在分散液中搭成一个连续的网格状结构，要使它流动就必须在一定程度上破坏这种连续网格状结构使颗粒能相对运动，τ_y 就是反映蒙脱石矿物分散液颗粒间形成连续网格状空间结构的强弱。连续空间网格状结构又叫凝胶结构，只有当外加切应力超过 τ_y 后，才能拆散结构使体系流动，所以 τ_y 相当于使液体开始流动所必须多消耗的力。结构的拆散和重新形成总是同时发生。在一定的流速梯度范围内，蒙脱石分散液结构的拆散速度大于其恢复速度，结构拆散程度随切应力增加而增加，分散液黏度降低。当流速梯度增高到一定程度后，流变曲线呈直线，此时结构拆散和恢复速度相等，结构拆散程度就不再随切应力变化而变化，黏度也不再随切应力变化，这时的黏度叫塑性黏度（$\eta_{塑}$）。

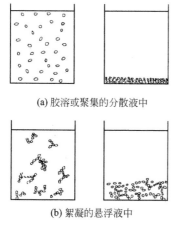

(a) 胶溶或聚集的分散液中

(b) 絮凝的悬浮液中

图 5-5　蒙脱石颗粒的沉积形态

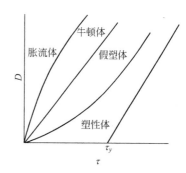

图 5-6　几种基本流变曲线

触变性：人们把胶溶液搅拌时变稀（变稠），静置后又变稠（又变稀）的特性，称为触变性（thixotropy）。关于触变性产生的原因，主要由于针状或片状质点比球形质点更易于表现触变性。这是由于它们的边角和末端间的相互吸引而易于搭成架子，搅动时结构被拆散，但被拆散的质点要靠布朗运动使边角相碰才能重建结构，这个过程需要时间，因此表现为触变性。

（4）蒙脱石矿物的溶解度

黏土矿物一般容易分解于酸和碱中。通常，在某一最低浓度以上，酸类从黏土矿物中溶去碱金属、碱土金属、铁和铝，碱类则溶去黏土矿物的 SiO_2。在酸溶蒙脱石矿物时，各组分溶解速度为碱金属和碱土金属＞镁＞铁＞铝。蒙脱石矿物的 Al_2O_3，被酸溶去总重量的 75%～85% 以上时，其晶格将毁坏。在中性盐类溶液中，蒙脱石也会溶解一部分而降低阳离子交换量。在碱性溶液中，蒙脱石中的 SiO_2 被溶解，溶解度随碱的浓度增高而增加。

5.3 蒙脱石矿物的深加工与性能调控

5.3.1 蒙脱石矿物的钠化改型

蒙脱石矿物的钠化改型是通过离子交换改变蒙脱石矿物层间可交换阳离子的种类以达到改善蒙脱石矿物物化性能的目的。钠基蒙脱石矿物的物理性能明显优于钙基蒙脱石矿物，所以钠基蒙脱石矿物比钙基蒙脱石矿物具有更高的应用价值和经济价值。我国蒙脱石矿藏分布比较广，大部分为钙基蒙脱石矿物，天然钠基蒙脱石矿物资源不多，品位也比较差，因而蒙脱石矿物的钠化改型，是蒙脱石矿物的主要加工技术之一。

5.3.1.1 蒙脱石矿物钠化机理

由于黏土对 Ca^{2+} 的吸附能力大于对 Na^+ 的吸附能力，因此自然界中蒙脱石矿物大多为钙基蒙脱石。但是蒙脱石矿物对阳离子的吸附顺序并不是一成不变的，当蒙脱石矿物-水系统中存在两种离子时就存在着一个动态的吸附-解吸平衡，即离子吸附与交换过程。如当蒙脱石矿物-水系统中同时含有 Ca^{2+} 和 Na^+ 时就会发生如下离子交换平衡。

$$Ca—蒙脱石 + 2Na^+ \longleftrightarrow 2Na—蒙脱石 + Ca^{2+}$$

平衡的移动方向主要受以下两个因素影响。

（1）阳离子的相对浓度

当 Na^+ 和 Ca^{2+} 的质量浓度比小于 2：1 时，平衡逆向移动，即以 Ca^{2+} 的吸附为主，此时蒙脱石矿物显示钙基蒙脱石的性质；但当 Na^+ 与 Ca^{2+} 的质量浓度比大于 2：1 时，平衡正向移动，钙基蒙脱石矿物中的 Ca^{2+} 被溶液中的 Na^+ 所置换而生成钠基蒙脱石矿物。

（2）体系的化学环境

若体系中含有易与 Ca^{2+} 形成难溶化合物的阴离子或阴离子团时，平衡就会向 Ca^{2+} 解吸附的方向移动，即生成钠基蒙脱石矿物。这种吸附-解吸平衡的移动决定了蒙脱石矿物以钙基蒙脱石还是钠基蒙脱石的形式存在，同时也决定了蒙脱石矿物-水体系的悬浮性和稳定性。

5.3.1.2 蒙脱石矿物钠化的方法

目前钙基蒙脱石矿物进行钠化改型主要以 Na_2CO_3 为改型剂，也可采用 NaF、氟硅酸钠、水玻璃、NaCl、NaOH、Na_2SO_4 等作为钠化剂。各地的矿产资源结构、蒙脱石矿物含量不同，Na_2CO_3 加入量通常为 3%～5%。蒙脱石矿物的钠化反应能否完全的关键在于钠化工艺，钠化彻底的膨润土性能可提高 30% 以上。各厂家由于产品定位、场地、生产设备、成本、环境等因素，通常采用的钠化工艺有：悬浮液法（湿法）、堆场钠化法（陈化法）、挤压法等。

（1）悬浮液法

在配浆的同时向水中加入钙基蒙脱石矿物和 Na_2CO_3，混合更加均匀，钠化更完全。

（2）堆场钠化法

在原矿堆场中，将 3%～5% 的 Na_2CO_3 撒在含水量大于 25% 的蒙脱石矿物原矿中，翻动拌和，混匀碾压，老化 7～10 天，然后干燥粉碎。

（3）挤压法

包括轮碾挤压法、双螺旋挤压法、阻流挤压法和对辊挤压法等。在人工钠化过程中，除了要有一定浓度的钠离子外，还须施加一定的剪切应力，使聚结的颗粒分开，增加比表面积，加速离子交换过程。在挤压过程中，一部分机械能转变为热能，使蒙脱石矿物的温度升高，会促进钠离子与钙离子的交换。挤压还可使蒙脱石矿物晶体结构遭到破坏，产生断键，暴露出硅离子、铝离子以及氧离子吸附水，有利于蒙脱石的水化。断键增加的同时，也增加了原矿颗粒表面的负电荷，使钠化的进行较为完全。

钠化改型后的钠基蒙脱石矿物广泛应用于钻井泥浆、铸造工业和冶金球团工业等领域。

5.3.2 蒙脱石矿物的提纯加工

蒙脱石矿物的提纯加工一般分为物理提纯方法和化学提纯方法，物理提纯方法包括干法提纯和湿法提纯两种。

（1）干法提纯

干法提纯，也称之为风选，该法适用于蒙脱石矿物含量高（含量大于 80%）、粒度较细而脉石矿物石英、长石粒度较粗的矿石。其工艺流程如下。

利用雷蒙磨将其粉磨至 100～325 目后，采用气流分级机进行分级，同时去除石英、长石等砂质矿物，即可得最终产品。

（2）湿法提纯

对于原矿中蒙脱石含量只在 30%～80% 的低品位蒙脱石矿物或所含的石英、长石等脉石的粒度较细时，要获得更高纯度的蒙脱石矿物，往往采用湿法提纯。湿法提纯根据工艺过程的不同又分为自然沉降法、絮凝法、高速离心法和二次分级法等。而在实际提纯过程中，往往会在不同的阶段同时采用多种方法。

高速离心法和二次分级法是将自然沉降去杂后的悬浮液再经高速旋转的离心机，进一步分离粒度较细的碎屑矿物（长石、碳酸盐等），得到粒度小于 $5\mu m$ 的蒙脱石矿物料浆或悬浮液，再将该液过滤、干燥、打散解聚，即可得到高纯度的膨润土产品。一般用于医药、无机凝胶的蒙脱石矿物须采用湿法提纯才能达到纯度要求。

（3）化学提纯

物理法提纯蒙脱石矿物难以去除粒度很细的方英石、部分石英及 Fe_2O_3，所以要制得高纯度的膨润土就必须采用化学提纯法。化学提纯即利用化学试剂与膨润土中的杂质矿物发生化学反应而将其除掉的方法，通常是利用强碱去除方英石和石英，其反应原理是：

$$2NaOH + SiO_2 = Na_2SiO_3 + H_2O$$

利用连二亚硫酸钠（俗称保险粉）或次硫酸盐去除 Fe_2O_3，以达到对黏土的漂白作用。其反应机理是：

$$Fe_2O_3 + Na_2S_2O_4 + H_2SO_4 = Na_2SO_4 + 2FeSO_3 + H_2O$$

在实际提纯过程中常常会同时采用物理方法和化学方法进行复合提纯，复合提纯得到的膨润土产品纯度高、无毒、无菌、白度高，适合用于制作药片分散剂、化妆品等产品。

5.3.3 蒙脱石矿物酸活化改性

蒙脱石矿物酸活化改性方法是在一定条件下，利用各种不同浓度的酸（硫酸、盐酸、草酸、硝酸等）对蒙脱石矿物（膨润土）进行活化处理。酸溶液活化蒙脱石矿物的目的是为了提高蒙脱石矿物产品的吸附性能，以适应轻工业中的漂白、脱色、净化等用途。将蒙脱石矿物进行酸化处理，不仅能够提高蒙脱石矿物的活性（比如表面积、脱色率等），而且还可以提高蒙脱石矿物的白度。因此，在工业上常将酸活化膨润土称为活性白土或漂白土。

蒙脱石矿物酸化处理的实质是酸化后蒙脱石产生许多小孔，这是因为：①溶解原矿中的杂质；②小半径的 H^+ 交换蒙脱石晶层间的阳离子形成孔道；③溶解八面体结构中的部分 Al^{3+}、Fe^{2+}、Fe^{3+} 或 Mg^{2+} 等，使晶体端面的孔道角度增大，比表面积增加，直径加大。如果酸化完全，孔道增加值更大。活化后的蒙脱石随着八面体中阳离子的溶出形成了与固体酸作用一样的露表面，它们之间以氢键连接。经过活化，离子的渗透作用增强，导致结构的展开，蒙脱石的比表面积由 $80m^2/g$ 增加到 $200m^2/g$，同时增大了它的吸附能力。

目前蒙脱石矿物酸活化的方法有干法和湿法两种。两种工艺流程的区别在于混合挤压成条之前，湿法需加盐酸或硫酸、水及分散剂，并充分搅拌、分散；干法则仅加酸再充分搅拌。活性白土的湿法制备工艺流程见图5-7，干法制备工艺流程见图5-8。

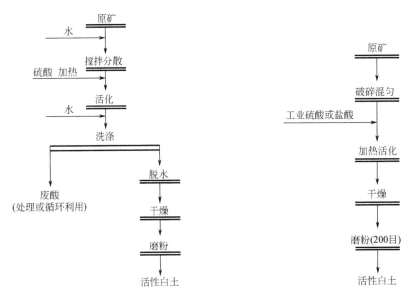

图 5-7　活性白土湿法制备工艺流程　　图 5-8　活性白土干法制备工艺流程

一般流程主要如下：将膨润土（一般为钙基膨润土）干燥至水分小于15％，去除夹石，粉碎至100～200目，已经风化的膨润土不必粉碎。如含砂量大，需去除砂粒；对于含方解石的膨润土，一般采用盐酸活化。在膨润土料浆中加入一定量的酸，加温搅拌一定时间。影响活化效果的主要因素是酸的用量、矿浆浓度、活化时间、温度以及搅拌条件等。酸的用量一般约为（300～600）kg/1000kg膨润土；水土比一般为（3～10）：1；活化温度50～100℃；反应时间视操作条件而定，一般为2～8h；活化时需要不断搅拌；活化完毕，要多次洗涤直到洗液呈中性为止。由于膨润土颗粒细，不易沉降，为加速沉降，可加入适量高效絮凝剂；采用压滤或真空吸滤工艺脱出洗涤后的活性白土浆液中的大部分水分；通常要求干燥后产品的水分小于8%；一般使用雷蒙磨、震动磨等将干燥后的活性白土磨细至200目。如果干燥后的产品为粉体产品，则可以不再粉磨。

决定酸活化效果的因素主要如下。

（1）膨润土原矿的选择

① 要制得优质活性白土，应选择蒙脱石八面体中具有足量的 Fe^{3+}（Fe^{2+}）、Mg^{2+} 等大半径离子的同晶置换。M—O 键电负性低的大半径离子（$r>0.6Å$）有利于蒙脱石形成较小的片体和较多的端面，由此得到较高的外表面积和表面能，从而具有较好的吸附性能。电负性较高，碱性较强的 Mg^{2+} 等大半径离子的同晶置换，有利于在较低酸度下活化。根据初步积累的研究资料，单位半晶胞中的 Fe^{3+}（Fe^{2+}）、Mg^{2+} 的同晶置换量分别为 0.20mol%～0.25mol% 和 0.20mol%～0.35mol% 或 Mg^{2+} 置换量大于 0.5mol% 的蒙脱石制成的活性白土具有较高的脱色吸附性能，能在较低酸度下活化，能在较宽的活化范围内保持较佳的脱色吸附性能，这类膨润土包括浙江仇山钙基膨润土和甘肃红泉镁基膨润土等；对 Fe^{3+}（Fe^{2+}）等大半径离子同晶置换低的一类膨润土，如浙江平山钠基膨润土，不宜作为活性白土的原料。②天然铝基膨润土由于经过酸性环境的淋滤作用和侵蚀，结构变得松弛、断面增加、外表面积亦增加。这类膨润土上虽然 Fe^{3+}（Fe^{2+}）等大半径离子类质同象置换量不高，但经酸活化后也具有较高的吸附脱色性能，如福建武平铝基膨润土。③提高膨润土中蒙脱石矿物的含量也可以提高活性白土的脱色吸附性能。为此，亦可选择蒙脱石含量较高的膨润土（如四川三台钙基膨润土，其蒙脱石含量高达85%以上）作原料，或对原矿活化后加以除砂处理，以提高活性白土的有效组分。

（2）最佳活化酸度工艺控制

不同类型的膨润土的最佳活化酸度范围为 7.5%～15%（$V_{H_2SO_4}/V$），多数膨润土的最佳活化酸度在 10%～12.5% 之间。要获得最佳吸附脱色性能，需要在最佳酸度下进行活化。对于一般的植物油类，要达到较佳的脱色吸附性能，活性白土中蒙脱石的 $Si/\sum Al \cdot Fe \cdot Mg$ 原子比在（2.5:1）～（4:1）之间，或原矿 CEC 降低 20%～40%。

（3）活性白土表面积

活性白土表面积，特别是外表面积是决定脱色吸附性能的主要因素。这主要取决于如下事实：活性白土在 400～650℃ 焙烧后吸蓝量很低（$<4g/100g$），而脱色力不明显下降；铝基膨润土、钙基膨润土、钠基膨润土等原矿虽有较高的层间吸附容量，但脱色力很低。与此同时，结合脱色力与外表面积成正比诸事实（以色素碱性有机质、胶质为主要杂质的植物油及矿物油的吸附脱色，以及需要质子传递一类石油化工产品的净化、催化反应主要发生在活性土外表面）得出：活性白土的外表面积及其形态是决定脱色吸附性能的主要因素，而不是活性白土的 CEC、$E_{Al^{3+}}$ 和吸蓝量。因此选用外表面积大的蒙脱石或在制取活性白土工艺中控制有关参数，以便活性白土获得最大的表面积，是制取高质量脱色吸附剂的关键。蒙脱石矿物的外表面积的大小受蒙脱石八面体（或四面体）中类质同象置换离子的类型、数量以及蒙脱石矿物有序度控制。

只要选择合适类型的膨润土原料，采用合理的活化工艺，完全可以制得与德国FF、日本 V2、美国 105 等名牌相类同的优质活性白土。

5.3.4 蒙脱石矿物有机插层改性

用有机阳离子置换蒙脱石矿物中晶体层间原有的阳离子，使其结构改变，这种经有机物插层改性后的蒙脱石矿物称为有机蒙脱石矿物。有机蒙脱石矿物是一种触变性胶体，属于非牛顿液体一类。其化学活性很低，在有机液体中不溶解，也不与有机液体发生反应。但在有机液体中可形成触变性凝胶体，还会抗稀酸和碱。因其胶体结构内仅含 $1\%\sim2\%$ 的水，从而具有很好的防水性与热稳定性，并且耐高温，所以，它可以作为一种重要的化工原料——有机体增稠剂，广泛应用于涂料、石油钻井、油墨、灭火剂、高温润滑剂等领域。

有机膨润土的制备一般有湿法、干法和预凝胶法三类。

（1）湿法工艺

湿法工艺流程如图 5-9 所示，主要工艺分述如下。

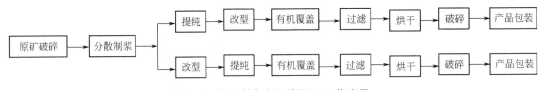

图 5-9　湿法制备有机膨润土工艺流程

① 制浆　首先将膨润土在水中充分分散，并去除砂粒及杂质。

② 提纯　如原土纯度不高，在进行有机插层改性之前还要进行选矿提纯。

③ 改型　作为有机膨润土原料，可交换阳离子的数量应尽可能高，对于钙基膨润土或钠钙基膨润土，必须首先进行改型处理，所用改型剂通常为 Na_2CO_3。

④ 有机覆盖　将浓度 5% 左右的膨润土矿浆，加热到 $38\sim80^{\circ}C$，在不断搅拌下，徐徐加入有机覆盖剂，再连续搅拌 $30\sim60min$，使其充分反应。反应完毕，停止加热和搅拌，将悬浮液洗涤过滤、烘干并粉碎至通过 200 目筛。

（2）干法工艺

将含水量 $20\%\sim30\%$ 的精选钠基蒙脱石矿物与有机覆盖剂直接混合，用专门的加热混合器混合均匀，再加以挤压，制成含一定水分的有机膨润土。也可进一步干燥、破碎成粉状产品，或将含一定水的有机膨润土直接分散于有机溶剂中（如柴油），制成凝胶或乳胶体产品。干法工艺制备有机膨润土的流程如图 5-10 所示。

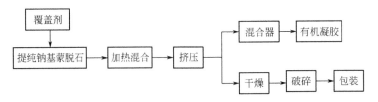

图 5-10　干法制备有机膨润土工艺流程

（3）预凝胶法工艺

预凝胶法工艺制备有机膨润土的流程如图 5-11 所示，将膨润土分散、改型提纯，然后进行有机覆盖（插层），在有机覆盖过程中加入疏水有机溶剂（如矿物油），把疏水的蒙脱石复合物萃取进入有机油，分离出水相，再蒸发除去残留水分，直接制成有机膨润土预凝胶。

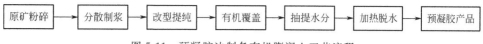

图 5-11　预凝胶法制备有机膨润土工艺流程

常用覆盖剂有单长链（C_{12}～C_{22}）烷基铵盐、烷基苄基铵盐；双长链（C_{12}～C_{22}）烷基铵盐、烷基苄基铵盐；三长链（C_{12}～C_{18}）烷基铵盐、苄基铵盐；或烷基酰胺、聚酰胺盐以及类似季铵的季磷盐。在选择有机覆盖剂时（包括长链的碳数、极性、短链基团的类型等），还需注意蒙脱石层电荷分布的不均匀性，所用溶剂的特性、类型等因素。

影响有机插层蒙脱石产品质量的主要因素包括蒙脱石纯度、覆盖量、覆盖环境和产品的干燥温度。通常条件下，制备有机土的蒙脱石纯度最好在 90% 以上。纯度降低，即降低了有效组分，自然会降低产品质量。

覆盖量对产品的凝胶性能很敏感。一方面要求有机离子在层面有足够的覆盖度；另一方面要充分取代层间可交换的阳离子。若取代量不足，层面没有足够的覆盖度，保留金属离子的层面不能被有机溶剂溶化、解离，因此在有机溶剂中的膨胀胶化能力降低。覆盖量明显超过层间离子交换量，层面将出现正电荷，分散体不易形成端-端、端-面的网架结构，也将降低凝胶化作用。最佳覆盖通常是近当量覆盖状态或稍多一些。为此，在覆盖过程中必须准确测定覆盖胶液的交换总容量和覆盖剂的有效覆盖当量（或覆盖剂的平均分子量）。

覆盖环境主要指介质的 pH、共存的其他化学物质、温度和反应时间等。有机阳离子在层间的交换反应一般都比较快，其交换反应速度决定于覆盖剂在介质中的溶解度。在介质中溶解性比较好的覆盖剂在常温反应 2 小时左右即可。在介质中溶解度低的覆盖剂需进行加热反应，并延长反应时间。任何引起降低蒙脱石端面正电荷的环境条件都应当予以避免。

有机膨润土的干燥温度对产品中存在的少量水（1%～3%）有一定影响。而这部分水对有机膨润土的凝胶化过程起着微妙的作用，所以干燥温度对产品的凝胶性能影响较大。为了保持水分，干燥温度应控制在 130℃ 以下。

5.3.5　蒙脱石矿物的凝胶性能调节

调节蒙脱石矿物凝胶性能的主要方法归纳如下：①金属阳离子将蒙脱石层间阳离子、八面体和四面体中心离子取代置换后，影响了蒙脱石的结构、形貌、Zeta 电位和凝胶性能。具有低价态的金属阳离子易与蒙脱石发生类质同象置换和层间阳离子交换，所得蒙脱石的层间距小，Zeta 电位绝对值高，蒙脱石片层松散，在水中易剥离分散，有利于卡房结构的形成，对蒙脱石的凝胶性能贡献大。②酸度主要通过调节蒙脱石的 Zeta 电位来影响蒙脱石的凝胶性能。随着 pH 值的升高（pH 从 1～13），黏度都先升高后降低，不同产地的黏土样品最高黏度所对应的 pH 值不尽相同。因此，可据黏土样品调控 pH 值，使之达到好的凝胶性能状态。③根据凝胶浆料流变特性，采用 Na^+、Mg^{2+}、Al^{3+} 等离子的无机盐对矿物胶体进行胶凝性恢复及调节，并将预激活处理和不同价态金属离子的无机盐改性相结合，制备出高性能凝胶产品。

天然膨润土原矿一般都含有较粗粒级的方石英、石英、长石等杂质，因此制备膨润土凝

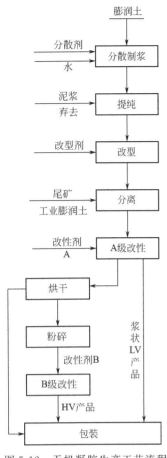

图 5-12 无机凝胶生产工艺流程

胶前需先对膨润土原矿进行提纯，蒙脱石矿物凝胶对蒙脱石矿物的纯度要求较高，一般采用湿法提纯工艺。

无机凝胶的生产工艺，包括下列几道工序：膨润土原矿→制浆→提纯→改型→分离→烘干→磨粉→包装。生产工艺流程如图 5-12 所示。

在无机凝胶工业化生产中，蒙脱石矿物的湿法提纯工业化是最重要的。提纯工艺对凝胶成品的质量有着较大的影响，必须慎重选择合适的提纯设备。制浆阶段的固液比和搅拌速度也是影响凝胶产品质量的重要因素。而膨润土的选择也与凝胶产品的质量息息相关。

无机矿物凝胶系采用二八面体富镁皂石和特殊的二八面体蒙脱石经精制而得的胶体类产品，独特的层状镁铝硅酸盐结构，使它具有高度的亲水性，在水溶液中可形成非牛顿液体类型的触变性凝胶。这种矿物无机凝胶对于悬浮液的稳定性具有重要影响。由于它在水介质中高度分散，形成空间网状结构，并使自由水转变为束缚水，从而使其本身获得较高黏度。这种黏度与剪切速度变化的关系密切。在高剪切力下，呈低黏滞性悬浮液；在低剪切力或静置状态下，又恢复到初始的均相塑性体状态。工业上利用这种触变体系控制日用化工膏体产品的流变性、触变性、扩散性、黏滞性和稠度。

无机矿物凝胶具有增稠性、触变性、稳定性、抗电解质盐类和抗酶性，又具有耐酸、碱等特点。因此，被广泛应用于日化、制药、陶瓷、玻璃、造纸、铸造、洗涤、电池等行业。无机矿物凝胶的应用不但能提高产品质量，而且能降低成本。

2015 年中国建筑材料联合会提出膨润土无机凝胶质量指标，见表 5-2。

表 5-2 无机凝胶产品指标

项目	高黏度	低黏度
pH 值	8～10	
5%分散体表观黏度	≥500	≥100
水分（105℃）/%	≤10.0	
膨胀指数/(mL/2g)	≥20	≥10
1%分散体胶体率/%	≥98	≥90
Pb/(mg/kg)	≤20	
As/(mg/kg)	≤5	

5.3.6 蒙脱石矿物交联改性

交联蒙脱石，又称柱撑蒙脱石，是一种新型的离子-分子筛和催化剂载体，在石油、化工、环保等领域有着良好的应用前景。所谓柱撑蒙脱石就是柱化剂（或称交联剂）在蒙脱石矿物层间呈"柱状"支撑，增加了蒙脱石矿物晶层间距，具有大孔径、大比表面积、微孔量高、表面酸性强、耐热性好等特点，是一种新型的类沸石层柱状催化剂。蒙脱石矿物的交联改性利用了蒙脱石在极性分子作用下层间距的可膨胀性及层间阳离子的可交换性，将大的有机或无机阳离子柱化剂或交联剂引入其层间，像柱子一样撑开蒙脱石矿物的层结构，并牢固地连在一起。

柱撑蒙脱石作为新型的耐高温催化剂及催化剂载体，必须具有良好的热稳定性，即在一定温度下保持足够的强度，"柱子"不"塌陷"。热稳定性是衡量柱撑蒙脱石质量的重要指标。柱撑蒙脱石经焙烧后，水化的柱撑体逐渐失去所携带的水分子，形成更稳定的氧化物型大阳离子团，固定于蒙脱石的层间域，并形成永久性的孔洞或通道。

合成交联蒙脱石的工艺流程为：原料→浸泡→提纯→改型→交联→洗涤→干燥→焙烧→成品。以钛交联膨润土为例，将膨润土提纯并钠化改型后制成一定固液比的浆料，然后加入一定量的 $Ti(SO_4)_2$ 固体，搅拌均匀后静置老化一段时间，然后将其烘干即得到钛交联膨润土。将钛交联膨润土研磨后用一定浓度的 H_2SO_4 浸渍，浸渍完成后，将浆液过滤烘干即得到酯化催化剂。影响膨润土酯化催化性能的主要因素包括浆液浓度（液固比）、交联剂用量、老化时间、酸浸时间、干燥（焙烧）温度等。

自 1997 年 Brindly 和 Sempels 用羟基铝作柱化剂成功研制出柱撑蒙脱石（Al-PILC）以来，多核金属阳离子已经成为最理想的柱化剂。研究学者们先后研制出 Zr-PILC（以羟基锆作柱化剂）、羟基铬、羟基钛、羟基 Al-Cr、羟基 Al-Zr、羟基 Al-M（M 为过渡金属阳离子）、羟基 Al-Ga、羟基 Nb-Ta 等作柱化剂的柱撑黏土。其中，Al-PILC 的热稳定性最好，并且有较强的酸性。

5.4 蒙脱石矿物材料在环境领域的应用

蒙脱石矿物因具有较大的比表面积、较高的稳定性、优异的阳离子交换量和良好的吸附性能、体积膨胀性、悬浮性和分散性等特点，被广泛应用于环境保护的各个领域，包括废水处理、垃圾填埋防渗处理、油脂脱色处理、防风固沙治理、防臭制品、气体污染防治、土壤修复治理、放射性废物处理及动物垫圈材料等方面。其中用于废水处置的最多，应用前景也极为广阔。

5.4.1 工业废水处理

通过酸活化改性、有机插层改性、无机柱撑改性等方式深加工后，制得的改性蒙脱石矿物具有优异的吸附能力，可广泛应用于有机废水和无机重金属离子废水的处理。

Carriazo 等将经铝及铝-铈-铁聚合羟基金属阳离子改性的柱撑蒙脱石用于常温常压下 H_2O_2 氧化苯酚反应的催化剂，当反应时间为 1h 时，有机废水中苯酚的氧化去除率达到几乎 100%；Anirudhan 等将经十六烷基氯化铵改性的有机膨润土用于有机废水中腐殖酸的去除，在 HA 浓度为 $25\mu mol \cdot L^{-1}$，pH＝3.0，30℃时，对废水中腐殖酸的吸附率达 99% 以上，吸附容量达 73.52mg/g；赵小明等利用碳酸钠、氧化铝改性天然膨润土处理含 Cr（Ⅵ）

废水，在 pH＝6，膨润土投加量为 15g/L 时，Cr（Ⅵ）的去除率可达 95％以上；于瑞莲等利用酸改性膨润土去除废水中铜离子，去除率达到 99.9％，符合国家排放标准。

尽管如此，蒙脱石矿物作为吸附剂处理废水时尚且存在着一些问题：①膨润土吸附废水中的污染物还只局限在用改性之后的膨润土处理实验室模拟废水或单一物质的污染废水中，并没有大批量的投入到实际生产操作中；②膨润土是一种粉末状的黏土，投入到废水中混合后会形成泥浆很难实现固液分离。为了达到既能保持膨润土良好的物理化学特性，又能使其在水处理后高效回收再利用，研究者们采用不同方法对膨润土进行改性，或以膨润土为基底制备了一系列膨润土基复合材料，期望通过材料之间的协同、耦合作用，增强复合材料吸附性能，克服其固液分离难题。例如，Mohammed 采用包覆 Fe_3O_4 磁铁矿纳米粒子的天然膨润土作为吸附剂从污染水中分离 Cu^{2+}，试验数据符合 Langmuir 模型，当 pH 值为 6，吸附剂用量为 0.5g 时，最大吸附量可达到 46.948mg/g，该复合材料不仅具有较强的吸附性能，而且便于固液分离；Wang 等采用磁性膨润土-壳聚糖混合珠对水中铯离子进行了混合吸附，研究发现该膨润土-壳聚糖微球的最大吸附容量为 57.1mg/g，铯离子与微球中复合的膨润土层间的离子进行交换，达到吸附去除水中铯离子目的；此外，该微球还具有良好的选择性。用 $MgCl_2$ 溶液处理微球，定量解吸 Cs^+，可使吸附剂循环使用。

以膨润土为基底，采用高分子聚合物为骨架是目前膨润土基复合吸附材料较好的制备方式。高分子聚合物所形成的外骨架可以有效地撑起吸附材料的形状，同时也为膨润土提供了更多的负载位置，有效地解决了膨润土在水处理中因为较强悬浮性的原因导致的难分离的问题。例如，Dai 等以氧化石墨烯（GO）和膨润土为原料，制备了环境友好型聚乙烯醇/羟甲基纤维素/GO/膨润土复合材料，该材料具有丰富的多孔结构，且 GO 与膨润土各自出现的团聚现象几乎不存在，其最大吸附量达到 171.4mg/g（30℃），明显高于不制备成水凝胶时的 83.33mg/g。此外，所制备的水凝胶具有良好的循环使用性能，是一种处理废水中阴离子染料的高效吸附剂。又如，Pourjavadi 等人将亚甲基双丙烯酰胺（MBA）与聚丙烯酰胺接枝共聚引入膨润土，制备出一种新型的基于树脂类卡拉胶的高吸水性复合材料，该材料制备过程中以亚甲基双丙烯酰胺为交联剂、过硫酸铵（APS）为引发剂、碳酸钠为成孔剂，形成亚甲基双丙烯酰胺（MB）与聚丙烯酰胺十字交叉的网络结构，为膨润土提供负载基地。在适当吸附条件下，所制备吸附剂对亚甲基蓝的最大吸附量为 156.25mg/g，吸附结果符合 Langmuir 等温模型。

5.4.2 工程防渗

防渗矿物材料被广泛应用于市政、公路、铁路、环保、垃圾填埋场、水利工程及工业与民用建筑地下防水防渗施工等领域。土工合成材料黏土衬垫（简称 GCL）是一种新型的膨润土基防渗矿物材料，其将天然钠基膨润土填充在聚丙烯织布和非织造布之间，将上层的非织造布纤维通过膨润土用针压的方法链接在下层的织布上制成，这种膨润土防水毯具有非常优异的防水防渗功能。

依据国家建筑工业行业标准《钠基膨润土防水毯》（JG/T 193—2006），按制作方法可将膨润土防水毯产品分为针刺法钠基膨润土防水毯（GCL-NP）、针刺覆膜法钠基膨润土防水毯（GCL-OF）和胶黏法钠基膨润土防水毯（GCL-AH）。按膨润土品种分为人工钠化膨润土（A）和天然钠基膨润土（N）。单位面积质量（g/m²）有 4000、4500、5000、5500 等规格，长度一般为 20m 或 30m，宽度一般有 4.5m、5.0m、5.85m 三种规格。钠基膨润土防水毯的物理力学性能指标见表 5-3。

表 5-3　钠基膨润土防水毯的物理力学性能指标

项目	技术指标		
	GCL-NP	GCL-OF	GCL-AH
单位面积质量/(g/m²)	≥4000 且不小于规定值	≥4000 且不小于规定值	≥4000 且不小于规定值
膨润土膨胀指数/(mL/2g)	≥24	≥24	≥24
吸蓝量/(mmol/100g)	≥30	≥30	≥30
拉伸强度/(N/100mm)	≥600	≥700	≥600
最大负荷下的伸长率/%	≥10	≥10	≥8
剥离强度/(N/100mm)　非织造布与编织布	≥40	≥40	—
剥离强度/(N/100mm)　PE 膜与非织造布	—	≥30	—
渗透系数/(m/s)	≤5.0×10⁻¹¹	≤5.0×10⁻¹²	≤1.0×10⁻¹²
耐静水压	0.4MPa，1h，无渗漏	0.6MPa，1h，无渗漏	0.6MPa，1h，无渗漏
滤失量/mL	≤18	≤18	≤18
膨润土耐久性/(mL/2g)	≥24	≥20	≥20

膨润土防水毯与压实性黏土、混凝土和土工膜等其他防渗材料相比，具有明显的性能优势，具体表现如下：①柔韧性好；②土方开挖量小；③具有极强的自我愈合功能；④抗张应变的能力强，有着良好的弹性和可塑性；⑤抗干湿循环的能力强；⑥抗冻融循环的能力强；⑦施工机械化程度高，可缩短工期，降低施工费用。

5.4.3　防风固沙

对蒙脱石矿物进行分散、改型、提纯等加工处理后，与少量有机聚合物如聚乙烯醇、聚丙烯酸盐等进行复合配伍制得蒙脱石矿物复合液态固沙材料。该材料具有高吸水性和保水性、易于喷洒施工，固沙后的固结层具有良好的抗压强度、抗腐蚀、抗冻融和抗老化性能，制造和使用成本低等特点。

工艺流程如下：原矿→水分调节→（钠化剂）挤压钠化→（钠盐）湿法分级提纯→（有机絮凝剂和水）矿浆搅拌反应→产品

产品要求：吸蓝量≥35mmol/100g，砂块强度（7d）0.1～0.3MPa，固结厚度≥10mm，质量损失率≤50%（25m/s 风速，2 月）。

5.4.4　气体污染治理

室内空气污染、工业废气污染和特殊场所气体分离等方面，蒙脱石矿物材料具有很好的应用效果。除臭剂由精矿石粉和香料复合制成，其中，精矿石粉可由海泡石、蒙脱石、滑石、沸石等组成，可广泛用于家庭、办公室、厕所、宠物起居室、动物养殖室除臭。主要制备工艺流程如下：原料→粉碎→提纯→黏结剂混合→除菌消毒→造粒→焙烧→过筛→香料混合→产品。产品主要技术要求：吸水率≥200％，比表面积≥210m²/g，抗压强度≥1MP。

含硫工业废气和氮氧化物的治理是控制大气污染物的一项重要任务。有报道采用钙盐、钠盐、氢氧化铝、氢氧化铁为活性组成物，以膨润土为载体，经混碾挤条后干燥、焙烧制成的脱氯剂，可用于石油化工气体的脱氯。由蒙脱石矿物、凹凸棒石黏土和氢氧化钠等组分复合可制成蒙脱石气体吸附剂，吸附剂与空气充分接触后，产生化学反应将天然气中的硫化物和氰化物吸附至其圆柱形条状颗粒内，大大降低了气体中的硫化物含量，还具有吸附游离水的功能。这种吸附剂的生产工艺简单，使用成本低廉，有显著的经济效益和突出的社会效益。工艺流程如下：原矿→粉碎→除砂提纯→制浆→加碱活化→反应老化（晶化）→脱水干燥→粉碎→产品。

朱利中和苏玉红等研究探讨了膨润土原土、单阳离子有机膨润土及阴-阳离子有机膨润土对苯蒸气的吸附性能、机理及影响因素，发现有机膨润土对苯蒸气有良好的吸附性能，有机膨润土对气态苯的吸附作用主要由分配作用所致，等温吸附线呈线性，吸附系数与有机膨润土的有机碳含量成正比，与温度及比表面积成反比。同时，田森林等也通过反相气相色谱研究了膨润土对 VOCs 的吸附，并对有机膨润土的再生作了探讨。刘龙波等人为了了解膨润土对气体的吸附性能，用氮气吸附等温线分析了两种膨润土和一种活性白土的 BET 比表面积和孔隙分布，并应用基于 FHH 模型的方法计算了它们的分形维数。分形维数可以很好地反映膨润土对气体的吸附性能，结果表明，普通膨润土的分形维数接近 2，而活性白土的达到了 2.59。表明分形维数更能反映膨润土对气体的吸附性能。

5.4.5 放射性废物处理

放射性污染物的治理一般是利用放射性自然衰变的特性在较长时间内将其封闭，使放射强度逐渐减弱，进而消除污染。膨润土可用作核吸附剂，放射性核素在膨润土上的吸附有效地阻止了其在废物处置时的迁移；地下水在膨润土中的移动非常慢，也减缓了放射性核素在膨润土中的迁移。此外，有机土的热稳定性可达 200℃，使其可用于核废物工程屏蔽中。

在深埋地下的滤毒罐周围使用钠基膨润土粉末填塞，当蒙脱石遇水饱和膨胀后，与岩石和滤毒罐融为一体，既可避免滤毒罐与周围的岩土发生理化作用，又能过滤、捕集泄漏的小量放射性物质，防止其向土壤中渗透，从而达到对放射性污染的控制。膨润土具有优良的吸湿膨胀性、低渗透性、高吸附性及良好的自封闭性能，尤其是钠基膨润土的吸水性强、膨胀倍数大、阳离子交换容量高，即使是在较高温度下仍能保持其膨胀性和吸附能力。

5.4.6 土壤修复

化学钝化剂修复法对重金属污染土壤修复的方式是向重金属污染土壤中加入降低重金属活性的物质（磷矿石、粉煤灰、铁粉、沸石、膨润土、坡缕石、海泡石、有机堆肥、作物秸秆、草炭灰、生物炭及新型材料等），提高土壤 pH 值、阳离子交换量（CEC）等理化性质，通过发生一系列的化学反应（沉淀、吸附、络合、离子交换、氧化还原），将土壤中重金属由可利用态向不可利用态转化，降低其在土壤中的活性和迁移性，从而减少土壤重金属的生物毒害性和降低其在农作物产品中的迁移和积累量。

孙艳等通过土壤培养实验，研究猪粪降解液改性钠基膨润土对重金属污染土壤中 Cu 有效态含量的影响。结果表示，与改性之前相比，钠基膨润土经猪粪降解液改性后能显著降低土壤中 Cu 有效态含量，降低土壤 Cu 的生物毒性。

5.4.7 其他

蒙脱石矿物经物理或化学方法处理均可用于液相物料脱色，当前国内外用于油脂脱色的材料主要是膨润土经化学（酸）处理制成，工业上一般称"活性白土"或"漂白土"。白土在工业上应用很广，主要用于石油产品精炼、脱色，油脂工业中食用菜油的脱色，还有肥皂、塑料、树脂等方面的脱色等。由于活性白土不仅能脱色，而且还能脱怪味、脱离子（如 K^+）和去除黄曲霉素 B1。为满足我国石油工业的发展，临安膨润土研究所于 1985 年研制生产了活性白土的延伸产品 JLC-01 颗粒白土，适用于石油提炼时在芳烃联合装置中作催化吸附剂脱除烯烃。可满足上海石油化工厂的需要，代替进口的同类产品 Tonsil 颗粒白土。

中国卫生部提出的食品添加剂活性白土质量指标（2011 年）见表 5-4。

表 5-4　食品添加剂活性白土质量指标

项　目		指标
比表面积/(m²/g)	≥	130
游离酸（以 H_2SO_4 计）/%（质量分数）	≤	0.30
水分/%（质量分数）	≤	12.0
细度（通过 0.075mm 试验筛）/%（质量分数）	≥	90
过滤速度		通过试验
堆积密度/(g/mL)		0.55±0.10
pH（50g/L 悬浮液）		2.2～4.8
重金属（以 Pb 计）/(mg/kg)	≤	40
砷（As）/(mg/kg)	≤	3

中国石油和化工工业协会提出的活性白土行业标准（HG/T 2569—2007）和颗粒白土行业标准（HG/T 2825—2009）见表 5-5 和表 5-6。

表 5-5　化工用活性白土质量指标

项　目		指标					
		Ⅰ类				Ⅱ类	
		H 型		T 型		一等品	合格品
		一等品	合格品	一等品	合格品		
脱色率/%	≥	70	60	85	75	90	80
活性度/(H^+ mmol/kg)	≥	220	200	140		100	
游离酸（以 H_2SO_4 计）/%（质量分数）	≤	0.20				0.50	
水分/%（质量分数）	≤	8.0		10.0		12.0	
粒度（通过 75μm 筛网）/%（质量分数）	≥	90				95	
过滤速度/(mL/min)	≥	5.0	—	5.0	—	4.0	—
振实密度/(g/mL)		0.7～11					

表 5-6　颗粒白土质量指标

项　　目		指标					
		Ⅰ类			Ⅱ类		
		A	B	C	A	B	C
比表面积/(m²/g)	≥	300	250	180	160	140	120
游离酸（以 H₂SO₄ 计）/%（质量分数）	≤	0.20			0.20		
大于上限颗粒量/%（质量分数）	≤	5			5		
小于下限颗粒量/%（质量分数）	≤	5			5		
水分/%（质量分数）	≤	8.0			6.0		
堆积密度/(g/mL)		0.6～0.9			0.6～0.9		
脱烯烃初活性（以溴指数计）(mg 溴/100mg 油)	≤	5.0			5.0		
颗粒抗压力/N	≥	1.0			0.5		
脱色率/%	≥	90			90		

　　蒙脱石矿物作为宠物垫圈料的用量很大，且增长较快，它能使动物粪便容易分散、清理。这类蒙脱石矿物产品有较高的吸液体、吸臭能力，不沾尘土，粒度均匀，湿润时不破碎。欧洲市场每年的消费量达几十万吨。根据膨润土猫砂市场的实际观察与用户的应用反应，膨润土猫砂应具备以下性能：①有一定的去味能力，吸除宠物粪便的异味；②有足够的吸水量，以保证宠物的尿液能全部吸入猫砂中去；③猫砂在吸收宠物尿液后，形成的块体有一定的结块强度，便于清理。2011 年中国建筑材料联合会提出了膨润土垫圈的质量要求，如表 5-7 所示。

表 5-7　宠物垫圈用颗粒膨润土物理性能

项　　目	指标
粒度/mm	1.0～4.0、0.5～2.0（合格颗粒大于 98%）
水分/%	≤10
吸水率/%	≥200
堆积密度/(g/cm³)	0.75～1.0
结块形状	球形、半球形和椭圆形
结块强度	15cm 落下 3 次不碎

5.5　扩展阅读

　　农作物在生长、储存、运输等过程中极易滋生霉菌，产生具有较强毒性和致癌性的次级代谢产物—霉菌毒素。随着生物链的传递，霉菌毒素在饲料、食品以及排泄物中残留，可以直接危害动物和人体的健康，还会对环境造成二次污染。因此，霉菌毒素污染已经成为现代养殖业、人体健康和环保领域关注的典型问题。蒙脱石、凹凸棒石、海泡石等黏土矿物材料具有天然的层状、纤维状纳米结构，因其特殊的晶体形态和内部结构具有较大的比表面积和良好的离子交换能力，黏土矿物材料可以通过其优异的吸附性能影响霉菌毒素在生态环境中的转移和转化。

黏土矿物材料也可以通过离子交换性能负载其它金属离子及氧化物制成具有催化降解环境中霉菌毒素等有机污染物功能的新材料，在新污染物的去除方面具有广阔的应用前景。此外，黏土矿物材料还具有有益健康的特性，黏土矿物材料与霉菌毒素在动物体内有效结合可以形成复合物并随排泄物一起排出体外，从而减少霉菌毒素对动物生长健康的影响。例如，在受黄曲霉毒素 B_1（AFB_1，56.7mug/kg）和玉米赤霉烯酮（ZEN，112.3mug/kg）污染的饲料中添加 20g/kg 的膨润土，可以有效降低山羊奶中 AFB_1、ZEN 以及其代谢产物的浓度；同时，在胃酸作用下，黏土矿物材料会释放动物生长发育所必需的钙、镁、钾、钠等多种常量及微量元素，有利于调节肠道微生态平衡，增强机体免疫力；黏土矿物材料还可以减少氨、氮等有害代谢产物的形成，在一定程度上可以改善饲养环境。Özlem 等研究了钠基膨润土对刚断奶后小羊生长性能的影响，在羔羊的日粮中添加 1% 或 2% 的钠基膨润土可显著提高羔羊的日增重和饲料转化比。Carraro 等研究表明，蒙脱石对黄曲霉毒素 M_1（AFM_1）具有很好的吸附能力，可将受污染的牛奶（AFM_1 约为 80ng/L）降低至安全水平（成人 50ng/L，婴儿 25ng/L）以下。

农药是当前农业生产过程中不可或缺的一项重要产品，能有效降低农作物病虫害的发生频率并充分提升农作物产量。然而农药使用过程中部分残留的农药成分在发挥强力杀伤作用的同时，也对土壤本身的生态系统造成严重的破坏。尤其是持续强烈使用农药的情况下，土壤本身对残留的农药成分缺乏吸收能力和降解能力，使得土壤的载体功能、调节功能等受到严重破坏。

蒙脱石（montmorillonite，MMT）是一种阳离子型层状材料（图 5-13），层板带负电荷，具有较大的比表面积，超强的吸附能力、离子交换能力以及良好的生物相容性，是一种理想的缓释药物/农药载体。通过静电作用，向 MMT 层间引入两性表面活性剂（ZS），形成 ZS-MMT 复合物，再进一步引入农药制备农药杂化物。表面活性剂插层 MMT 改善了层间疏水性，诱导农药插层，提高了载药量，延长农药的缓释时间，从而减少环境污染。

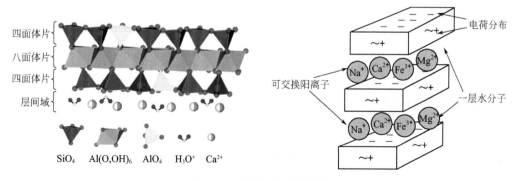

四面体片　八面体片　四面体片　层间域

SiO_4　$Al(O,OH)_6$　AlO_4　H_3O^+　Ca^{2+}

电荷分布　可交换阳离子　一层水分子

Na^+　Ca^{2+}　Fe^{3+}　Mg^{2+}

图 5-13　蒙脱石的晶体结构

思考题

(1) 简述膨润土与蒙脱石的关系。

(2) 简述蒙脱石矿物的改性与其在环境领域的应用之间的联系。

(3) 请展望一下蒙脱石矿物在环境领域的应用前景。

(4) 简述宠物垫圈用颗粒膨润土的物理性能。

(5) 简述蒙脱石矿物在气体污染治理方面的应用。

参考文献

[1] 古阶祥.非金属矿物原料特性与应用 [M].武汉：武汉工业大学出版社，1990.

[2] 姚道坤，史素端.中国膨润土矿床及其开发应用 [M].北京：地质出版社，1994.

[3] 荣葵一，宋秀敏.非金属矿物与岩石材料工艺学 [M].武汉：武汉工业大学出版社，1996.

[4] 姜桂兰，张培萍.膨润土加工与应用 [M].北京：化学工业出版社，2005.

[5] Carriazo J G，Molina R，Moreno S. A study on Al and Al-Ce-Fe pillaring species and their catalytic potential as they are supported on a bentonite [J]. Appl cataly A：General，2008，334：168-172.

[6] Anirudhan T S，Ramachandran M. Surfactant-modified bentonite as adsorbent for the removal of humic acid from wastewaters [J]. App Clay Sci，2007，35：276-281.

[7] Dai H，Huang Y，Huang H. Eco-friendly polycinyl alcohol/carboxy-methyl cellulose hydrogels reinforced with graphene oxide and bentonite for enhanced adsorption of methylene blue [J]. Carbohydrate Polymers，2018，185：1-11.

[8] Lee H J，Ryu D. Worldwide occurrence of mycotoxins in cereals and cereal-derived food products：public health perspectives of their co-occurrence [J]. Journal of Agricultural and Food Chemistry，2017，65（33）：7034-7051.

[9] Adegbeye M J，Reddy P R K，Chilaka C A，et al. Mycotoxin toxicity and residue in animal products：Prevalence，consumer exposure and reduction strategies -A review [J]. Toxicon，2020，177：96-108.

[10] Di Gregorio M C，Neeff D V d，Jager A V，et al. Mineral adsorbents for prevention of mycotoxins in animal feeds [J]. Toxin Review，2014，33（3）：125-135.

[11] Carraro A，Giacomo A D，Giannossi M L，et al. Clayminerals as adsorbents of aflatoxin M1 from contaminated milk and effects on milk quality [J]. Applied Clay Science，2014，88-89（3）：92-99.

[12] Zhou F，Yan C J，Sun Q，et al. TiO_2/Sepiolite nanocomposites doped with rare earth ions：Preparation，characterization and visible light photocatalytic activity [J]. Microporous and Mesoporous Materials，2019，274：25-32.

[13] Kikouama O J R，Konan K L，Katty A，et al. Physicochemical characterization of edible clays and release of trace elements [J]. Appl. Clay Sci，2009，43：135-141.

[14] Jin R，Chen Y，Kang Y，et al. Effects of dietary palygorskite supplementation on cecal microbial community structure and the abundance of antibiotic-resistant genes in broiler chickens fed with chlortetracycline [J]. Clays and Clay Minerals，2021，69：205-216.

[15] Liu J，Cai W，Khatoon N，et al. On how montmorillonite as an ingredient in animal feed functions [J]. Appl. Clay Sci，2021，202：105963.

[16] Na Zhang，Xiaoyu Han，Yan Zhao，et al. Removal of aflatoxin B1 and zearalenone by claymineral materials：In the animal industry and environment [J]. Appl. Clay Sci，2022，203（In Press）.

附表　蒙脱石矿物矿床成因分类

类型		蒙脱石主要形成期	矿床形成的过程	与矿床相关的原岩	矿体产出形态	矿床规模	蒙脱石含量	矿物组分	属型	实例
同生型膨润土矿床	A1 滨海相火山-沉积型	成岩期	沉积期：火山玻璃物质以火山雨、火山灰流的形式降落和涌入浅海。成岩期：水介质析离蒙脱玻璃成蒙脱石、丝光沸石、斜发沸石，固结成矿层。成岩后：在表层水的作用下，有自然成型现象。	相当于含大量玻璃质的火山碎屑岩（凝灰岩、凝灰熔岩）	平缓的似层状或舌状	大型	较高	蒙脱石为主。其次有石英、钠长石、斜发沸石、丝光沸石、α方英石	以钠基膨润土为主。浅部自然改型为钙基膨润土	美国怀俄明 新疆柯尔碱
	A2 湖泊相火山-沉积型	成岩期	基本上与A1相似。唯沉积期还有大量的未固结的火山玻璃物质，以陆相碎屑式涌入湖中。成岩后，在湿润的南方经强烈自然改型，不仅浅部出现钙基膨润土，还出现氢基膨润土。	基本上与A1相同	盆状	大中型	高—低（决定于混入的正常沉积物的多少）	蒙脱石为主。其次有石英、α方英石、斜发沸石、方英石	深部大多数为钠基膨润土。根据地表给水补充条件决定自然改型带的深浅和钙基膨润土的深度。南方地表可出现氢基膨润土	浙江平山 江苏甲山 安徽屯溪
	A3 准平原化学沉积型	沉积期	沉积期：长石类矿物经风化呈Al、Si溶胶，由地表径流介入封闭性沉积区。随着介质电荷变化，凝聚成蒙脱石凝胶沉淀。成岩期：夹于沉积物中，形成互层。	其沉积夹层	透镜状。底部受古地理控制起伏不平；顶部平缓	小型	高	蒙脱石为主。其次有白云母、绿泥石、有机质。不含斜发沸石	以钙基膨润土为主。局部可能有钠基膨润土	四川三台 仁寿

类型		蒙脱石主要形成期	矿床形成的过程	与矿床相关的原岩	矿体产出形态	矿床规模	蒙脱石含量	矿物组分	属型	实例
后生型膨润土矿床	B1 玻璃熔岩和熔积岩水解蚀变型	成岩后	沉积期：火山玻璃熔岩流溢出地表，当即成岩，普遍呈珍珠状构造。成岩后：在地表和地下循环水的作用下，沿珍珠状裂开及各类裂隙、节理弱处，先水介质玻璃逐渐蒙脱石化，直至玻璃熔岩全部蚀变成蒙脱石膨润土	火山熔岩：黑曜岩、松脂岩、珍珠岩及火山碎屑岩类（其珍珠状构造的熔积岩）	似层状，透镜状或脉状	中-小型	高-低	蒙脱石为主，其次有斜发沸石及火山玻璃	自然改型带一般均较深。深部可能为钠基膨润土	浙江仇山 吉林九台
	B2 非玻璃质岩风化水解型	成岩后	长石类岩石经化学风化，长石溶解呈溶胶在空隙处凝聚成小矿体	正长花岗岩、霏细岩、安山岩	脉状	小型或矿点多数无工业价值	一般较低	蒙脱石、贝得石、伊利石、高岭石、少量石英长石	以钙基膨润土和氢基膨润土为主	台湾花莲 长渊 浙江宁海 甲巴山
	B3 热液蚀变型	成岩后	斜长石类或沸石类矿物经碱性热液蚀变	沸石岩、花岗岩	脉状		高-很低	蒙脱石、高岭石、沸石、长石	钙基膨润土	浙江缙云 余杭长乐桥

第 6 章

硅藻土矿物生态环境功能材料

导读

硅藻土的英文名称为 diatomite，是由古代单细胞硅藻经过长期地质作用形成的生物硅质岩，主要成分为无定型的二氧化硅，具有大量规则的多级孔道结构。硅藻土为中国重要的非金属矿产资源之一，已探明储量居世界第二位和亚洲首位。硅藻土具有高吸附性、高韧性、高耐热性及耐酸性等物理化学性能且价格低廉，常被作为助滤剂、功能填料、催化剂载体等，广泛应用在环保、涂料、功能填料、化工助滤剂、催化剂载体、保温隔热材料等领域。

本章详细介绍硅藻土矿物的资源禀赋特征、硅藻土矿物的结构与性能、硅藻土矿物的深加工与性能调控，以及硅藻土矿物材料在环境领域的应用案例。通过本章介绍，深刻认识硅藻土微观结构与使用性能之间的内在联系、硅藻土深加工理论和方法与其在环境领域应用的相互关系，深刻理解材料"结构—性能—加工"之间的内在关联。

6.1 硅藻土矿物的资源禀赋特征

6.1.1 硅藻土矿物组成

硅藻土是由亿万年前的硅藻遗骸形成的一种生物成因硅质沉积岩，属黏土类非金属矿物。化学成分以 SiO_2 为主，可用 $SiO_2 \cdot nH_2O$ 表示。硅藻土中的 SiO_2 是有机成因的无定形蛋白石矿物，为非晶态，通常称为硅藻质氧化硅。硅藻土除含有水和 SiO_2 外，还含有少量的 Al_2O_3、Fe_2O_3、CaO、MgO、K_2O、Na_2O、MnO_2、P_2O_5 等无机成分和一定量的有机质。硅藻土矿常伴生有各种黏土矿物（高岭石、蒙脱石、水云母等）及石英、长石、白云石等。

纯净的硅藻土呈白色，因含各种铁、锰氧化物及有机质等杂质而呈灰白色、灰色、灰褐色、棕褐色等。硅藻土矿物中的杂质成分通常分为三类：游离于硅藻壳体外的矿物杂质、硅藻孔隙中的黏土杂质和硅藻骨骼中的微量元素杂质。通常依据硅藻土原矿物中硅藻壳体、黏土矿物和游离矿物三者占比（以其体积或重量）及原土中化学组分，对硅藻土进行品质划分和命名。目前我国硅藻土可划分为硅藻土、含黏土硅藻土和黏土质硅藻土三类。硅藻土是指原土中硅藻壳体含量80%以上，原土化学组分中SiO_2含量在75%以上的硅藻土又可进一步划分为一级土、二级土和三级土。含黏土硅藻土是指原土中的硅藻壳体含量在70%～80%，原土化学组分中SiO_2含量在65%～75%的硅藻土还可按各自具体情况再次进行等级划分。黏土质硅藻土是指原土中的硅藻壳体含量在55%～65%，原土化学组分中SiO_2含量在60%左右。

6.1.2 硅藻土的形态

硅藻是一种单细胞藻类，其形体大多在十几微米到几十微米之间，最小硅藻只有$2.5\mu m$，最大硅藻壳体可达$700\mu m$。通过电子显微镜可清晰观察到硅藻的形态、微细结构。硅藻在地球上分布极广，几乎有水的地方均存在硅藻，硅藻能通过光合作用自制有机物，繁殖速度快。在某些特定环境下，生活在水体中的硅藻能以惊人的速度生长、繁殖，经地质变迁或环境变化，大量聚集的硅藻被掩埋沉积，其遗骸即成为现在的硅藻土。

每个硅藻细胞均有上、下两个壳相互扣合而成，每个壳都由壳面、壳套和连接带三部分组成，上、下壳相连部分叫环面（带面），结构示意图与实物图如图6-1、图6-2所示。硅藻细胞上壳来自母体细胞，并扣合在子细胞的下壳上，生长期是一个上壳外径缩减的过程，当壳体直径缩短至一定程度时，将通过复大孢子形式来恢复其壳体的外径，导致其细胞上壳较下壳稍大。每个硅藻细胞的内部有一个细胞核，细胞核内有一个至多个核仁，整个细胞核被细胞质所包裹，细胞内还含有载色体、淀粉粒和油粒。硅藻壳由蛋白石组成，硅藻在生长繁衍过程中，吸附水中的胶质二氧化硅，并逐步转变为蛋白石。这也是富含SiO_2的玄武岩地区地下水域，易于硅藻生存的原因。

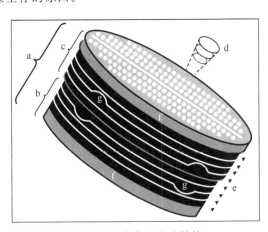

图 6-1　硅藻壳细胞壁结构

a—硅藻细胞壁结构；b—上壳；c—下壳；d—周期性孔隙结构；e—带面；f—壳面；g—壳套

硅藻细胞遗骸的壳体结构是影响硅藻土矿物特性、应用领域、功能调控的关键，其后期功能材料的制备均以此为基础。硅藻壳体结构主要是指硅藻壳体的壳壁组成、微孔纹理、孔隙结构、壳缝架构等。

硅藻的壳壁很薄，大多在$1\mu m$以下，由非晶态SiO_2和胶体组成。硅藻壳壁有内、外两层，外层有呈不同形式排列的小孔（孔结构呈有序性），孔径介于微孔与介孔之间。这些微

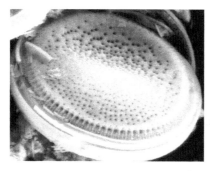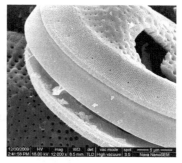

图 6-2　圆盘硅藻细胞遗骸

细孔的形态、大小、排列方式，是导致壳壁结构千变万化的主要原因，也是影响后期硅藻土功能特征的关键所在。硅藻壳体中有些小孔不穿过内层壳壁，而有些小孔则能穿过内层壳壁与细胞体腔相通，形成整个硅藻壳体的贯通孔结构。硅藻壳壁四周和边缘还分布有小刺，这些小刺有的起壳体与壳体之间的连接作用（如直链藻属和脆杆藻属），有些仅仅起增大浮力的作用。这些小刺为后期硅藻土微结构调控或硅藻土功能化，提供了很好的活性反应中心。

硅藻壳体中，微孔纹理有点纹、线纹和肋纹三种。点纹是指孔径较大、孔与孔之间存在一定间距的小孔，显微镜下观察，这些小孔呈现互不相连的点纹 ［图 6-3（a）、图 6-4（a）］。线纹是指由孔径较小、紧密排列的小孔组成的阵列，显微镜下观察，这些小孔阵列呈现线纹状 ［图 6-3（b）］。肋纹是专指羽纹藻属壳面上呈羽纹状排列的粗壮线纹，显微镜下观察是由呈蜂窝状排列小孔组成的粗壮线纹 ［图 6-4（b）］。该类孔纹又称为长室孔（蜂孔），长室孔的孔间距称为肋。这些孔纹是硅藻细胞体内、外物质交流的通道，也是硅藻分类的重要依据。

壳缝是硅藻土侧面的一个特有结构，它通常沿壳面顶轴方向分布，显微镜下观察呈线形。但有时随其内部结构变化呈现宽线形、窄线形或宽、窄线纹相间出现。壳缝是活的硅藻细胞借助原生质流动时与体外水流产生摩擦以使其壳体移运的一种器官。在硅藻分类学上，壳缝也是一个重要的依据。在后期硅藻土功能材料制备过程中，壳缝为原位生长活性官能团提供了有序排列支持。

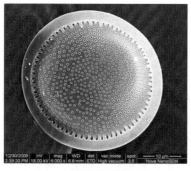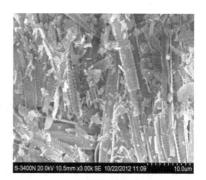

(a)圆盘状硅藻　　　　　　　　　　(b)线状硅藻

图 6-3　硅藻遗骸

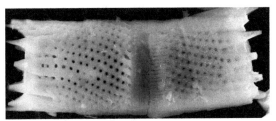
(a)圆筛藻壳体

(b)羽状直链藻壳体

图 6-4　硅藻壳体水平切面形貌

6.1.3　硅藻土资源与矿物成因

目前世界上已发现硅藻土的藻属 300 余种，藻型有一万多种。我国已发现硅藻土有 38 种藻属的近 1000 种藻型，其中吉林马鞍山硅藻土矿发现有 29 种藻的 120 藻种，以直链藻属、小环藻属、寇盘藻属、双壁藻属、四环藻属较常见，其中的横纹小环藻和具沟直链藻变种在我国仅见于该矿。在山东临朐和吉林靖宇均发现有管状、冠状直链藻。

我国已在 14 个省发现 70 余个硅藻土矿区（点），主要分布在东北部、东部、四川攀西以及云南省的东部、西南部；形成时间从中新世开始一直延续到全新世，其中中新世形成的硅藻土矿床规模较大，以吉林省长白马鞍山矿、浙江省嵊州市矿和云南省寻甸先锋矿为代表。从已知硅藻土矿的原土质量来看，我国硅藻土矿中优质土所占比例很少，其中硅藻壳体含量在 85％以上，非晶质 SiO_2 的含量在 80％以上的只有吉林长白马鞍山矿、西大坡矿和云南腾冲市观音塘矿。其他大多数矿区的原土都属中等质量的硅藻土，这些原土中硅藻壳体的含量在 70％左右，非晶质 SiO_2 的含量在 65％左右。

多数硅藻土矿成矿于晚第三纪各类盆地中。最早是侏罗纪，硅藻种类和硅藻壳体数量都十分稀少，直到白垩纪才见到一些硅藻种群，而大量形成硅藻土矿则是在中新世及其之后。如已发现的当前世界上最大的海相硅藻土矿——美国加利福尼亚州的隆波克（Lompoc）硅藻土矿、中国吉林省长白自治县马鞍山硅藻土矿、西大坡硅藻土矿、云南省寻甸县先锋硅藻土矿、山东省临朐县解家河硅藻土矿和浙江省嵊州市硅藻土矿都是在中新世形成的。另有一些硅藻土矿如四川省米易县回汉沟硅藻土矿、中梁子硅藻土矿、吉林省蛟河市南岗硅藻土矿以及云南省腾冲市观音塘硅藻土矿等则分别在上新世和更新世形成。所以在晚第三纪以后的一些湖相（海相）盆地内寻找新的硅藻土矿源已成为共识，特别是那些新生代以来玄武岩分布较广的地区。

6.2 硅藻土矿物的结构与性能

6.2.1 硅藻土矿物的结构

　　硅藻土具有天然微孔结构，且孔结构具备有序性，硅藻上孔结构呈现规整排列，其小孔孔径为 20～50nm、大孔孔径为 100～300nm，依据其硅藻的藻型，其外观形貌有圆盘状、针状、直链状、羽状、牛角状等，如图 6-5 所示。整个硅藻骨架中的非晶态 SiO_2，由硅氧四面体相互桥连形成网状结构，由于网状骨架结构中的硅原子数目不确定，导致网络中存在配位缺陷和氧桥缺陷，使其表面存在大量 Si—O—"悬空键"，容易结合 H 而形成 Si—OH，即表面硅羟基。表面硅羟基在水中易解离成 Si—O$^-$ 和 H$^+$，使得硅藻土表面呈现出较高的活性。

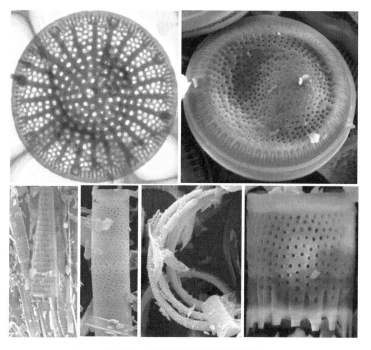

图 6-5　硅藻土不同的藻形结构

　　图 6-6 为吉林长白某矿区硅藻土原土和经 850℃煅烧后硅藻土助滤剂样品的 X 射线衍射（XRD）和扫描电子显微镜（SEM）图。硅藻土 XRD 图谱表现为非晶态物质的特征衍射峰，其中个别晶体特征衍射峰［图 6-6（a）中五角星标注］为石英杂质所致。而该矿区硅藻土经高温煅烧后制备的助滤剂，XRD 图谱显示为标准方石英结构特征衍射峰［图 6-6（c）］，表明该样品已全部转变为晶态结构的 SiO_2。SEM 图中显示的是非煅烧和煅烧之后的硅藻土的微观形貌［图 6-6（b）和图 6-6（d）］，未煅烧的硅藻土表面光滑，孔结构清晰，但是经过煅烧之后，由于非晶态的 SiO_2 发生晶型转变，导致硅藻土表面粗糙，孔结构遭到一定程度的破坏。

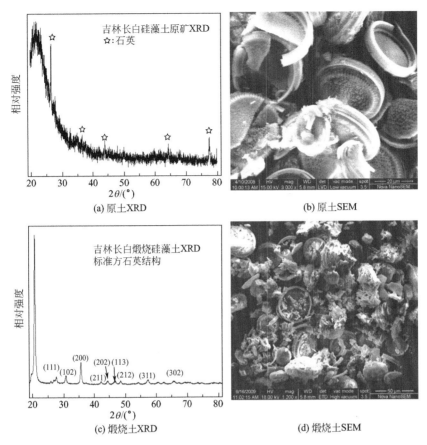

(a) 原土XRD

(b) 原土SEM

(c) 煅烧土XRD

(d) 煅烧土SEM

图 6-6　吉林长白硅藻原土与煅烧硅藻土样品的 XRD 和 SEM 图

图 6-7 为吉林长白兴华矿区硅藻土原土比表面积（BET）与孔径分布（BJH）分析测试。该硅藻土样品的 N_2 吸脱附曲线为典型的 II 型曲线，即存在微孔和大孔吸附，吸脱附迟滞环为 H_3、H_4 型，孔结构呈狭缝状，孔径多分布于 70nm。样品的比表面积为 26.54m^2/g。

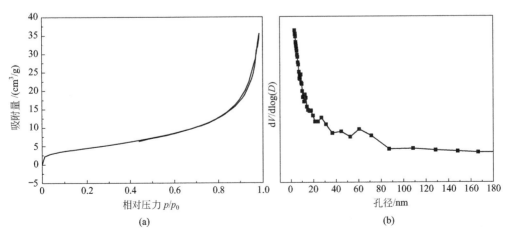

(a)

(b)

图 6-7　吉林长白兴华硅藻原土样品的 N_2 吸脱附曲线（a）及孔径分布曲线（b）

图 6-8 为吉林长白圆盘状硅藻土的 X 射线光电子能谱（XPS）图，XPS 全谱［图 6-8
（a）］分析说明硅藻土表面存在的元素主要为 Si、O、C（C 元素来源于硅藻土伴生矿物），
经过高分辨扫描也可以发现 Fe 和 Al 元素的特征信号峰［图 6-8（d）和图 6-8（e）］，这也
证明了硅藻土表面存在少量的 Fe 和 Al；图 6-8（b）为 Si 的高分辨 XPS 图谱，可以看出 Si 2p
峰分别归属于 Si 2p1/2（103eV）以及 Si 2p3/2（102eV），这是 Si—O 键的特征峰；图 6-8
（c）中可以看出硅藻土表面的 O 主要来源于 Si—O—Al 键（532.57eV）和 Si—O—Si 键
（532.54eV）以及 Si—OH 键（531.58eV），其中 Si—OH 键具有较高的活性，具有静电吸附

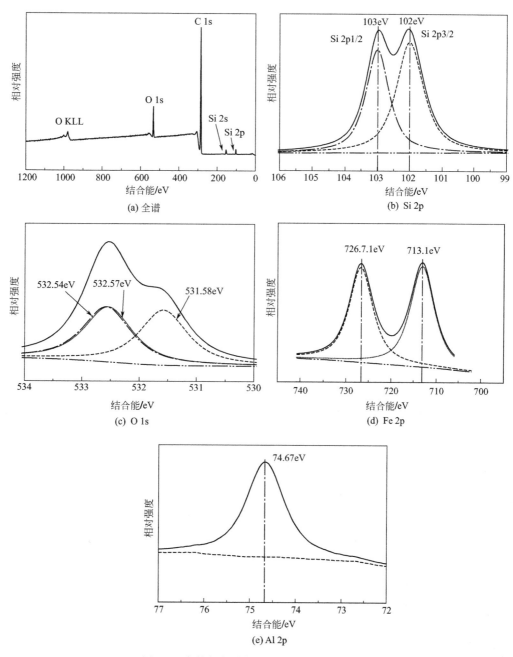

图 6-8　吉林长白圆盘状硅藻土样品 XPS 图谱

作用。部分研究学者利用 Si—OH 的吸附作用对硅藻土进行改性制备功能材料，并在环境治理领域得以应用。图 6-8（d）中结合能位于 726eV 及 713eV 处的峰分别对应于 Fe 2p1/2 和 Fe 2p3/2 轨道，这说明硅藻土表面存在三价 Fe（Ⅲ）。图 6-8（e）显示，Al 2p 的结合能约为 74eV，来源于 Si—O—Al 八面体中的 Al 位点。

图 6-9 为硅藻土原土典型的红外光谱（FT-IR）图，其中波数在 $3471cm^{-1}$ 和 $1617cm^{-1}$ 处宽而强的吸收峰分别是由吸附水中的 O—H 伸缩震动和扭曲震动引起的；在 $465cm^{-1}$ 和 $1082cm^{-1}$ 处的吸收峰是由于硅藻土本身 Si—O—Si 键的不对称伸缩震动引起；$798cm^{-1}$ 处的吸收峰是由硅藻壳体中以及黏土杂质成分 Si—O—Al 引起的。

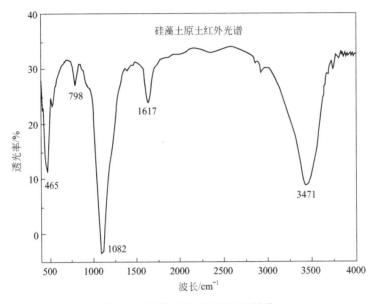

图 6-9　硅藻土原土的 FT-IR 图谱

6.2.2　硅藻土的物理与化学性能

硅藻土原矿外观呈土状，通常伴随有一定的黏土类矿物，呈现出团聚体的块状，经烘干打散后呈松散粉体状。其颗粒粒径一般小于 $45\mu m$；质轻，堆密度 $0.3\sim0.5g/mL$；比表面积 $20\sim40m^2/g$；孔体积 $0.6\sim1.0cm^3/g$；孔半径 $20\sim200nm$；硅藻数量 $1.0\sim2.5$ 亿个/g；能吸附自身重量 $3\sim5$ 倍的液体；折射率 $1.40\sim1.46$，高温煅烧后可达 1.49；熔点一般在 $1400\sim1650℃$；导热系数粉体为 $0.04\sim0.06$ W/(m·K)，硅藻土制品为 $0.06\sim0.09$ W/(m·K)。

硅藻土的化学成分为非晶态 SiO_2，非晶态的 SiO_2 在酸性或弱碱性条件下化学性质稳定（不溶解），但在氢氟酸或强碱性条件下易被溶解。硅藻土在提纯过程中或在实际使用前会经过煅烧处理。硅藻土的烧失量是原土经 650℃ 煅烧后减少的重量部分，它与硅藻原土中的有机物含量有关，我国大部分硅藻土的烧失量都在 10% 以下，而当硅藻土中有机杂质含量过高时，其烧失量会升高至 $20\%\sim30\%$，如内蒙古克什克腾旗直链硅藻土，其烧失量最高可达 32%。

一般情况下，硅藻土加热煅烧时，在 $100\sim350℃$ 失去羟基水和有机物，950℃ 形成方石英结构，1050℃形成莫来石结构。图 6-10 为硅藻土的热分析 TG/DSC 图谱，从 TG 曲线可以看出随着热处理温度的升高，硅藻土有 5 个阶段的质量损失。第一阶段发生在室温～224℃，硅藻土质量损失约 5.2%，此阶段 DSC 曲线在 111℃ 存在一个吸热峰，这是由于硅藻土表面及孔道结构的吸附水脱水所致；第二阶段温度大约在 224～463℃，此阶段的质量损失约为 2.2%，DSC 曲线在 258℃ 出现一个较宽的放热峰，推测其质量损失来自于硅藻土表面的有机物（如腐殖酸等）在较高温度下发生氧化燃烧所致；第三阶段（463～590℃）的质量损失（约 1.8%）主要是与金属阳离子配位的晶格水脱水所致；第四阶段（590～730℃）的质量损失大约为 1.0%，DSC 曲线在 652℃ 存在一个明显的吸热峰，主要是硅藻土中的碳酸盐矿物杂质发生分解反应；最后质量损失阶段在温度大约为 730～900℃ 区间，质量损失（约为 0.8%）可能是高温下晶格中氧的缓慢释放所致。实际上，在 930℃ 附近，硅藻土中的非晶态 SiO_2 开始向方石英发生相转变，此时发生的再结晶过程将导致硅藻土的孔道结构坍塌，其有序的孔道结构将遭到破坏。因此通过 TGA/DSC 曲线分析可以得知，为了去除硅藻土表面的有机质并保证硅藻土结构不被破坏，对硅藻土的加热温度应尽量控制在 600～900℃。

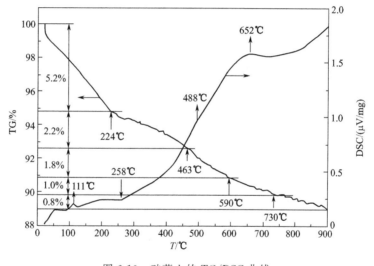

图 6-10　硅藻土的 TG/DSC 曲线

6.3　硅藻土矿物的深加工与性能调控

硅藻土作为生态环境净化与修复功能材料，主要作用表现为：吸附功能、过滤功能、载体功能。随着人们对生态环境的关注，硅藻土因其具有独特的天然微孔结构，其相关研究与应用一直非常活跃。研究者主要基于硅藻土表面微结构调控、孔结构修饰、活性颗粒负载、有机官能团改性等，完成硅藻土功能化制备。

事实上纳米结构材料是表面活性官能团最为丰富的材料，尤其是有序纳米结构的材料，可显著提高材料的比表面积和氧化还原等化学反应活性。但纳米结构吸附材料存在颗粒团聚严重（影响吸附效能）、吸附剂难以后续处理（固液分离非常困难）、易造成流失（浪费）和二次污染问题。将金属氧化物、介孔硅酸盐、介孔铁酸盐、介孔铁酸锌、纳米零价铁等纳米结构材料与廉价的大尺度基体非金属矿物材料（例如硅藻土、凹凸棒土等）进行复合，是发挥纳米材料特点以及拓展非金属矿物材料应用的关键。下面举例介绍非金属矿物材料表面构筑典型纳米晶、有机官能团等活性物质方法，实现表面结构调控等深加工。

6.3.1 氧化锰修饰硅藻土

锰矿自然资源丰富，占地壳的 0.13%，其含量排名仅次于铁（4.65%）。氧化锰矿物具有表面活性强、比表面积大、负电荷量高、电荷零点低等特殊的物理和化学性质，不仅对许多重金属元素和过渡元素有很强的吸附固定能力，还具有较强的氧化能力。在自然环境中氧化锰矿物可强烈富集和吸附过渡元素、重金属以及稀土元素，其吸附机理主要有配位化学吸附、内层吸附、水解吸附、表面络合、同晶置代等。

（1）配位化学吸附

氧化锰胶体具有羟基化表面，在一定条件下的水溶液中，氧化锰表面的吸附氧会以 —OH_2 的形式存在，—OH_2 基团中的质子解离，易与溶液中的 M^{2+}（M 代表重金属元素）发生交换，可在氧化锰表面上形成螯合物、配位化合物等。

（2）内层吸附

水合锰氧化物可视为一种弱酸交换剂，与重金属离子 M^{2+} 在氧化锰内层发生离子交换反应。水合氧化物表面提供需要解吸的质子弱酸基团，与表面络合的相同之处是重金属离子 M^{2+} 仍通过氧化物表面与氧桥结合，即形成 Mn—O—M 键。当吸附发生在体系电荷零点（ZPC）（pH=2）时，会产生表面电荷逆转的现象。

（3）水解吸附

锰氧化物吸附不同重金属离子时对溶液的 pH 值表现出选择性，这可能与重金属离子的水解特性有关。氧化锰表面的水解作用或羟基络合物的形成，大大降低了重金属离子的平均电荷，这就有利于增强氧化锰表面吸附离子间的库仑力和短程引力。

（4）表面化学络合

当吸附是固液两相间的络合反应时，用物料平衡方程和溶液中化学元素的质量变化来描述表面络合物的生成。可以建立吸附等温式，用方程式来描述氧化锰表面吸附达到饱和状态，并进行定量计算。

（5）同晶置代

氧化锰表面在吸附重金属的过程中，会向溶液中释放 Mn^{2+}，Mn^{2+} 的释放可以实现氧化锰表面的 Mn^{2+} 和溶液中的重金属离子之间的同晶置换反应。其中重金属 Co^{2+} 的表现尤为突出，从结晶学的观点考虑，Co^{2+} 被吸附在氧化锰晶体结构中的孔隙附近后，先被氧化锰表面的 Mn^{4+} 氧化成 Co^{3+}，再和孔隙中的 Mn^{4+} 发生置换，最终被牢牢吸附在晶体结构中。不同重金属离子在氧化锰晶格中的晶格场稳定能也不尽相同。

以硅藻土为载体，通过氧化还原法对其进行表面改性，在基体上可控制备不同形貌的纳米二氧化锰，显著提高硅藻土的吸附性能。锰氧化物在硅藻土表面缺陷处首先形成片状结构亚稳相 δ-MnO_2，随着时间延长，片状结构逐渐卷曲长大，并发生氧化锰晶型转变形成

α-MnO$_2$ 线状结构（图 6-11）。整个氧化锰生长转变过程并没有破坏硅藻土的孔道结构，说明所制备的样品既具有氧化锰优良的吸附性能，又保持硅藻土的多孔结构，使得样品兼备硅藻土及氧化锰优良性能，实现了氧化锰对硅藻土的修饰改性。MnO$_2$ 有序纳米结构对硅藻土的修饰改性，改变了硅藻土表面的电荷性质、增加了硅藻土的比表面积、提供更多的活性羟基基团及活性吸附位点，使改性硅藻土与水溶液中阴离子污染物基团的吸附作用力增加、碰撞几率增大、离子交换能力增强，从而提高了改性硅藻土对阴离子类型污染物的吸附性能。

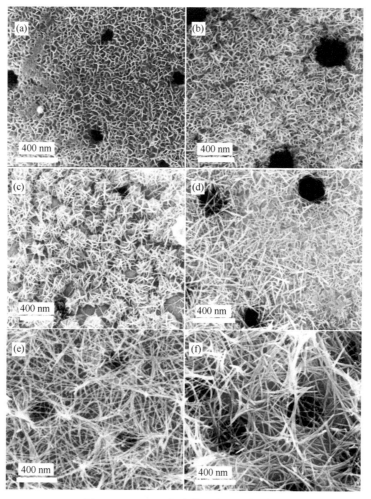

图 6-11　MnO$_2$ 在硅藻土表面生长过程
（a）（b）δ-MnO$_2$ 纳米片；（c）（d）δ-MnO$_2$ 纳米片与 α-MnO$_2$ 纳米线混合结构；（e）（f）α-MnO$_2$ 纳米线

6.3.2　介孔硅酸镁修饰硅藻土

纳米硅酸盐表面富含活性羟基基团，也呈现出高的吸附活性。其中，硅酸镁具有吸附性能好、可再生的优点。但是常规制备硅酸盐采用的硅源均以化学试剂为原料，而硅藻土的化学成分主要是 SiO$_2$，以此为硅源，不仅可以降低成本，而且硅酸盐可与硅藻土通过 Si—O 键牢固连接在一起，其结合力优于常规纳米金属氧化物修饰硅藻土（通过范德华力结合）及纳米金属氧化物包覆硅藻土（通过静电吸引结合）。因此，在硅酸盐/硅藻土吸附处理污水过程中，硅酸盐不易与硅藻土脱离，从而可以避免对水体的二次污染。

利用水热法在硅藻土表面构筑介孔硅酸镁，其形貌以及结构将会经历以下过程：在反应初始阶段，首先有花状 $Mg(OH)_2$ 沉积于硅藻土表面；随着反应进行，花状结构不断变大生长，并与硅藻土表面的硅元素发生反应，最终形成稳定的网状结构，该网状结构即为单斜晶系 $Mg_3Si_4O_{10}(OH)_2$（图 6-12）。纳米结构硅酸镁在硅藻土表面的沉积生长，极大地增加了硅藻土的比表面积。硅藻土经表面原位生长纳米结构硅酸镁后，样品中大孔相对减少，伴随着反应过程的进行，样品的孔道结构逐渐由不均匀孔转化为均匀孔，这与此时生成的片状结构逐渐长大有关。硅藻土表面纳米结构氢氧化镁、硅酸镁的生成，使硅藻土的多孔性发生改变。

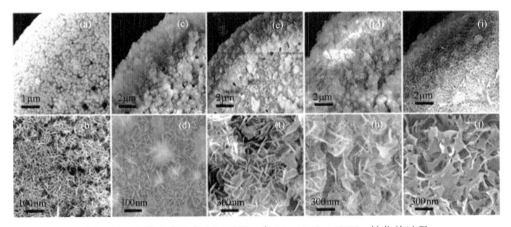

图 6-12　硅藻土表面由 $Mg(OH)_2$ 向 $Mg_3Si_4O_{10}(OH)_2$ 转化的过程
(a)(b) $Mg(OH)_2$；(c)～(h) 转化过程的不同中间状态；(i)(j) $Mg_3Si_4O_{10}(OH)_2$

硅藻土化学成分为 SiO_2，在氨水存在的条件下，上述形貌转化过程可描述如下：

$$NH_4OH \longrightarrow NH_4^+ + OH^- \tag{6-1}$$

$$Mg^{2+} + OH^- \longrightarrow Mg(OH)^+ \tag{6-2}$$

$$Mg(OH)^+ + OH^- \longrightarrow Mg(OH)_2 \tag{6-3}$$

$$SiO_2 + H_2O \Longleftrightarrow SiO_3^{2-} + 2OH^- \tag{6-4}$$

$$3Mg(OH)_2 + 4SiO_3^{2-} + 2H_2O \longrightarrow Mg_3Si_4O_{10}(OH)_2 + 8OH^- \tag{6-5}$$

在水热反应体系中，$MgCl_2$ 和氨水按以下步骤逐步进行反应：氨水缓慢电离，反应初期由于 NH_4OH 提供的 OH^- 不足，有大量的 Mg^{2+}、$Mg(OH)^+$ 生成。水解后带有正电荷的 Mg^{2+}、$Mg(OH)^+$ 与带有负电荷的硅藻土表面发生电荷中和反应，在硅藻土表面生成镁羟基氧化物；随着时间的延长，沉积、附着于硅藻土表面的镁羟基氧化物晶核逐渐长大；随后 $Mg(OH)_2$ 与硅藻土中的非晶态二氧化硅在碱性条件下开始反应，产生的硅酸根和溶解的氢氧化镁形成单斜晶系 $Mg_3Si_4O_{10}(OH)_2$。

6.3.3　纳米零价铁（nZVI)修饰硅藻土

纳米零价铁（nZVI）是指一种粒径在 1～100nm 的单质铁，nZVI 的比表面积和表面 Fe

原子活性较高，极易与含氧物质发生反应，生成氧化膜，形成单质铁-铁氧化物核壳结构。nZVI 不仅能够有效去除重金属离子，也能降解部分有机物，使其具有较大的环境修复和污染治理的应用潜力。但是由于纳米零价铁存在易聚集、不稳定、易氧化和二次污染的问题，限制其实际应用。将 nZVI 负载于具有大尺度的基体表面可以有效避免团聚问题，例如 nZVI 修饰硅藻土不仅能够显著增加硅藻土的比表面积，拓展其功能性，又能解决 nZVI 不易回收的难题。

通过酸洗对硅藻土进行前期处理，调节 pH 值，然后通过改性剂与酸处理的硅藻土进行复合，采用液相还原法在改性硅藻土基体（MDT）表面沉积纳米尺寸零价铁颗粒，可以得到所需的纳米零价铁/改性硅藻土复合材料（nZVI/MDT）。图 6-13 中（a）和（b）分别为硅藻土原土与液相还原法制备所得 nZVI/MDT 复合材料的 XRD 图谱。从图中（a）可知，硅藻土是非晶态物质，晶体衍射峰（101）为石英杂质。图中（b）可以看出，nZVI/MDT 中同样存在硅藻土特征衍射峰，但衍射峰强度略有减弱，同时出现了晶体衍射峰，与 Fe^0 标准卡片（JCPDS 65-4899）衍射条纹非常匹配，衍射峰位置在 $2\theta = 43°\sim45°$ 处对应 α-Fe 的（110）晶面，这说明所制备的样品中存在零价铁物质。从 XRD 结果可以看出，通过液相还原法制备的样品依旧保持了硅藻土的结构特征，并在硅藻土表面形成了零价铁晶体，无其他杂峰，表明改性硅藻土通过液相还原法制备零价铁/硅藻土复合材料是一种可行的制备方法。

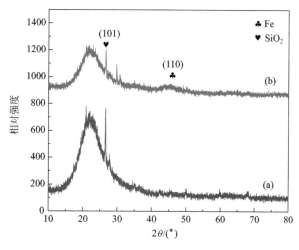

图 6-13　硅藻土原土（a）与纳米 Fe^0/改性硅藻土（b）样品 XRD 图谱

通过不同方式对硅藻土表面进行前期预处理可能会影响 nZVI 在硅藻土表面的沉积状态，图 6-14 为液相还原法制备的不同改性硅藻土负载 nZVI 样品的 SEM 图谱。采用十六烷基三甲基溴化铵（CTAB）[图 6-14（a）、（b）]和十二烷基苯磺酸钠（SDBS）[图 6-14（c）、（d）]改性的硅藻土，所制备的样品中硅藻土表面负载的 nZVI 有部分团簇现象，呈现为分散链状结构，团簇的发生降低纳米零价铁的比表面积，减少表面活性位点，不利于吸附和还原反应的发生。由图 6-14（e）、（f）可以看出，壳聚糖改性硅藻土负载的 nZVI 可以有效地改善团簇现象，呈现出球状颗粒。相对于分散链状，球状颗粒可以提供更多活性位点。壳聚糖改性硅藻土解决 nZVI 团聚现象，可以有效提高比表面积，是纳米零价铁吸附和还原过程中非常重要的一项因素；同时活性位点增加，nZVI 对溶液中重金属离子 Cr（Ⅵ）的去除效率也随之增加。

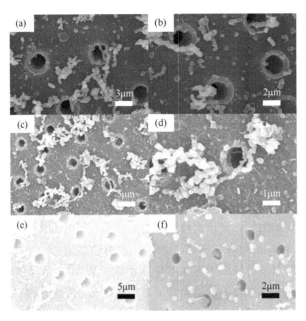

图 6-14　不同改性硅藻土制备的纳米 Fe⁰/改性硅藻土样品 SEM 图谱
(a)(b) CTAB 改性硅藻土；(c)(d) SDBS 改性硅藻土；(e)(f) 壳聚糖改性硅藻土

6.3.4　铁酸锌（ZnFe₂O₄）修饰硅藻土

具有尖晶石结构的纳米 ZnFe₂O₄ 是一种禁带宽度较窄的 n 型半导体（1.9eV）材料，也是一种传统的铁氧体软磁材料，在光、热、电、磁、催化等诸多领域都有着广泛的应用。以硅藻土作为载体构筑纳米 ZnFe₂O₄，可以制备出新型的环保材料，有效解决 ZnFe₂O₄ 纳米颗粒团聚和固液分离的难题。制备纳米结构 ZnFe₂O₄ 的方法多种多样且各有利弊，这里主要介绍采用水热法制备 ZnFe₂O₄/硅藻土（ZnFe₂O₄/DT）复合材料。通过控制水热时间等一系列工艺，可制备 ZnFe₂O₄/DT 复合材料。图 6-15 为水热温度 180℃，不同反应时间制备的 ZnFe₂O₄/DT 样品的 XRD 图谱。图中曲线（a）为硅藻土原土的 XRD 图谱，（b）～（e）分别为水热时间 6h、8h、12h、16h 制备样品的 XRD 图谱。可以看出，水热反应不同时间的样品中不仅存在硅藻土非晶态的石英衍射峰，同时也都存在 ZnFe₂O₄ 晶体特征衍射峰。对照标准 PDF 卡片可以看出，在 2θ 为 29.9°、35.2°、42.8°、56.6°、62.2°的衍射峰，分别对应（220）、（311）、（400）、（511）、（440）晶面，与尖晶石结构 ZnFe₂O₄（JCPDS PDF♯22-1012）吻合较好，表明水热反应后所制备的样品中存在 ZnFe₂O₄ 晶体。从图中可以看出，随着水热反应时间的延长，所得样品的衍射峰逐渐变得窄而高，表明水热时间可以改善样品的结晶度，水热时间越长，ZnFe₂O₄ 的结晶度越好。

此外，尖晶石结构中同时存在四面体和八面体两种结构，在尖晶石结构晶体的 XRD 衍射数据中，（220）晶面的衍射强度反映了四面体中心阳离子的占有率，（222）晶面反映了八面体中心阳离子的占有率。这两个晶面衍射强度的比值 [I(220)/I(222)] 可以反映铁酸锌晶体结构中四面体和八面体中心阳离子的反转程度。对比图 6-15 中（b）～（e）水热时间 6～16h 制备样品的（220）晶面衍射强度，可以看出（220）晶面衍射强度逐渐增强，此时

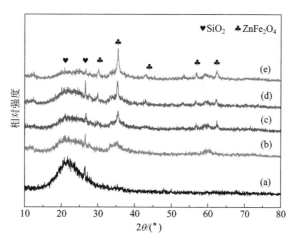

图 6-15　硅藻土原土（a）与不同反应时间 6h（b）、8h（c）、12h（d）、16h（e）制得的
ZnFe$_2$O$_4$/硅藻土样品的 XRD 图谱

I(220)/I(222) 比值逐渐增大，表明铁酸锌结构中 Zn 原子的占位分布发生了微妙的变化，Zn 原子开始占据尖晶石结构中四面体中心的位置。因此可判断，在水热法制备铁酸锌过程中，反应初期得到的尖晶石结构中八面体中心位点主要被 Zn 原子占据，随着水热反应时间的延长，Zn 原子对尖晶石结构中八面体中心位置位点的占据逐渐达到饱和，从而导致 Zn 原子转向占据四面体中心位点，使得四面体位中心点占有率提高。四面体位中心位点占有率的提高增加了表面羟基的含量，对含氧酸根的吸附能力大大提高。故水热法制备 ZnFe$_2$O$_4$/硅藻土会提供更多羟基基团，有利于对重金属离子吸附。

　　不同水热反应时间制备的 ZnFe$_2$O$_4$/硅藻土样品的形貌变化可以通过扫描电镜图片清晰地表现出来，图 6-16 为水热温度 160℃，水热时间分别为 8h、12h、16h 制备的 ZnFe$_2$O$_4$/硅藻土样品的 SEM 图片。由图 6-16（a）可以看出水热反应时间为 8h 的样品中，硅藻土藻盘孔道口附近表面粗糙，高倍下 ［图 6-16（b）］可观察到，以孔道口为中心，沿藻盘表面及孔道内壁方向，均分布着微小纳米棒状结构颗粒，大小在 30～50nm 之间。因颗粒尺寸较小并未堵塞孔道，孔道结构规则有序。这表明在反应初期，ZnFe$_2$O$_4$ 已经开始在硅藻土藻盘上形核长大。随着水热反应时间的增加，颗粒结构尺寸逐渐增大并转变为层片状结构 ［图 6-16（c）和（d）］，该层片状结构精细地分布在硅藻土表面，并且硅藻土的规则且有序的孔结构未被破坏。比较图 6-16（e）和（f）可以看出，当水热反应时间延长到 16 h 时，层片状结构卷曲自组装成为花状结构，此时硅藻土的表面已被花片结构覆盖。结合图 6-15 中不同水热时间样品的 XRD 图谱分析，当八面体中心位点占据饱和并向四面体中心位点转化时，晶体晶格尺寸会随之增大。随着水热反应时间的延长，ZnFe$_2$O$_4$ 尖晶石晶体结构生长过程中，Zn 原子优先占据（222）晶面八面体中心位点直至饱和，驱使四面体和八面体中心阳离子的反转，Zn 原子开始在（220）晶面占据尖晶石结构中四面体中心的位置，结构尺寸相应逐渐变大。

　　图 6-17 为水热反应时间 16 h，水热温度 160℃ 所制得 ZnFe$_2$O$_4$/硅藻土样品的透射电子显微镜（TEM）照片。图（a）～（c）可清晰地看到硅藻土藻盘表面及边缘均匀地分布着纳米花片状 ZnFe$_2$O$_4$，硅藻土孔道结构清晰可见且规则有序，说明经过 ZnFe$_2$O$_4$ 改性的硅藻土孔道结构仍保持完整，与 SEM 结果保持一致。图（d）为花片状结构形貌区域的 SAED

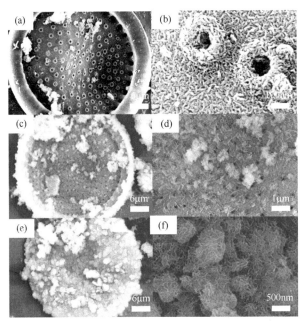

图 6-16 不同水热反应时间制得的 ZnFe$_2$O$_4$/硅藻土样品 SEM 照片

(a)(b) 8h；(c)(d) 12h；(e)(f) 16h

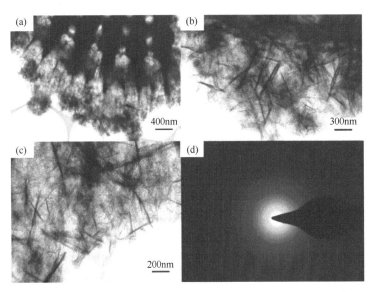

图 6-17 水热反应时间 16h、温度 160℃制得 ZnFe$_2$O$_4$/硅藻土样品的透射电镜照片

(a)～(c) TEM 照片；(d) SAED 照片

衍射（选区电子衍射），图案呈环状，表明合成的 ZnFe$_2$O$_4$ 为多晶结构，但从 SAED 衍射环可以发现 ZnFe$_2$O$_4$ 晶体衍射环较为暗淡，呈不明晰衍射环。

6.3.5 硅藻土表面的有机改性

有机改性是指以有机物为改性剂，在硅藻土表面接枝丰富的有机官能团，利用有机官能团与重金属离子发生的螯合配位作用、静电吸引和离子交换作用，将有机污染物固定于吸附剂表面。对硅藻土表面进行聚乙烯亚胺（PEI）改性，PEI 大分子链上的氮原子易被质子化，增强了氢键作用和静电作用。以壳聚糖和 3-氨基丙基三乙氧基硅烷为改性剂，制备壳聚糖/氨基改性硅藻土，硅藻土与壳聚糖以化学键的形式相连，大幅提升了硅藻土对重金属离子的吸附能力。以皂化椰子油为表面活性剂，加入胶体表面活性剂及煤油为微乳液改性剂，将硅藻土与微乳液搅拌制得微乳液改性硅藻土吸附剂，改性硅藻土表面出现大量—COOH、—SH、—OH、—NH$_2$ 等有机官能团。

对非金属矿物或合成纳米材料进行氨基功能化较为普遍，氨基功能化复合材料具有丰富的活性位点，对重金属离子的螯合作用显著增强。3-氨基丙基三乙氧基硅烷（APTES）是应用最为广泛的硅烷偶联剂之一，不仅可以用来偶联有机高分子和无机填料，对于重金属离子亦有明显的去除效果。二乙烯三胺（DETA）分子含有大量的氨基和亚氨基官能团，与 APTES 的氨基末端在碱性条件下发生反应，可成功接枝在硅烷改性后的硅藻土表面。有机改性硅藻土常见的方法有回流法、水热法、水浴法、微乳液法和沉淀法等，纵观硅藻土有机改性的方法，水浴法操作简单，反应过程可控，制得的样品可实现改性剂的均匀包覆，同时是目前采用最多的方法之一。APTES 及 DETA 在硅藻土表面可能发生的接枝过程如图 6-18 所示，硅藻土是由硅氧四面体相互桥连而成的网状结构，在网络结构中存在配位缺陷和氧桥缺陷，依据能量最低原理，APTES 的 Si—OH 与硅藻土表面的 Si—O—悬空键上产生的硅羟基在乙醇为溶剂的情况下会发生脱水缩合反应，成功接枝于硅藻土表面。当溶液中存在过量 DETA 的情况下，DETA 可以与 APTES/硅藻土的—NH$_2$ 在碱性条件下发生酰胺化重组产生氢键，即形成 DETA/硅藻土。由于二乙烯三胺存在两个伯胺，一个仲胺，因此反应产物可能以两种形式存在。

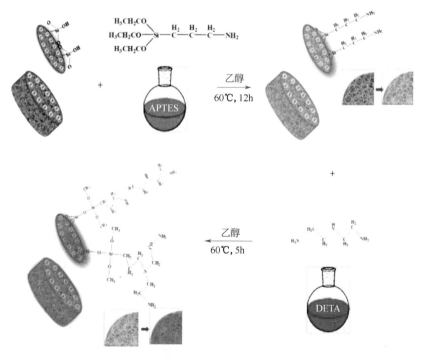

图 6-18　APTES 及 DETA 对硅藻土的改性机理

DETA/硅藻土对重金属阳离子的吸附效率受溶液 pH 值的影响巨大。对 Pb^{2+} 吸附而言，pH 值在 2～6 之间，铅离子以 Pb^{2+} 形式存在于溶液中，溶液中 pH 值较低时，吸附剂表面的—NH_2 质子化，形成—NH_3^+，对重金属离子的络合能力降低，致使吸附效率较低；随着 pH 值的增加，质子化作用减弱，—NH_2 与重金属离子的螯合作用增强，且—NH_2 对 Pb^{2+} 有较强的亲和能力，吸附效率显著提高。当 pH＞6，逐渐有—NH_2OH^- 生成，此时吸附剂表面带负电，Pb^{2+} 逐渐结合 OH^- 形成 $Pb(OH)^+$，对 Pb^{2+} 的吸附形式逐步转为静电吸引。当 pH＞7 时，易生成 $Pb(OH)_2$ 沉淀，形成假吸附。DETA/硅藻土对 Pb^{2+} 吸附示意图见图 6-19（a）。氨基改性硅藻土对 Cr（Ⅵ）同样表现出较高的吸附性能，pH 值在 2～6 之间时的吸附效率均可达到 82% 以上，最高可达 99%。氨基改性硅藻土对 Cr（Ⅵ）的静电吸附机理如图 6-19（b）所示，当溶液中 H^+ 浓度过高时，$Cr_2O_7^{2-}$ 结合 H^+ 形成 $HCr_2O_7^-$，与—NH_3^+ 发生静电吸引作用，此外，质子化的—NH_3^+ 结合水中 Cl^- 形成的—$NH_3^+Cl^-$ 与 $HCr_2O_7^-$ 之间发生离子交换反应，达到去除 Cr 的目的。当 pH＞7 时，质子化作用减弱，导致吸附效率显著降低。

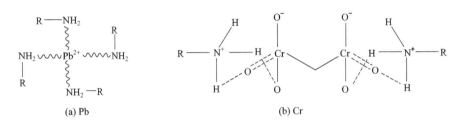

(a) Pb   (b) Cr

图 6-19　Pb 和 Cr 元素的吸附机理

硫元素对于重金属离子的亲和性较好，利用 3-巯丙基三甲氧基硅烷（MPTS）为巯基源，可在硅藻土表面接枝—SH 官能团。MPTS 分子末端带有一个巯基，醇解形成 Si—OH，与硅藻土表面的 Si—OH 发生脱水缩合反应，进而接枝于硅藻土表面，而带有巯基末端的暴露分子，起到吸附重金属离子的目的。

羧基也被认为是吸附重金属离子最有效的有机官能团之一，利用羧基中氧的未成键电子与金属离子的空轨道结合，形成配位键，达到吸附重金属离子的目的。以柠檬酸为改性剂，可对硅藻土表面进行氨基硅烷改性，以 APTES 作交联剂提供—NH_2 基团，之后使得该氨基基团与柠檬酸的—COOH 基团发生酰胺化缩合反应，在硅藻土表面接枝—NH_2、—COOH 官能团，通过控制反应 pH 值，反应时间等制得具有优良孔道结构、丰富表面官能团的柠檬酸改性吸附剂。首先 3-氨基丙基三乙氧基硅烷醇解形成 Si—OH，与硅藻土表面的 Si—OH 发生脱水缩合反应，接枝于硅藻土表面，带有氨基末端的 APTES 暴露在外表面，与柠檬酸表面的—COOH、—OH 基团进行缩合，成功制备表面有机改性的硅藻土。

6.3.6　硅藻土合成沸石

硅藻土在电子显微镜下容易观察到短程有序的多孔结构，其孔结构表面暴露的硅羟基基团具有较好的吸附性能。硅藻土原矿的比表面积较低，导致吸附容量受限，对硅藻土的孔结构进行调控或对硅藻土进行沸石化处理，可大幅度增大硅藻土的比表面积，提高其吸附容量。硅藻土沸石化或以硅藻土为原料制备沸石，大多借鉴沸石分子筛的合成技术与方法，通过优化沸石分子筛制备过程中的各种影响因素可以实现硅藻土沸石化，如优化硅铝凝胶的组成和制备工艺以及分子筛晶化的条件（如碱度、外加碱金属盐、导向剂、有机溶剂、陈化时间、晶化温度和晶化时间等）。硅铝凝胶的组成及制备工艺一般受晶化条件的制约，间接地影响着分子筛的合成；而晶化条件更直接地影响着分子筛的合成，它们既相互制约，同时又作为独立的因素影响着合成分子筛的硅铝比、结晶度及粒度等。

硅藻土制备沸石最早开始于 1994 年，采用硅藻土（组分质量分数 SiO_2：85%，Al_2O_3：5.9%）水热合成得到 NaA 型分子筛。2000 年研究者首次通过水热合成法，用硅藻土沸石化制备了分等级孔隙的结构材料；此后研究者运用有机胺和水的混合蒸汽处理硅藻土得到了沸石化硅藻土。这些方法的难点是制备工艺复杂且沸石的纳米晶体产量很低，由于沸石的纳米晶体具有胶体性质，容易产生团聚现象，很难从反应混合物中分离出来进行重复利用，而且这些方法均使用了部分外来硅源。2003 年，研究者采用硅藻土（SiO_2 质量分数：80%～90%）成功合成了丝光沸石型分子筛（MOR）。2005 年，通过将硅藻土在 1100℃进行高温酸化后，在不同反应条件下可制得 NaP1 型分子筛、方钠石（ANA）、钙霞石（CAN）和羟基方钠石（HS）等。研究发现，产品的性能主要取决于液相配比、反应温度及反应时间。2007 年，研究人员使用表面活性剂控制晶种的生长，克服了复杂的纳米晶分离过程，但该方法表面活性剂用量太大，且生成的沸石在硅藻土上排列十分不规则。最近十年，研究者利用硅藻土能提供硅源的便利条件，进行了硅藻土藻盘沸石结构合成，在保持或基本保持硅藻土原始孔结构特征、发挥硅藻土本身性能优势的同时，可使得硅藻土孔结构得到调控，从而吸附容量（比表面积）得到质的提高。北京工业大学杜玉成采用水热法，在硅藻土藻盘上制备了 NaP 型分子筛，硅藻土的比表面积提高至 $65m/g^2$，合成产物为 $Na_6Al_6Si_{10}O_{32} \cdot (H_2O)_{12}$，其钠、硅、铝原子比为 Si：Na：Al=1.82：1：1.16，与 NaP1 型沸石化学式中各元素的原子比 Si：Na：Al=1.67：1：1 相当。通过控制反应温度和凝胶的陈化时间，进一步控制产物晶体结构，可以制备八面沸石多孔结构材料，合成的产物为 $Na_{1.84}Al_2Si_4O_{11.92} \cdot (H_2O)_7$，其比表面积最高可达 $215m/g^2$，属面心立方晶系，钠、硅、铝原子比为 Si：Na：Al=2.39：1：1.31，与八面沸石化学式中各元素的原子比 Si：Na：Al=2.19：1：1.01 相当。此外通过引入乙二醇控制结晶过程，在硅藻土表面制备介孔结构凝胶态产物，样品比表面积最高可达 $297m/g^2$。

6.4 硅藻土矿物材料在环境领域的应用

6.4.1 重金属离子的吸附、转化与固定

硅藻土表面经过廉价的金属（铁、锰、铝、镁等）纳米氧化物修饰改性后，可获得具有广谱性和高吸附容量的硅藻土基吸附剂。该类复合材料在保持硅藻土完整孔道结构的同时，实现了金属氧化物纳米结构的原位结晶生长，通过动力学调控液相异相成核结晶以及活性晶面生长过程，可根据实际需要制备出多种有序纳米结构金属氧化物负载改性硅藻土的复合材料。

改性硅藻土复合材料对重金属离子的吸附机制较为复杂，吸附行为主要分为物理吸附和化学吸附。物理吸附主要通过静电作用实现金属阳离子在材料表面的富集，当吸附的金属离子达到一定数量时，会对溶液中带有相同电荷的金属离子产生静电排斥作用，达到饱和吸附。物理吸附过程非常迅速，金属离子可以在吸附剂表面迅速达到饱和，达到吸附和解吸平衡状态。物理吸附过程往往伴随着化学吸附，如 Pb^{2+} 的吸附过程中，Pb^{2+} 首先以静电作用吸附于材料表面，随后发生化学吸附，往往以草酸铅（PbC_2O_4）、碱式碳酸铅 [（$PbCO_3$）· $Pb(OH)_2$] 或者氧化铅（PbO_2）等形式存在于吸附剂表面，这取决于体系中存在的化学物质和 pH 值。如在富含二氧化碳的水溶液中碱式碳酸铅最为普遍；当体系中含有自然界常见的草酸时，其强络合作用又使得 Pb^{2+} 以草酸铅为主要存在形式；硅藻土经过含锰的化合物改性，由于 Mn（Ⅲ）的标准电极电势（1.51V）比 PbO_2（1.46V）高，部分与 Mn（Ⅲ）接触的 Pb（Ⅱ）可以被 Mn（Ⅲ）氧化，因此出现少量 Pb（Ⅳ）存在。

砷（As）、铬（Cr）是一类特殊的（类）重金属元素，常以负价态酸根离子（AsO_4^{3-}、$HAsO_4^{2-}$、$H_2AsO_4^-$、CrO_4^{2-}、$HCrO_4^-$）形式存在，其环境有效性、迁移性及毒性与其赋存形态密切相关，As（Ⅲ）、Cr（Ⅵ）毒性远大于 As（Ⅴ）、Cr（Ⅲ）。因此这就要求硅藻土多孔吸附材料经过改性后不仅能与负价态的离子进行吸附作用，而且需要实现这一类污染物的价态转变而降低毒性。

硅藻土表面大量的硅羟基可与 Cr（Ⅵ）、As（Ⅲ）阴离子基团进行离子交换，形成 Cr—O 或 As—O 键，发生化学吸附作用，但 Cr（Ⅵ）、As（Ⅲ）的价态未变，仍具有潜在威胁。光催化法作为一种安全绿色的高级氧化还原技术被广泛应用于污染控制环境化学领域。半导体受光辐照后，价带上的空穴和电子发生分离，被激发的电子跃迁至导带，可以通过光催化还原反应将高价态的重金属离子还原为低价态，如 Cr（Ⅵ）还原为 Cr（Ⅲ）；价带上的空穴可以与吸附在材料表面的水分子或者羟基形成高活性的羟基自由基（·OH）、超氧离子（O_2^-·）等，可以通过光催化氧化反应将 As（Ⅲ）氧化为 As（Ⅴ）。

在实际的污染环境中，处理后的重金属离子仍然会存在于吸附剂的表面。硅藻土改性材料具有多级孔道结构，可通过"表层氧化还原与内层多级孔道吸附"的机制实现其固化/稳定化过程。具体而言，在硅藻土表面构建具有变价金属化合物的多层次纳米结构，实现高活性纳米晶团簇结构在硅藻土表面成核、晶面调控生长，基于硅藻土表层变价金属化合物与砷/铬之间的电子转移、氧化/还原转化机制及化学转变后砷/铬的赋存状态，实现砷/铬离子基团在孔道内的迁移及其在内层孔道内的吸附固定。在该过程中，可对改性硅藻土本征层次孔道的结构进行调制，进而优化硅藻土孔道吸附固定 As（Ⅴ）、Cr（Ⅲ）中所引起的元素间的化学作用。

6.4.2 高化学需氧量（COD）污水预处理

高危害难生化降解的高 COD 工业污水年排放量巨大，此类污水的治理是行业面临的重大难题。电化学活化与硅藻土吸附絮凝的配合工艺对处理高 COD 工业污水及高浓度重金属离子废水具有很高的技术性价比，原因在于废水治理工程实际应用中除对吸附剂的吸附效能有较高的要求外，还尤为重视工程费用。在实际过程中，传统污水处理方法如生物化学法、氧化法等难以处理 COD 高于 800mg/L 的污水。通过辅助电化学活化技术，一方面可以通过电絮凝除去部分带电基团，另一方面可以通过预处理将大分子量有机基团碎片化，有利于后续投加硅藻土，改善其吸附净化能力。二者配合使用既可充分发挥前者在电场作用下带来的高效去污能力，又可充分发挥硅藻土基吸附剂的特点，实现快速高效吸附絮凝分离，显著降低工程运营费用，为下游的污水深度处理带来极大便利。

在保持硅藻土较为完整孔结构的同时，表面嫁接高分子絮凝材料，制备具有吸附净化、絮凝分离双重功能的高效污水处理剂和污泥脱水剂，可以解决传统多孔材料无法絮凝分离的技术瓶颈。复合材料可与污水水体直接搅拌接触，并快速发生吸附絮凝，形成宏观可视的絮体，实现快速、便捷分离，进而显著改善复合材料的吸附效能。

生活与工业污水经过处理以后，会产生大量的污泥，这些污泥中含有恶臭物质、病原菌、重金属、持久性有机物。表面改性硅藻土具有很强的吸附性能和电荷中和能力，可在污水或污泥体系中对污染物实现电性中和作用使胶体脱稳；且因其刚性孔结构的贯通性（每个硅藻壳体颗粒具有通孔结构），具有非常好的过滤功能，有利于污泥的机械浓缩脱水。在该过程中，可通过添加适量生石灰、石膏或菱苦土等调理剂调节污泥状态实现污泥高效处置。硅藻土基料处理污泥后可回归自然（硅藻土本身为土壤改良剂），实现生态良性循环。

6.4.3 抗倒伏硅肥与土壤调理

硅藻土能够为土壤提供硅离子或硅元素，在农作物抗倒伏方面有较好应用，尤其对于生长周期中对硅元素具有较大依赖性的农作物（如水稻、番茄、马铃薯等），使用硅藻土硅肥取得了非常好的效果，增加了果物的产量，也改善了口感。

农作物倒伏是一种自然灾害，解决农作物倒伏是国内外所面临的共性难题。以水稻为例，我国每年因倒伏导致稻谷减产约 $10\%\sim30\%$。研究表明，硅肥能够显著地降低水稻基部节间的长度，同时还能增加水稻基部节间的壁厚和茎秆横截面积，显著提高水稻的抗折力，从而有效提高水稻的抗倒伏能力，是解决水稻、玉米等农作物倒伏的最有效的方法。硅元素能够增强植株基部秸秆强度，使水稻导管的刚性增强，提高水稻体内部通气性，从而增强根系的氧化能力，防止根早衰与腐烂，根系发达反过来又增强水稻的抗倒伏能力。目前大多采用五水偏硅酸钠硅肥形式，此类硅肥所面临的最大问题是长效性，即五水偏硅酸钠是一种速溶的无机盐，与水接触快速溶解，会导致短期内对植物补硅效果显著，但随有效成分的快速溶解流失，其补硅效果会逐渐减弱。而整个植物生长期（一般 8 个月）均需要硅元素，这就导致土壤需多次施用硅肥而增加耕作成本。

以非晶态二氧化硅为主要成分的硅藻土天然多孔矿物，在改善土壤板结和作为缓释肥料方面已有成熟应用。硅藻土中非晶态的 SiO_2 容易被植物根系碱化吸收，且该溶硅过程持久，可以长期为植物提供硅元素，因此，硅藻土对农作物抗倒伏具有天然成分优势。但如何提高硅藻土本身的溶硅效率，在植物生长环境条件下提高水溶性硅是关注重点。另外通过在硅藻土硅肥中引入含钾、镁、磷等矿物，制备复合矿物肥，在补充硅同时，也可提供钾、镁、磷等元素，且该矿物肥皆可缓慢提供有效组分，对土壤修复调理起到积极作用。

6.4.4 矿体断面植被复垦

以硅藻土的多孔藻盘颗粒作为载体，通过承载有效组分在矿山及人造断面生态修复中已应用多年。硅藻土主要负载适合各矿山及人造断面属地生长环境的生物菌，与膨润土矿物和草/树籽混合制成浆体，在不易植被生长的山坡或人造断面进行喷撒来实现植被恢复。其中硅藻土主要作用是承载生物菌并吸水保水，膨润土主要作为黏结剂和保水剂。

随着我国绿色矿山建设强制要求，矿山开采进入后期的矿体及人造岩石土方断面（公路、铁路护坡等）的生态恢复越来越受到国家及各级政府的重视。上述人工断面生态修复的关键在于绿色植被的种植和存活与生长，但这些人工断面往往无法进行绿色植被的种植，即使种植，其存活率也不高，主要原因在于岩石表面植被根系无法生长。岩石的土壤化，即人工断面的岩石转变成可适合植被生长的土壤较为关键。

通过矿物承载有效生物菌形成矿菌肥-草灌乔模式，生物菌附着于岩石表面，并对岩石表面进行生物侵蚀，使得岩石表面或沿裂隙附着矿菌肥，可以将岩石转变为松软的土壤，实现绿色植被的生长与繁殖。硅藻土、膨润土、草/树籽成团粒结构，并在团粒结构中添加适宜的微生物，黏附于岩石表面，为植被的健康生长提供较好的生长环境，逐渐将岩石转变为活着的土壤，岩石转变过程如图 6-20 所示。早期团粒结构是植物能够自我生存最重要的基础条件，团粒结构内保存了水分和营养，团粒之间形成透气性和排水性的构造，并为根系的发达提供了物理空间。随着生产菌的生长与繁殖，岩石表面土壤化持续进展，根系扎入岩石层，缠绕的根系成为一体，有土桩的作用，防止崩落。而没有土壤化发生、根系只是悬在岩石上面的绿色植被，在施工覆盖层随着养分的消失而逐渐枯死、剥落。

图 6-20　岩石边坡绿化

上述技术与产品已在我国南方多个矿体修复和公路断面护坡植被恢复中大规模应用，随着适合北方种植生长的草、灌、乔与硅藻土、膨润土矿物相关工作的开展，在北方干旱、寒冷气候条件下的矿体断面植被复垦也将大规模应用。使得旷地、沙漠、露天废弃矿山环境治理、复垦绿化变为可能。

6.4.5　沙尘化治理

土壤沙化导致土壤水分流失快、无保水能力、严重缺少有机质、缺少植物所需养分，不能充分满足植物生长条件，给农业生产及正常生活带来极大的危害。我国有接近 262.2 万平方公里的荒漠化土地，遭受荒漠化直接或间接影响的人口达到 4 亿左右，因此沙漠化土壤的治理及植被修复迫在眉睫。已有的沙漠化土壤或沙漠的改造与修复，其技术关键在于低成本地解决流沙或松散沙土的固化与保水性问题。以黏土矿物为原料开发集保水、保肥、抗旱、缓释、全元、抗病等多种功能于一体的沙化土壤改良剂，是低成本解决沙化土壤或沙漠改造修复的一个不错选择。膨润土是一种层状含水铝硅酸盐黏土类矿物，除具有离子交换功能外，其蒙脱石结构赋予自身溶胀特性，保水效果优异。与吸水性极强的硅藻土配合，是良好的低成本的沙化改良剂，不仅具有优异的保水性，还具备保肥性（氮、磷、钾）、保菌性及适于植被生长的微环境。通过矿物基体与微生物、草本植物环境的协调机理，适应种类以及地域状态等，制备成具有多种优异性能的沙漠化土壤或沙漠改良及修复矿物材料。该类矿物材料已在内蒙古赤峰、辽宁建平、新疆库尔勒等地应用于大规模的沙漠化土壤植被种植和生态环境的修复工程。

种植过程举例如图 6-21 所示，先将打坑土混配 20％改良剂制成施状回填土备用回填，坑底填入 10～15cm 施状回填土，苗木土球上淋浇生根液放入坑内。回填分 2 次，首次回填一半高度，踩实或夯实后继续回填，再次夯实后，土球低于地面 5cm。种植后在略大于种植穴直径的周围，筑成高度 15～20cm 的灌水围堰，要求堰不漏水。新植苗木要浇筑第 1 遍透水，根据天气情况浇筑第 2、3 遍水。浇水渗下后，及时用围堰土封住树穴。再筑堰时，不得损伤根系，浇水时防止水流过急冲刷裸露根系，或冲毁围堰，浇水后出现土壤塌陷，致使树木倾斜时，及时护正、培土。

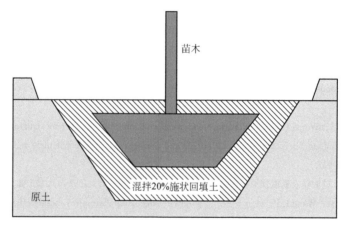

图 6-21　沙化土壤苗木栽培

6.5　扩展阅读

硅藻是一类具有色素体的单细胞藻类植物，常由几个或很多细胞个体联结成各式各样的群体。硅藻作为生物圈的重要组成部分，能固定全球 25％的有机碳和氧，是宿主固碳共生体，且他们能垂直迁移超过 1km，将无机碳转移到海洋表面。从这个角度来看，硅藻固定的碳比所有热带雨林加起来还多。地球上有 70％的氧气是浮游生物释放出来的，浮游生物每年制造的氧气就有 360 亿吨，占地球大气氧含量的 70％以上。由于硅藻数量又占浮游生物数量的 60％以上，这样可以推算，假设现在地球上没有硅藻了，不用 3 年，地球上的氧气就耗干了。

硅藻是食物链的最底端，是生物赖以生存的初级生产者，占地球上所有初级生产者的25％。同时，它们也是海洋中二氧化硅的主要循环者。总之，硅藻在全球生产、气候变化、酶学和人类健康中扮演关键的角色。

思考题

(1) 说明硅藻与硅藻土的定义与区别。

(2) 硅藻土孔结构特征及如何表征？

(3) 硅藻土用作环境净化材料与环境修复材料的主要功能体现为几方面？

(4) 硅藻上中二氧化硅晶体的结构特点有哪些，如何精确判定硅藻土成分？

(5) 硅藻土的调控技术主要有哪几种？

参考文献

[1] 杜玉成.硅藻土功能材料制备与应用 [M].北京：中国建材工业出版社，2020.

[2] 黄成彦.中国硅藻土及应用 [M].北京：科学出版社，1993.

[3] Sriram G，Kigga M，Uthappa U T，et al. Naturally available diatomite and their surface modification for the removal of hazardous dye and metal ions：A review [J]. Advances in Colloid and Interface Science，2020，282：102-198.

[4] Liu J C，Wu J S，Wang J S，et al. Surface engineering of diatomite using nanostructured Zn compounds for adsorption and sunlight photocatalysis [J]. Colloids and Surfaces A：Physicochemical and Engineering Aspects，2021，612：125-977.

[5] 王学凯.硅藻土基硅酸镁及铁酸镁原位生长制备及其吸附性能研究 [D].北京：北京工业大学，2018.

[6] Du Y C，Fan H G，Wang L P，et al. a-Fe$_2$O$_3$ nanowires deposited diatomite：highly efficient absorbents for the removal of arsenic [J]. Journal of Materials Chemistry A，2013，1：7729-7737.

[7] Du Y C，Zheng G W，Wang J S，et al. MnO$_2$ nanowires in situ grown on diatomite：highly efficient absorbents for the removal of Cr（Ⅵ）and As（Ⅴ）[J]. Microporous and Mesoporous Materials，2014，200：27-34.

[8] Du Y C，Wang L P，Wang J S，et al. Flower-，wire-，and sheet-like MnO$_2$ deposited diatomite：highly efficient absorbents for the removal of Cr（Ⅵ）[J]. Journal of Environmental Science，2015，29：71-81.

[9] 李强.纳米结构铝锰、铁锰复合氧化物改性硅藻土及 As（Ⅴ）吸附研究 [D].北京：北京工业大学，2019.

[10] Wang T N，Yang Y F，Wang J S，et al. A general route to modify diatomite with niobates for versatile applications of heavy metal removal [J]. RSC Advances，2019，9：3816-3827.

[11] Wu J，Wang J，Wang T，et al. Photocatalytic reduction of p-nitrophenol over plasmonic M（M＝Ag，Au）/ SnNb$_2$O$_6$ nanosheets [J]. Applied Surface Science，2019，466：342-351.

[12] Wu J S，Wang J S，Du Y C，et al. Chemically controlled growth of porous CeO$_2$ nanotubes for Cr（Ⅵ）photoreduction [J]. Applied Catalysis B-Environmental，2015，174：435-444.

[13] 张丰.天然矿物基磷酸铵镁结晶法同步回收废水中的氮磷 [D].北京：北京工业大学，2019.

[14] 牛炎.硅藻土基铁、锌纳米结构复合氧化物制备及 Cr（Ⅵ）、As（Ⅴ）吸附研究 [D].北京：北京工业大学，2020.

［15］ Sun L M，Wu J S，Wang J S，et al. Controlled synthesis of Zeolite adsorbent from low-grade diatomite：A case study of self-assembled sodalite microspheres ［J］. Journal of Environmental Sciences，2020，91：92-104.

［16］ 靳翠鑫. 硅藻土负载有机官能团及吸附性能研究 ［D］. 北京：北京工业大学，2020.

［17］ Ma S C，Wang Z G，Zhang J L，et al. Detection analysis of surface hydroxyl active sites and simulation calculation of the surface dissociation constants of aqueous diatomite suspensions ［J］ Applied Surface Science，2015，327：453-461.

［18］ Dai N，Feng L，Zhao L，et al. A high-performance adsorbent of 2D Laponite in-situ coated on 3D diatomite for advanced adsorption of cationic dye ［J］. Science China Technological Sciences，2022：1-13.

［19］ Wu M H，Li K L，Zhang X Y，et al. Tuning Hierarchical Ferric Nanostructures Decorated Diatomite for Super-capacitors ［J］. Nanoscale Research Letters，2018，13：407.

第 7 章

石墨矿物生态环境功能材料

导读

石墨（graphite）是在 1789 年由德国化学家和矿物学家 Abraham Gottlob Werner 命名的，源自希腊语 γραφειν，意为 "用来写"（莫如爵等，1989 年）。石墨由碳元素组成，与金刚石、富勒烯及卡宾碳一起构成碳的同素异形体。天然产出的石墨很少是纯净的，常含有 SiO_2、Al_2O_3、MgO、CaO、P_2O_5、CuO、V_2O_5、FeS、FeO 等杂质，杂质含量可高达 10%～90%。

天然石墨是由天然碳物质（煤、石油等）经过高温高压作用，在自然地质环境中形成的天然碳质矿物，是一种重要的非金属矿物资源，为我国优势矿产。石墨具有优异的导电、导热、润滑、化学稳定、高温稳定和涂敷等性能，是加工制备石墨烯、润滑、密封、导电、吸附、超高温电极、耐火、人造金刚石、核材料、锂电池和超级电容器等功能材料和关键基础材料的原料，支撑着冶金、铸造、电气、通信、机械、化工、核工业、航天、轻工业等行业的高质量发展，在国家战略性新兴产业、经济安全和国防安全等领域都具有重要作用。

本章首先介绍石墨矿物的资源禀赋特征、国内外资源分布及其开发利用重要性；详细介绍石墨的成分和结构特点、石墨的特异性能，以及结构与性能之间的关系；石墨深加工方法以及性能调控方法。通过应用案例介绍，加深对石墨矿物结构与性能之间的关系、深加工理论与方法以及生态环境领域应用等相互关系的认识。

7.1 石墨的资源禀赋特征

7.1.1 石墨的成分和主要类型

（1）石墨的成分

石墨是一种单质矿物，化学成分只有碳。碳原子有 sp、sp^2、sp^3 三种杂化轨道，分别形成多种碳的同质多象变体，如柔性最好的石墨、硬度最大的金刚石、拉伸强度最大的卡宾碳和富勒烯等。现在又发展了最结实的石墨烯 "布"。

（2）石墨主要类型

天然石墨是在自然环境中由天然碳物质（煤、石油等）经过高温高压地质作用形成的天然碳矿物。因为温压等条件的不同，所形成的石墨晶体大小有所差异，从外观上，表现为鳞片状和土状。据此，可将天然石墨分为晶质石墨和隐晶质石墨，工业上，常分别称为鳞片石墨和土状石墨。

晶质石墨矿石呈鳞片状、花岗鳞片或粒状变晶结构，片状、片麻状或块状构造。其中，石墨晶体呈鳞片状、直径大于 $1\mu m$、矿石品位较低、可选性好；伴生矿物常有云母、长石、石英、透闪石、透辉石、石榴子石、方解石、黄铁矿等，有的还伴生有钛、钒、铀等有用组分。隐晶质石墨矿石呈微细鳞片——隐晶质结构，块状或土状构造。其中，石墨晶体直径小于 $1\mu m$，呈微晶的集合体，在电子显微镜下才能见到晶形；矿石品位高，可选性差；与石墨伴生的矿物常有石英、方解石等。两种石墨矿石如图 7-1 所示。

图 7-1　晶质（鳞片）石墨矿石与隐晶质石墨矿石

晶质（鳞片）石墨主要蕴藏在中国、乌克兰、斯里兰卡、马达加斯加、巴西等国；隐晶质（土状）石墨矿主要分布于中国、印度、墨西哥和奥地利等国。

石墨矿床的成因类型主要有区域变质矿床、接触变质矿床及岩浆热液矿床。区域变质矿床的原岩一般为黏土、半黏土-高镁碳酸盐建造，部分夹有基性火山岩。在良好的还原条件下，经区域变质作用，由于热流或热动力的影响，原岩中的有机质分解为 CO_2，还原重结晶成石墨鳞片；接触变质矿床的形成是中酸性花岗岩或闪长岩从较大范围内侵入煤系地层中，在封闭条件相对好的环境里，属于陆植煤的木质镜煤及亮煤中的有机质，经接触变质热力作用而变成石墨；与岩浆热液有关的矿床，已发现的为晚期残熔岩浆或伟晶期后热液中的碳水挥发分冷却后碳质结晶而形成石墨。

区域变质石墨矿床主要为鳞片石墨，是我国最重要的石墨矿床类型；接触变质矿床主要为隐晶质石墨，是我国比较主要的石墨矿床；而岩浆热液矿床形成的石墨矿床为晚期残熔岩浆或伟晶作用期后热液中的碳水挥发分冷却后碳质结晶而形成石墨，分布在我国新疆、吉林等地。

我国主要石墨矿床的分布，明显受到大地构造发展和演变的支配。区域变质矿床主要分布于东部地台及褶皱带的隆起区，接触变质矿床的成矿时代从太古代至寒武纪，北方早于南方，而元古代是最重要的成矿期；接触变质矿床形成时代相对较晚，岩体的侵入时代南方为印支—燕山期，北方为燕山期或华力西期。我国东部地台及褶皱带隆起区较多，区域变质作用较广泛，变质程度较深，郯庐断裂以东的一些岩浆断裂带，岩体侵入于石炭系、二叠系及侏罗系煤系地层中，引起广泛的接触变质作用，这些因素使我国石墨矿床从地理上主要分布于东部地区。

7.1.2 石墨矿石特点

不同成因的石墨具有不同的矿石特点。晶质石墨主要由区域变质作用形成，矿石类型主要有片麻岩类、片岩类、大理（透辉）岩类、变粒岩类、混合岩类等；岩浆热液作用形成的石墨矿石主要发育花岗岩类及闪长岩类、长英岩类等类型。隐晶质（土状）石墨主要由接触变质作用形成，矿石类型主要有板岩类和千枚岩类。

（1）片麻岩类石墨矿石

包括石墨花岗片麻岩、石墨黑云斜长片麻岩、石墨夕线透辉片麻岩、石墨辉石片麻岩等。石墨呈鳞片状或聚片状，与黑云母等片状矿物或透闪石、夕线石等纤维状矿物紧密共生，一般顺片麻理作定向排列，较均匀地分布于长石、石英等脉石矿物颗粒之间。石墨片径 0.04～4mm，往往随脉石颗粒的大小而变化，脉石颗粒粗的其周围石墨片径大，一般以 0.1～0.5mm 较多。

（2）片岩类石墨矿石

包括石墨片岩、石墨石英片岩、云母石墨片岩、石英石墨片岩等。石墨呈鳞片集合体与云母、绢云母等片状矿物紧密共生，顺片理定向排列于石英、斜长石等粒状矿物之间。石墨片径 0.01～1.5mm，以 0.1～0.2mm 的较多。

（3）石墨大理岩及其他变质岩型矿石

石墨大理岩、石墨透辉岩、石墨变粒岩都具有粒状变晶结构和块状构造。矿石中石墨往往呈鳞片状或不规则片状，杂乱浸染于脉石矿物颗粒间或解理内，构成填隙结构。石墨片径在变粒岩型矿石中一般为 0.1～0.3mm，在大理岩型矿石中一般为 0.1～0.5mm，在透辉岩型矿石中一般为 0.5～1mm，大的可达 5～10mm。石墨混合岩一般是作为混合岩化产物叠加于片麻岩、片岩或变粒岩类矿石之上，常呈条带状或脉状。由于大量石英物质的加入，混合岩化重熔再结晶，组分迁移以及再分配的结果，矿石的矿物成分与结构构造很不均匀，出现条带状构造、眼球状构造及阴影构造，化学成分变化大。矿石固定碳含量一般为 2.5%～4.5%，石墨鳞片分布不均匀，有时局部富集，片径增大，一般为 0.2～0.5mm。

（4）岩浆热液矿床

花岗岩类矿石是由岩浆热液不同阶段结晶矿物和石墨组成的各种含石墨花岗岩，与石墨共生的矿物比较复杂，常含多种金属和稀有金属矿物。石墨呈浸染状分布于花岗岩中，在一些富气液的岩浆矿床中，石墨可呈球状、豆状聚积，构成球状石墨花岗岩，石墨片径一般为 0.1～0.2mm。

（5）隐晶质石墨矿石

赋存于板岩和千枚岩中的隐晶质石墨矿石，石墨呈隐晶质鳞片集合体为主，粒径一般在 0.2mm 左右，主要为无定形花瓣状、叠层状，一般含有部分微晶鳞片石墨，片径大的可达 1～2μm，与石墨共生的有伊利石或高岭石等黏土矿物，以及石英、水云母、绢云母、红柱石、黄铁矿等。隐晶质石墨矿石常残留原岩的层理构造，变质不彻底的部分还可含部分未变质的无烟煤，保留煤岩结构。有的隐晶质石墨矿床的矿石分为软质石墨与硬质石墨两种，其中软质石墨矿石变质彻底，质量好；硬质石墨一般为石墨与无烟煤的过渡带，质量次。

7.1.3 石墨资源研究现状

（1）世界天然石墨资源主要分布

根据美国地质调查局统计数据，截至 2022 年 1 月，世界石墨资源储量共 3.2 亿吨。其中，土耳其石墨储量 9000 万吨，占全球的 28.1%，居全球第一；中国 7300 万吨，占全球的 22.8%，居全球第二；马达加斯加 2600 万吨，占全球的 8.1%，居全球第三；莫桑比克 2500 万吨，占全球的 7.8%；坦桑尼亚 1800 万吨，印度 800 万吨（图 7-2）。发达国家中，美国已探明石墨矿床主要分布在宾夕法尼亚州、密西根、加利福尼亚州；俄罗斯鳞片石墨矿位于泰吉斯凯（Taiginsky），固定碳含量 2.5%～3.5%，微晶石墨位于库尔伊斯库（Kureiskoe），固定碳含量 60%～86%；德国巴伐利亚帕绍有 20 多个石墨矿层，固定碳含量 10%～30%。奥地利沿阿尔卑斯山东麓的凯萨斯堡等地存在 2 条石墨矿带，晶质石墨和土状石墨共存，固定碳含量 40%～90%。

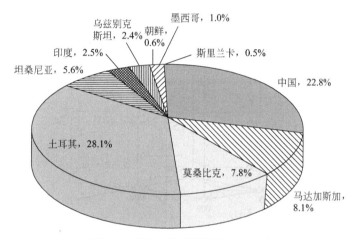

图 7-2 世界天然石墨资源主要分布

（2）我国天然石墨资源主要分布

我国石墨矿床常产出于大地构造隆起区或断裂岩浆带上，较集中地分布于东部环太平洋构造带、康滇—龙门大巴—黄陵、祁连—秦岭—淮阳、天山—阴山以及金沙江—哀牢山等成矿地带。我国鳞片石墨矿物储量 2000 万吨，资源储量 2 亿吨，主要分布在黑龙江、山东、内蒙古、四川等地，固定碳含量在 2%～10%，部分达到 20%。山东南墅的优质大鳞片石墨已经枯竭。现在，黑龙江萝北资源储量最多，达到 4200 万吨。我国隐晶质石墨矿石储量 500 万吨，资源储量 3500 万吨，主要分布在内蒙古、湖南、吉林等地，固定碳含量 55%～80%。

7.2 石墨的结构与性能

7.2.1 石墨的晶体结构特点

石墨是典型的层状矿物，根据其晶体化学特征分析，石墨至少有多种同质多象体，存在六方晶系的六方石墨和三方晶系的菱形石墨两种晶体结构形式。石墨中，碳原子被杂化后，形成 sp^2 杂化轨道。在水平（XY）方向上，碳原子通过共价键相连形成六方环，构成六方网状结构；在平面上成层分布，形成碳原子层；垂直碳层面的 Z 轴方向上，通过很弱的分子键连接。上下六方网状层中的碳原子位置并不重合。

根据碳原子层的排列方式不同，可以将石墨分为石墨-2H 型和石墨-3R 型。其中石墨-2H 型的碳原子层按 AB、AB 型顺序排列，构成六方晶系（hexagonal system）的 2H 型石墨 [图 7-3（a）]；石墨-3R 型的碳原子层按 ABC、ABC 型顺序排列，构成的三方晶系（rhombohedral system）的 3R 型石墨 [图 7-3（b）] 的菱形或菱面体多型变体。二者的单胞形状不同，碳原子的坐标位置也有差异，晶胞参数也不同。其中，3R 型的晶胞参数为 $a_0 = 2.46\text{Å}$，$c_0 = 10.06\text{Å}$，$Z = 6$；2H 型的晶胞参数为 $a_0 = (2.46 \sim 2.466)\text{Å}$，$c_0 = (6.711 \sim 6.746)\text{Å}$，$Z = 4$。

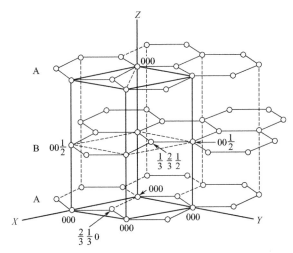

(a) 六方晶系

(b) 三方晶系

图 7-3　石墨的晶体结构

7.2.2 石墨的性能

因为石墨中碳原子的化学键结构特征，石墨表现出优异的导电、导热性，具有良好的化学和高温稳定性，润滑和涂敷性能优良。在原子分子水平上，石墨中碳原子被杂化，形成 sp^2 杂化轨道，在 XY 方向上，碳原子通过共价键相连形成六方环，在平面上成层分布，形成碳原子层，层面内碳原子之间通过共价键结合，电子活性低，但是，层面间只有很弱的分子键存在，电子活动性高。这种特殊的结构特征使石墨内部包含丰富的电的载流子，表现出优异的传导性能。这种结构特点使石墨能够被用作电极材料、润滑材料、传热材料等，广泛用于冶金、铸造、电气、通信、机械、化工、核工业、航天、轻工业等行业，在高技术领域也有很大的应用潜力。对于石墨结构的纳米组装，将有可能开发出新型石墨功能材料、结构材料，有可能成为新型储能材料，在新兴的新能源汽车、风力发电、环境治理等行业具有广阔的发展前景和巨大的应用潜力。

7.2.2.1 石墨的矿物学性质

石墨矿物呈铁黑、钢灰色，条痕光亮黑色；金属光泽，隐晶质集合体光泽暗淡，不透明；解理平行于 {0001}，极完全；硬度具异向性，垂直解理面为 3～5，平行解理面为 1～2；质软，密度为 2.09～2.23g/cm³；有滑腻感，易污染手指。矿物薄片在透射光下一般不透明，极薄片能透光，呈淡绿灰色，一轴晶，折射率 1.93～2.07，在反射光下呈浅棕灰色，反射多色性明显，Ro 灰色带棕，Re 深蓝灰色，反射色、双反射均显著，非均质性强，偏光色为稻草黄色。石墨属复六方双锥晶类，沿 {0001} 呈六方板状晶体，常见单形有平行双面、六方双锥、六方柱，但完好晶形少见，一般呈鳞片状或板状，集合体呈致密块状、土状或球状。表 7-1 是石墨的矿物学性质。

表 7-1　石墨矿物学性质

矿物分类	自然元素	化学组成	碳（C）
晶系	六方晶系 Pc（P6₃/mmm）	解理	平行于 {0001}，极完全
摩氏硬度	1～2	颜色	铁黑色至钢灰色
光泽	金属光泽、土状光泽	条痕	黑色
密度	2.09～2.23g/cm³	折射率	不透明
晶胞参数	a_0=0.246nm，c_0=0.680nm，Z=4	形态	单晶呈片状或板状，完整的很少见；集合体呈鳞片状，块状和土状
熔点	3850℃	沸点	4250℃
吸热量	$6.9036×10^7$J/kg	热膨胀系数	$1.2×10^{-6}$/K

7.2.2.2 石墨的化学性能

石墨化学成分为碳，在冶金行业常被用作还原剂，还原氧化铁矿石。在常温下，石墨具有良好的化学稳定性，耐酸碱和有机溶剂的腐蚀。用石墨制造器皿、管道和设备，可耐各种腐蚀性气体和液体的腐蚀，广泛用于石油，化工，湿法冶金等行业。

7.2.2.3 石墨的物理性能

（1）石墨的电学性能

由于石墨晶体中存在容易流动的电子，因此导电性能不亚于金属，比不锈钢高 4 倍，比碳素钢高2倍。石墨的热导率和一般的金属不同，随着温度的升高，导热系数降低，在极高的湿度下，石墨趋于绝缘状态。因此，在超高温条件下，石墨的绝缘性能是很可靠的。在电气工业中，石墨广泛用作电极、电刷、碳棒、碳管、垫圈及电视机显像管的涂层导电材料等。

（2）石墨的热学性能

由于碳原子在石墨结晶格子的原子层中排列紧密，热振动困难，因而石墨能耐高温并具特殊的热性能。石墨熔点为3850℃±50℃，沸点为4250℃，即使经高温电弧灼烧，重量损失也极小。在2500℃时其强度比常温时提高1倍，热膨胀系数小，温度骤变时其体积变化不大，能抗骤冷骤热的变化，当温度突然发生变化时，不会产生裂纹。在冶金工业中，石墨主要用来制造石墨坩埚，在炼钢中常用石墨作钢锭的保护剂，冶炼炉内衬的镁碳砖耐火材料。

（3）石墨的润滑性能

石墨的润滑性能类似于二硫化钼和四氰化烯，摩擦系数在润滑介质中小于0.1，尤以鳞片状石墨的润滑性更好，鳞片越大，摩擦系数越小，润滑性能越好。作为耐高温润滑剂基料和耐腐蚀润滑剂基，石墨在机械工业中常作润滑剂。润滑油往往不能在高速、高温、高压下工作，而石墨耐磨材料可以在−200～2000℃和高速滑动（100m/s）下使用。许多输送腐蚀介质的设备广泛采用石墨材料制成活塞环、密封圈和轴承，它们运转时无需加润滑油。石墨乳也是许多金属加工（拔丝、拉管）时的良好的润滑剂。石墨还可被用作化肥工业催化剂生产中的脱模剂和粉末冶金脱模剂及金属合金原料。石墨还具涂敷性和可塑性，将其涂敷在固体物体表面，可形成薄膜牢固黏附而起保护固体的作用，并可制成任何复杂形状的制品。

（4）石墨的核物理性能

石墨具有优良的中子减速性，最早在原子反应堆中作减速剂，还可用作抗辐射的内衬材料、高温下杂质扩散的挡栅材料、高温炉衬热屏蔽材料和高温防热震材料。在国防工业中，石墨复合材料可用作固体燃料火箭发动机喷嘴、导弹进入大气层的鼻锥材料、宇航设备零件、隔热材料和防辐射材料。

7.3 石墨的深加工与性能调控

鳞片石墨选矿和初加工主要包括磨矿、重选、分级、浮选和提纯等过程，为了尽可能的保护和回收大鳞片石墨，具体的工艺流程一般为原矿破碎→湿式粗磨→粗选→粗精矿再磨再选→精选→脱水干燥→分级包装等。浮选法所得石墨精矿品位高达96%左右，由于硅酸盐矿物及铁、铝等的化合物浸染在石墨鳞片中，想进一步提纯，采用传统的选矿方法就比较困难，因此必须采用化学和热处理的方法进一步除去石墨中的灰分杂质。石墨提纯主要包括化学提纯和高温提纯，其中化学提纯包括湿法和干法。湿法提纯是将石墨精矿在氢氟酸中浸取洗涤，或用苛性钠在高温下熔融，然后浸取洗涤；干法提纯是利用活性化学气体与石墨中的杂质反应，使杂质转化为易挥发性物质而逸出。高温提纯主要是利用石墨耐高温的性质，将石墨置于电炉中隔绝空气加热到2500℃，石墨中的杂质灰分就挥发出去，石墨则再结晶，得到较纯的石墨。

7.3.1 石墨的深加工

石墨深加工是指将经过开采的矿物，根据用户或制品的物理性能及界面特性的要求，选粗加工后的原料矿物再深一步进行的精细加工。一般来说，经过深加工的矿物产品已不再是一种原料，而是具有某些优异性能、可供直接利用的材料。在某些条件下，初加工产品与深加工产品、或深加工产品与制品并无严格界限。例如，高碳石墨可看作是化学选矿的精矿，亦可看作是常规选矿的精矿经化学提纯的深加工产品；而柔性石墨既可看作是高碳石墨的深加工产品，又可看作是一种新型密封材料制品。

7.3.2 石墨的纳米结构组装

通过石墨结构的纳米组装，对石墨进行加工和改性，提高石墨性能，拓展石墨的应用空间。通过纳米结构组装，可以制备成新型石墨功能材料。石墨不仅仅能够用于冶金、铸造、电气、通讯、机械、化工、核工业、航天、轻工业等行业，在高技术领域也有很大的应用潜力。对于石墨结构的纳米组装，将有可能开发出新型石墨功能材料、结构材料，有可能成为新型储能材料，在新兴的新能源汽车、风力发电、环境治理等行业具有广阔的发展前景和巨大的应用潜力。

可以采用多种方法进行石墨的纳米结构组装。通过增加功能空间、增加功能粒子制备新型石墨材料，开发性能良好的石墨制品。采用制备石墨层间化合物的方法引入纳米功能粒子组装石墨材料；通过制备石墨合金方法组装石墨材料；通过引入缺陷、孔隙结构增加储能空间组装石墨材料；通过调节石墨晶体排布方向减少石墨材料的性能异向性提高性能的均匀性等。

（1）石墨层间化合物引入纳米功能粒子组装石墨新材料

石墨具有很好的层状结构，层面内碳原子以 sp^2 杂化轨道电子形成的共价键形成牢固的六角网状平面，碳原子间具有极强的键合能（345kJ/mol）；而在层间，则以微弱的范德华力（键能 16.7kJ/mol）相结合。正因为石墨中层面与层间键合力的巨大差异及微弱的层间结合力，使得多种原子、分子、粒子团能顺利突破层间键合力插入层间，形成石墨层间化合物（GICs-graphite intercalation compounds）。这些插入物在石墨层内规律排布，可以形成规则的阶结构、畴结构等。石墨层间化合物的单层厚度（identity period）与阶数有关 $[I_c = d_1 + 0.3354(n-1)]$，如图 7-4 所示。石墨层间化合物可以形成规则的 1，2，3，…，10 阶结构，能够形成石墨层间化合物的可以是受主（acceptor）或施主型（donor）的离子型（ionic）的插层剂，也可以是共价型（covalent）的插层剂（F，O+OH）。在石墨层间化合物中，插层剂可以双插层（binary）、三插层（ternary）或多插层。在石墨层间，插层剂还可以形成局部短程有序的畴结构。

现在 200 多种原子、分子、粒子团已经能顺利突破层间键合力插入层间，形成了多种石墨层间化合物。在石墨微观结构里实现纳米功能粒子组装，创造和提高石墨储能功能，可以组装成新的材料。此时，石墨层间化合物不但保留了石墨原有的性能，而且附加了原有石墨和插层物质均不具备的新性能。插层物的多少、在石墨层间的排布规律，特别是阶结构、畴结构等对于石墨层间化合物的性能有决定性作用。

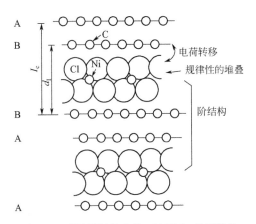

图 7-4　石墨层间化合物（GICs）的层结构

　　例如，氢的插入有可能使石墨成为储氢材料；锂离子在石墨层间的插入和脱插可实现充放电，使得石墨成为性能良好的二次电池材料，制成锂离子电池。事实上，石墨不仅能用作二次锂离子电池负极材料，而且可以用作一次电池的正极材料，如锂氟电池正极材料和高能碱性电池正极导电材料，同时也可以用作燃料电池中的双极板材料以及核能、太阳能（硅的制备）的结构材料等。锂资源紧缺、价格高，可以采用资源更加丰富、更廉价的钠离子，合成钠的石墨层间化合物制备钠离子电池，通过钠离子在石墨层间的插入和脱插实现充放电，进而存储能源。廉价的钠离子电池可能是下一代储能材料，有重要的应用潜力。氯化铅的插层形成的石墨层间化合物是性能优异的打印墨粉；溴的插层形成的石墨层间化合物是性能优异的红外屏蔽材料；氯化铁等插层形成的石墨层间化合物对毫米波有良好衰减性能，有可能成为毫米波遮蔽干扰屏障材料。总之，采用石墨层间化合物可以在石墨碳原子层间引入纳米功能粒子组装石墨材料，实现石墨的纳米组装，获得优异性能的新材料。

　　（2）碳石墨合金方法引入纳米功能粒子组装碳石墨新材料

　　通过合金方法可制备类似于合金的材料，例如碳石墨合金可以改变碳石墨材料的性能。因为碳、硼、氮三种元素在元素周期表中位置靠近，碳原子半径与硼原子、氮原子也相近，硼、氮也可能替代碳石墨材料结构中的碳原子，形成结构稳定的原子置换型固溶体，并改变石墨原来的性能。例如，当硼原子替代碳原子时，可以形成硼碳合金材料（图 7-5），随着硼碳比例不同，调整反应条件，在一定的温度压力条件下，还可以形成 $B_{50}C_2$、B_6C、$B_{13}C_2$、B_4C、BC_3 等固定组成结构。引入氮原子后，可以形成 B-C-N 三元体系，获得更多的硼碳氮合金材料。

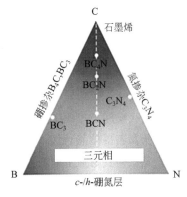

图 7-5　碳-硼-氮合金相图

　　通过引入碳、硼、氮等物质形成固溶体，可以对石墨进行纳米组装，改变石墨的性能，制备新材料。石墨是导电的，但是，当硼原子替代碳原子时，形成的硼碳氮合金却可以变成不导电的绝缘体也可以变成半导体。硼碳氮合金还可以出现不同特征的 n 型半导体和 p 型半导体。

　　（3）从石墨制备纳米石墨烯片

　　理想石墨烯是二维晶体，基本结构是标准的碳原子组成的六方网［图 7-6（a）］。根据亮场透射式电子显微镜下观测到的图形研究并绘制了处于自由状态的悬空石墨烯的原子结构示意图〔图 7-6（b）〕，在电子显微镜下，单层石墨烯并非完美的二维平面，而是在约 10～25nm 范围内表面褶皱与水平面局部存在夹角，褶皱高度可达 1nm。一个独立的碳原子层是石墨烯的理想状态。石墨烯与三维石墨结构上的最大差异是其厚度。

(a) 单层二维石墨烯晶体的理想结构　　(b) 石墨烯表面的微观起伏

图 7-6　石墨烯的结构

理论上，石墨可看成是石墨烯堆叠而成。石墨烯与石墨层数界限也成为后续研究判断是否可称为石墨烯的依据。当碳原子层层数少于 10 层时，其电子结构与普通三维石墨有很大差异。因此，碳材料学界一般将 10 层以下碳原子层组成材料（Graphene 和 Few-layer graphenes）统称为石墨烯材料（Graphenes），一般称为单层石墨烯、双层石墨烯和多层石墨烯。

通常状态下，石墨具有鳞片状的片状结构，只是石墨的鳞片大小、厚度有别。理论上将石墨的鳞片打开，即将本身堆积在一起的石墨碳原子层打开，就可以形成单层或多层的石墨烯。少于 10 层时被称为石墨烯，通常很难做到均匀厚度的大片石墨烯，一般也会将获得的纳米尺度薄层石墨称为"纳米石墨烯片"。

强氧化性酸的环境下，石墨易形成石墨层间化合物。利用石墨的这一特性，将天然石墨置于发烟硝酸中，并加入硝基甲烷，配制成液体炸药，使用塑料容器盛装后放入爆轰反应釜中引爆，收集爆轰产物，即能够制备出薄层石墨烯片，平均厚度达到 14nm，属于多层石墨烯片材料。通过剥离石墨鳞片，制备二维层状材料可以获得纳米石墨烯片，单一碳原子层片内很强的共价键使石墨烯片具有无与伦比的机械强度，是潜在的力学结构件材料。这些石墨烯片也具有优异的电化学性能、润滑性能、比表面积大，是潜在的超高电容器的材料，具有良好的应用前景。

石墨烯独特的结构和优良的性能使其在电化学生物传感器方面有良好应用潜力。石墨烯具有低细胞毒性、溶解能力强、稳定的光致发光、良好的生物相容性、高比表面积、电催化性能、高电子迁移率和可调节带隙等优点，在酶生物传感器中表现出灵敏度高、选择性好以及稳定性好等优异性能。石墨烯及其复合物有可能构建传感系统和生物成像，在酶传感器、免疫传感器、DNA 传感器等酶电化学生物传感器内发挥作用。但是，石墨烯与酶的作用机制、石墨烯与传感性能的关系、酶在石墨烯上的固载有效性等问题仍有待深入研究。

（4）调控石墨孔隙结构增加活性空间

在石墨结构里制造碳原子空位是引入缺陷的常用方法。例如可以采用氧化石墨等方法制造孔隙结构增加活性空间。在多孔碳材料中增加孔隙，提高比表面积，能够引入功能空间，使得锂离子储存量提高，提高双电层发生空间，从而增大了双电层电容器的能量存储和转换。通过锂离子石墨层间化合物制备的锂离子电池以及孔隙效应制备的超级电容器的有机结合，有可能使更高功率、更大容量的储能器件变为现实，大幅度延长采用清洁能源的新能源电动车的工作时间。

通过石墨插层化合物方法，制备石墨残余石墨层间化合物，可制备成膨胀石墨。采用硫酸石墨插层混合物高温热处理的方法，已经能够大批量制备膨胀石墨［图7-7（a）］。膨胀石墨具有丰富的孔隙结构，能够吸收一系列污染物、治理油类污染，膨胀石墨也能被压制成石墨纸，用作各种耐腐蚀的密封垫、手机散热片等。采用微波膨胀的方法可以获得膨胀效果更好的膨胀石墨［图7-7（b）］，为更高性能的膨胀石墨，甚至石墨烯片的制备提供了更有效的方法。

(a) 高温热处理制备的膨胀石墨　　　　(b) 微波膨胀方法制备的膨胀石墨

图7-7　石墨层间被打开后形成的膨胀石墨的孔隙结构透射电子显微镜形貌

将膨胀石墨加入到水泥中，能够制备膨胀石墨水泥复合材料，这种材料是高弹性、高韧性建筑材料，用在桥梁上能够提高桥梁的减震性能。

（5）调节石墨晶体排布方向减少石墨制品的性能异向性

石墨具有层状结构，三维方向上的化学键存在很大差异，导致单个石墨晶体的力学性能、电学性能、热学性能等也具有异向性。石墨的异向性有很大的应用价值。石墨层片内很强的共价键使石墨具有很高的机械强度，可是石墨层间微弱的分子键却使石墨层片极易分开，使得石墨表现出极完全解理，具有优异的润滑性能。使用过程中，即使被高速运转的轮子划开，仍然保持自己的共价键，保持着良好的机械强度，因此它是耐腐蚀性能优异的摩擦材料。

然而，在实际应用时，石墨晶体的异向性也经常带来一些危害，因此，需要采取一些方法减少石墨材料的异向性。通过调节石墨晶体排布方向减少石墨材料的性能异向性，提高性能的均匀性，主要有两种方法来实现，一种是人为控制石墨鳞片的排布方向，另一种是将石墨片制备成球形石墨。

（6）石墨的天然纳米结构及应用

目前对于天然石墨的结构认识只有菱形、六方两种石墨结构。事实上，自然界的石墨形成条件多种多样，科学研究已经证明石墨也存在天然已经组装的石墨结构状态。

作为天然资源，不同地区的石墨成因类型不同，微观结构存在差异，不仅表现在晶体结构，而且也表现在其晶体排布特点上。因为结构构造的不同，虽然都是石墨，但是其性能特别是使用效能也必然不同。石墨的工艺性能、使用效能决定于其本质结构，结构性状不同的石墨矿物，必然具有不同的工业价值和用途。在金刚石合成方面，与六方石墨相比，菱形石墨更容易制备金刚石，且生产效率更高。

天然石墨的微观结构设计、物理化学性能分析，对于石墨的使用效能与实际应用具有重要意义。对于天然石墨的微结构、性状的研究，有可能开拓天然石墨作为功能材料的巨大潜力。通过分析天然石墨的微观组装结构，有可能推动石墨矿物资源的有效开发利用。

7.4 石墨材料在环境领域的应用

由于其优异的性能，石墨材料在环境领域有重要的应用潜力。碳石墨材料主要用于石油废水处理、污染水质处理、大气污染治理和电磁污染防治等方面。

7.4.1 石油废水治理

石油泄漏与机动车尾气、燃煤废气、工业及生活污水、吸烟、垃圾和农药污染被列为21世纪全球环境污染的七大"元凶"。石油泄漏对环境的危害主要是对海洋的污染。全世界平均每年有100万吨以上的石油及石油制品流入海洋，约占世界石油总产量的0.5%。大量石油烃类的有机物涌入海洋，消耗溶解氧，造成海水严重缺氧和毒化，对海洋生物资源形成区域毁灭性的危害。石油化工行业污染物排放量也很大，石油废水在陆地上排放污染土壤，被石油污染的土壤又成为新的污染源，通过径流侵蚀污染天然地表水和地下水。大量石油烃类有机物的无限制排放，严重影响人类生存环境。重油、煤油、柴油等高沸点石油产品对人体能产生长期疼痛的皮肤炎，还会导致皮肤癌，使人体胃肠障碍、血液异常，产生肺水肿；高沸点的多环芳烃等易致癌；挥发性的轻质汽油等能引起严重中枢神经障碍，还可导致心脏衰竭而死。如何有效地控制和治理石油工业的污染物，是我们面临的迫切任务。

采用天然矿物材料处理采油废水可使成本大幅度下降，其中天然的石墨矿物就是首选材料。对天然石墨进行特殊热处理形成膨胀石墨，石墨的碳层片像手风琴似地被拉开，在石墨中产生大量的孔隙。在电子显微镜下，可以看出，这种膨胀石墨孔隙非常发达（图7-8），具有手风琴状的孔隙结构。其最大优点是密度很轻，约为水的1/50。远远小于水的密度，使其完全漂浮在水面。

随着热处理温度提高，比表面积正比增加，密度降低（表7-2、图7-9），这种膨胀石墨对浮油有良好的吸附性能。实验表明，这种膨胀石墨可以在很短时间内完全吸附水面浮油。不但能够依赖石墨表面吸附石油，而且因为其内部孔隙非常发达，在石墨内部也有很高的吸附空间，大幅度提高了其吸附原油的能力。

图 7-8　膨胀石墨的显微结构

表 7-2　不同条件制备的膨胀石墨的吸附参数

热处理温度/℃	体积密度/(g/cm³)	比表面积/(m²/g)	原油吸附量/(g/g)
300	0.0192	9.6	17.9
400	0.0082	12.1	28.2
500	0.0067	30.7	31.3
600	0.0056	41.2	38.5
700	0.0045	55.4	48.2
800	0.0040	47.8	57.1
900	0.0036	66.7	60.5

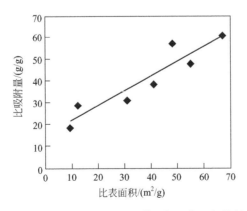

图 7-9　膨胀石墨对原油的吸附量与比表面积的关系

此外，膨胀石墨也可以像活性炭一样起到吸附剂的作用，并可作为生物增殖的载体，分解生物能降解的污染物。同时，这种石墨又有协助固体沉降的作用，吸附某些生物难降解的污染物，提高了 COD 的去除效果，还可提高出水的澄清度。

利用膨胀石墨治理含油污染除了具有优异的吸附性能外，还有两个优点：①可以通过压缩回收原油；②可以通过回复操作，回收石墨，使石墨能够重复使用。最新的研究显示，用植物炭化物制作成的碳材料虽然吸附量较低，但是循环使用的次数要高于膨胀石墨。

7.4.2 饮用水处理

自来水厂提供的水通常是通过凝聚沉淀和过滤除去悬浊物质，通过加氯进行杀菌。这种工艺已经不能完全满足人们的生活需求。自来水厂采用氯作为杀菌剂，但它能与腐殖质等物质反应，生成三氯甲烷等有害的有机卤化物。采用炭材料能够除去臭气成分，降低腐植质，除去微量有机污染物，形成细菌生息的载体，产生有利的生物群体。在这方面应用效果最好的是中孔粒状活性炭和在活性炭层内细菌能繁殖的生物活性炭。如果使用大孔发达的煤基活性炭就能有效除去三氯甲烷等大分子。

将石墨进行特殊处理制成金属石墨层间化合物，这种化合物中金属与石墨纳米复合，金属均匀分布于石墨中，能够提高处理水的能力。这在原理上与抗菌性活性炭纤维是一致的。可以有效替换给水处理中广泛使用的活性炭。经过特殊处理的石墨可以与金属纳米复合，形成金属基石墨层间化合物，这种方法不是单靠物理方法添加具有抗菌效果的金属，将会大大改善石墨的抗菌性能。

7.4.3 电磁污染治理

将碳石墨材料与树脂和水泥复合制备的复合材料增加了材料的导电性、耐磨耗性、韧性和耐冲击性等，能够用作防静电材料、电磁屏蔽材料等。用石墨尾矿做军用建筑材料，成本低廉，屏蔽性能优越。

天然石墨成本低廉，易加工处理，有很多的优点，随着人们对生活水平的要求不断提高，石墨的需求量和应用范围将会随之提高。新的水质处理材料将会带给人们更好的生活环境。天然石墨进行特殊热处理形成膨胀石墨后，有大量孔隙，密度很低，吸附浮油的性能超出活性炭，可在很短时间内吸附水面浮油，可有效治理石油废水。还可作为生物增殖的载体，吸附某些生物难降解的污染物。这种石墨能够重复使用，成本低、具有很好的应用前景。

7.5 扩展阅读

鳞片石墨选矿和初加工主要包括磨矿、重选、分级、浮选和提纯等方面。天然石墨的可浮性较好，一般优先采用浮选法。为了尽可能地保护和回收大鳞片石墨，具体的工艺流程一般为原矿破碎→湿式粗磨→粗选→粗精矿再磨再选→精选→脱水干燥→分级包装等。

在矿石准备过程中，应多碎少磨，强化分级，合理搭配的粗、中、细碎大型现代化设备，以缩小产品块度，为粗磨设备提供适宜粒度。磨矿次数与矿石的矿物组成、嵌布特性、原矿品位和对精矿的质量要求有关。再磨是为了将夹在石墨鳞片间的脉石杂质剥离掉，而对石墨本身的粒度影响应尽量小，所以，粗磨可采用以打击力为主的球磨机，而再磨则采用以磨剥作用为主的棒磨机、碾磨机。

通过单一浮选石墨精矿难以达到要求品位，采用浮选和重选联合工艺可使最终石墨精矿达到高碳用石墨标准。采用浮选—摇床—浮选流程，将粗选精矿进入摇床作业，能有效地起到分级和富集大鳞片石墨的作用，避免了大鳞片石墨的过磨和脉石对它的损坏。该流程较好地解决了不必要的再磨和避免脉石损坏石墨鳞片的问题，有效提高大鳞片石墨的产出量。

鳞片石墨分选提纯加工中的分级作业是一道重要工序，是湿法中间分级，常与磨矿设备构成机组，实现闭路作业，及时分出合格粒度的产物，以减少过磨。目前，湿法中间分级所采用的主要设备有：螺旋分级机、分级旋流器和振动筛分级机等。在粗磨后和一次再磨前也要采用分级来控制磨矿粒度，同时要保护大鳞片，常用旋流器和螺旋分级机。国外还有采用振动细筛来筛分已经解理的人鳞片，实现保护大鳞片的目的。用旋流器组浓缩分级是采用与砂泵配合来获取分级动力，由于存在砂泵输送、叶轮强烈搅拌以及物料在过程中自磨等因素，分级过程造成对大鳞片的破坏，甚至高于再磨的破坏作用，而且分级精度也不高。

晶质石墨天然可浮性较好，在我国基本上都是采用浮选方法进行选矿。浮选是按矿物表面物理化学性质的差异来分离各种细粒的方法。是在气、液、固三相体系中完成的复杂的物理化学过程（图7-10）。其实是疏水的有用矿物黏附在气泡上，亲水的脉石矿物留在水中，从而实现彼此分离。由于石墨鳞片的大小是其最重要的质量指标之一，因此在方法上采用多段磨矿、多次选别的工艺以便尽早选出大鳞片石墨。浮选常用的捕收剂为煤油、柴油等，起泡剂为二号油、四号油等，调整剂为石灰、碳酸钠，抑制剂为水玻璃。

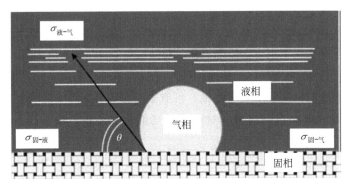

图 7-10　浮选原理——浸入水中矿物表面接触角

浮选是在足够的单体解离度、合适的矿浆浓度、适宜粒度、pH 值范围、合理的药剂制度以及满足需要的充气量等情况下，在分选设备中完成的目的物与非目的物的分离。鳞片状石墨具有良好的天然可浮性且密度较小，因此粗颗粒也易浮起。捕收剂可用煤油、柴油及其他石油馏分，起泡剂通常用松醇油。鳞片石墨矿石中多含有方解石、黄铁矿等脉石矿物，需加水玻璃、石灰、苏打等抑制剂，对于碳质页岩可加淀粉、有机胶、木质素磺酸等作抑制剂。

晶质石墨多采用精矿再磨流程，正常情况下选矿作业回收率可达 80% 左右。图 7-11 是晶质石墨的选矿流程。

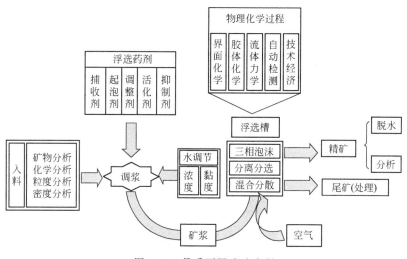

图 7-11　晶质石墨选矿流程

思考题

(1) 说明石墨导电性能与结构的关系。

(2) 说明石墨导电性能与温度的关系。

(3) 说明石墨导热性能与结构的关系。

(4) 说明石墨与石墨烯的相同和差别。

(5) 石墨环保功能材料的应用有哪些?

参考文献

[1]　X Chuan，T Wang，J Donnet. Stability and existence of carbyne with carbon chains [J]. New Carbon Materials，
　　　2005，20 (1)：83-92.

[2]　贺高品，叶挺松.天山—蒙古一兴安变质地区的变质作用及地壳演化 [J].矿物岩石学杂志，1989，8 (3)：
　　　203-208.

[3]　郑颖，杨军，陶亮，等.锂离子电池用多孔硅/石墨/碳复合负极材料的研究 [J].无机化学学报，2007，11：
　　　1882-1886.

[4]　张宝，郭华军，李新海，等.锂离子电池炭负极的结构与特性及其电化学性能 [J].中南大学学报 (自然科学
　　　版)，2007，38 (3)：454-460.

[5]　王广驹.世界石墨生产、消费及国际贸易 [J].中国非金属矿工业导刊，2006，1：61-65.

[6]　李士强，赵雷，李亚伟，等.含碳耐火材料用新型碳质结合剂的对比分析 [J].武汉科技大学学报 (自然科学
　　　版)，2007，30 (5)：484-487.

[7]　潘兆橹，赵爱醒，潘铁虹.结晶学与矿物学 [M].北京：地质出版社，1994.

[8]　蔡文彬，王乃岩，宋东明.石墨粒径对红外消光特性的影响 [J].红外技术，2003，25 (5)：68-71.

[9]　潘嘉芬.提高石墨精矿品位及保护石墨大鳞片的工艺实践［J］.中国矿业，2002，（4）：26-28.

[10]　谢朝学.保护大鳞片石墨选矿的研究［J］.中国非金属矿工业导刊，2005，（1）：29-32.

[11]　岳成林.鳞片石墨大片破坏及磨浮新工艺研究［J］.非金属矿，2002，25（1）：36-37.

[12]　董凤芝.隐晶质石墨浮选研究［J］.矿产保护与利用，1997，1：15-17.

[13]　岳成林.鳞片石墨快速浮选试验研究［J］.非金属矿，2007，30（5）：40-42.

[14]　传秀云.石墨的纳米结构组装［J］.无机材料学报，2017，32（11）：1121-1127.

[15]　传秀云，陈代璋，周珣若.$CuCl_2$-石墨层间化合物电学性能及其机理研究［J］.物理学报，1999，48（6）：1132-1136.

[16]　X Chuan，D Chen，X Zhou. Intercalation of $CuCl_2$ into expanded graphite［J］.Carbon，1997，353（2）：311-313.

[17]　S Li，L Zheng，L Arava，et al. Binary and ternary atomic layers built from carbon，boron，and nitrogen［J］. Advanced Materials，2012，24：4878-4895.

[18]　A Geim，K Novoselov. The rise of graphene［J］.Nature，2007，6：183.

[19]　刘衡，孙明清，李俊，等.掺纳米石墨烯片的水泥基复合材料的压敏性［J］.功能材料，2015，16：16064-16068.

[20]　李静华，国家环境保护局主编.石油石化工业废水治理，废水卷.北京：中国环境科学出版社，1992：113.

第 8 章

低品位非金属矿生态环境功能材料

导读

　　非金属矿生态环境功能材料是21世纪世界各国重点发展的具有持久生命力的新型绿色材料，它在生产和应用过程中环境负荷小，满足"绿色优先、高质量发展"对新材料的需求。近年来，新型非金属矿生态环境功能材料的开发与应用已经取得了显著进展，多种"源于自然"的非金属矿物，如凹凸棒石、海泡石、蒙脱石、蛭石、云母、电气石、沸石、硅藻土等已经被加工成具有催化、保温、耐磨、绝缘、阻燃、抑菌、吸附等各种功能的绿色功能材料。然而，自然界中多数非金属矿为湖相或海相沉积成因矿物，在成矿过程中多种矿物同时形成并共生/伴生在一起，同时外界金属离子与矿物晶格离子间存在类质同晶取代现象，导致矿物的物相组成和化学组成较复杂，品位较低，难以进行高值化利用。近年来，随着优质非金属矿物资源的不断消耗，低品位非金属矿的开发和利用日益受到重视，相关的基础研究和应用技术开发也势必会引起越来越多的关注。

　　本章围绕低品位非金属矿生态环境功能材料的开发与应用，重点介绍低品位非金属矿的资源禀赋特征、加工和利用途径、低品位非金属矿生态环境功能材料的应用和发展趋势。结合对典型低品位非金属矿物应用案例介绍，加深对低品位非金属矿物特性与优势的理解。

8.1 低品位非金属矿的资源禀赋特征

　　我国是世界上非金属矿产资源最为丰富的国家之一，非金属矿产资源品种较多，已探明储量的非金属矿就有一百多个种类，其中高岭土、膨润土、硅藻土、萤石、石墨、重晶石、硅灰石、滑石、凹凸棒石、累托石等非金属矿的储量都位于世界前三位。然而，自然界中很少能找到仅含单一矿物的纯净非金属矿。在复杂的地质成矿过程中，多种矿物通常共生或伴生形成，有用矿物成分的含量不高，矿物的组成较为复杂，大多数天然非金属矿物是由硅酸盐矿物、碳酸盐矿物、硫酸盐矿物、赤铁矿等多种矿物组成的集合体。鉴于此，低品位非金属矿除了涵盖了有用组分含量较低的自然非金属矿产资源以外，还包含了在矿物开采或选矿过程中产生的大量尾矿（如石墨尾矿、稀土尾矿、铁尾矿等）或伴生矿（如煤矸石）。

　　我国自然非金属矿分布广泛，在内蒙古自治区、河北省、甘肃省、江苏省、安徽省、新疆维吾尔自治区、河南省、云南省、辽宁省、广西壮族自治区、黑龙江、湖南省、贵州省、福建省等多个地区均有极其丰厚的储量。比较有代表性的自然非金属矿有江苏盱眙凹凸棒石黏土（＞8.9亿吨）、甘肃临泽凹凸棒石黏土（＞10亿吨）、内蒙古杭锦旗凹凸棒石黏土（＞10亿吨）、福建龙岩高岭土（＞5999.86万吨）、辽宁葫芦岛膨润土（＞5000万吨）和高岭土（＞1亿吨）、广东连州碳酸钙（＞614.18亿吨）、内蒙古鄂尔多斯高岭土（＞65亿吨）、安徽池州碳酸钙（＞335亿吨）、内蒙古兴和县大鳞片石墨（＞6500万吨）、湖南湘潭海泡石（＞2600万吨）等。此外，在矿物开采或选矿过程中产生的尾矿或具有矿物属性的固废量也非常巨大。例如，在石墨生产过程中，每生产1吨石墨，平均产生12吨的石墨尾矿（矿物组成包括石英、云母族矿物、钾长石、方解石、绿泥石和铁钙闪石等），目前我国每年平均产生600万吨以上的石墨尾矿；在煤矿开采和洗煤过程中，产生大量的煤矸石（主要矿物组分为石英、高岭石、云母、方解石等），据统计，我国煤矸石已累计堆存70亿吨，而且仍以每年1.5亿吨以上的速度不断增长。这些储量巨大的自然非金属矿和伴生的非金属尾矿构成了我国非金属矿的资源禀赋格局，蕴藏着不可限量的潜在经济价值。

由于非金属矿物种类繁多，在此选择凹凸棒石黏土作为自然非金属矿的代表，煤矸石作为伴生尾矿的代表进一步说明低品位非金属矿物的资源禀赋特征及其与高品位矿物相比的共性和差异性。

8.1.1 凹凸棒石黏土

凹凸棒石（又名坡缕缟石）是一种具有2：1型层链状结构的天然纳米级含水富镁、铝的硅酸盐黏土矿物，具有纳米棒晶形态、规整的纳米孔道结构和表面活性硅烷醇基团。由于具有较大的比表面积和优异的理化性能，因此在油品脱色、钻井泥浆、分子筛、造纸、涂料、催化或药物载体材料和高分子复合材料等领域得到了广泛应用。凹凸棒石黏土是以凹凸棒石为主要组分的一种黏土类矿物，除含有凹凸棒石外，常伴生有蒙脱石、高岭石、云母、石英、伊利石、蛋白石及碳酸盐等矿物。1862年俄国学者隆科钦科夫首先发现这一矿物并将它命名坡缕土（palygorskite），后来在美国佐治亚州的奥特堡地区的漂白土中也发现了该种矿物，第拉百连特1935年采用attapulgite为其命名。1976年我国学者许冀泉在江苏六合小盘山首次发现凹凸棒黏土矿，根据音译同时兼顾该矿的晶体结构特征，译成"凹凸棒石"。1982年世界矿物命名委员会认为坡缕石和凹凸棒石两者的晶体结构和晶体化学成分相同，属同一种矿物，并规定统称为坡缕石（palygorskite）。

凹凸棒石黏土是我国的优势特色资源，主要分布在江苏盱眙、甘肃临泽、安徽明光、内蒙古杭锦旗等地区，总储量占世界总量的一半以上。然而，天然凹凸棒石黏土矿物主要形成于第三纪沉积物中，在海洋、海湾、潟湖或湖泊条件下有不同的沉积成因机制，因而不同产地凹凸棒石黏土的组成、棒晶发育程度和理化性质存在明显差异。安徽明光地区凹凸棒石黏土总储量约为1.5亿吨，是典型的火山喷发沉积成因矿物，凹凸棒石含量可以达到80%以上，棒晶长度可以达到1.5～5μm，棒晶发育较好，白度较高，胶体性能优异，属品位较高的凹凸棒石黏土。江苏盱眙凹凸棒石黏土资源总储量达8.9亿吨，多数矿物中凹凸棒石含量在40%～60%左右，少数可以达到60%以上，吸附性能较好，是典型的品位中等的凹凸棒石黏土。甘肃临泽、会宁和内蒙古杭锦旗凹凸棒石黏土总储量可达20亿吨，是湖相和海相沉积成因矿物，凹凸棒石含量通常在40%以下，是典型的低品位黏土矿物。图8-1是安徽明光、江苏盱眙和甘肃会宁凹凸棒石黏土的XRD图谱。可以看出，安徽明光产出的凹凸棒石黏土矿物中仅含有少量的石英杂质，而且凹凸棒石的（110）晶面的衍射峰较强，证明矿物纯度较高，棒晶晶体发育较好；江苏盱眙产出的凹凸棒石黏土中含有凹凸棒石、石英和白云石组分，凹凸棒石的（110）晶面的衍射峰相对较弱，证明棒晶发育一般，晶体中存在缺陷。相比之下，甘肃会宁的低品位凹凸棒石黏土矿物的组成非常复杂，除含有凹凸棒石外，还含有绿泥石、石英、白云母、白云石、长石等多种矿物，凹凸棒石的棒晶发育较差。图8-2是江苏盱眙、安徽明光和甘肃会宁凹凸棒石黏土的扫描电镜图片。可以看出，安徽明光凹凸棒石黏土纯度较高，棒晶较长；江苏盱眙凹凸棒石黏土棒晶较短，棒晶发育不好；甘肃会宁凹凸棒石黏土中除含有棒状的凹凸棒石外，还含有片状、粒状的其他矿物，这也是低品位黏土矿物区别于高纯度矿物的重要特征。

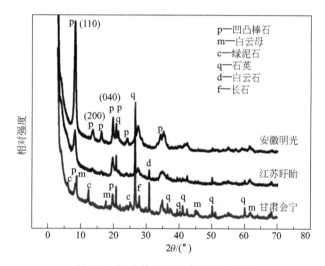

图 8-1　凹凸棒石黏土的 XRD 图谱

(a)江苏盱眙　　　　　　(b)安徽明光　　　　　　(c)甘肃会宁

图 8-2　凹凸棒石黏土的扫描电镜图

　　矿物组成分析结果表明，不同地区凹凸棒石黏土矿物中凹凸棒石含量差别较大。甘肃临泽地区矿物中凹凸棒石含量高于靖远地区矿物中凹凸棒石含量，其中临泽杨台洼矿物中凹凸棒石含量为34.9%，靖远高湾地区的红色黏土中凹凸棒石含量为19.3%，4个典型矿点的矿物中凹凸棒石的平均含量为26.9%；临泽地区凹凸棒石黏土中石英含量略高于靖远地区，含量均在14%～22%之间；4个典型矿点的矿物中长石含量均在12%以上，其中靖远高湾矿点含量最高为19.8%；靖远、会宁地区凹凸棒石中白云石含量高于临泽地区，含量在 5%～12%；绿泥石、石膏、蒙脱石、海泡石、方解石、云母含量差别不大，都低于7%。内蒙古杭锦旗地区红色黏土矿物中凹凸棒石含量为23.2%～37.3%、伊利石含量为9.6%～14.5%、绿泥石含量为7.6%～12.1%、伊蒙混层黏土含量为7.1%～11.2%、高岭石含量为4.1%～7.0%、方解石含量为7.9%～18.2%、白云石含量为1.5%～2.8%、赤铁矿含量为1.2%～2.9%、石英含量为13.8%～24.4%、长石含量为2.1%～3.4%，是一种典型的低品位混合黏土矿物。

8.1.2 煤矸石

煤矸石是一种煤矿开采和洗煤过程中产生的组分复杂的非金属矿物，其主要矿物组分是高岭石，另伴生有石英、伊利石、方解石等矿物，占煤炭产量的15%。相比于普通煤炭，煤矸石具有含碳量低、热值低、质地坚硬的特点。我国煤矸石主要分布在山西、内蒙古、陕西、新疆、宁夏等西北地区，累计堆存已达60亿～70亿吨。我国矿井现场人员习惯以煤矸石颜色来分类命名，如黑矸、灰矸、白矸、红矸等，也有人以煤矸石产出层位来分类命名，如夹矸、顶板矸、底板矸等，有些著作中还以岩石名称来分类命名，如黏土岩矸石、砂岩矸石等。煤矸石是多种矿岩组成的混合物，主要有黏土岩类、砂岩类、碳酸盐类和铝质岩类等，黏土岩类在煤矸石中占有相当大的比例，尤以碳质页岩、泥质页岩和粉砂页岩最为常见。煤矸石中的主要矿物为黏土矿物，如高岭石[1:1型层状矿物，化学式为$Al_2Si_2O_5(OH)_4$]、蒙脱石、伊利石等，其次为石英、长石、云母、黄铁矿等。煤矸石的化学组成主要是无机质和有机质，其中无机质主要为SiO_2（30%～65%）和Al_2O_3（15%～40%），其次是Fe_2O_3、CaO、MgO、Na_2O、K_2O、SO_3和部分Ti、Ga、Co、Cu、Zn、Mn、Mo等元素。煤矸石中的主要有机元素为碳，还包含氢、氮、硫、氧等元素，此外，部分地区的煤矸石中还含有少量的Pb、Cd、F、Hg、Cr等元素。煤矸石（产自中国内蒙古自治区乌海市）和不同温度煅烧煤矸石的X射线衍射分析结果表明，煤矸石中主要存在高岭石（图8-3）。在低于400℃煅烧时，高岭石和石英晶相保持完好。然而，在500℃以上煅烧时，高岭石转变为非晶态的煅烧高岭石，高岭石的X射线衍射峰消失。在扫描电镜图中可以看到煤矸石中高岭石矿物呈现二维片层状形貌特征（图8-4）。

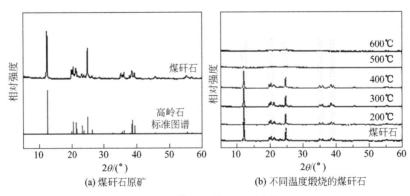

(a) 煤矸石原矿　　　　　(b) 不同温度煅烧的煤矸石

图8-3　煤矸石的XRD图谱

煤矸石的堆存处理不仅造成矿物资源和土地资源的浪费，而且还会造成自燃、酸雨、地下渗透、淤塞河道、光化学烟雾和泥石流等环境问题。因此，煤矸石的资源化再利用一直都

| (a) 煤矸石(CG) | (b) 200℃煅烧煤矸石(CG200) | (c)300℃煅烧煤矸石(CG300) |

图 8-4　煤矸石的扫描电镜图

备受关注。煤矸石中丰富的矿物组成以及特殊的理化性质，使其具有矿物资源特性。目前，煤矸石已广泛用于有价组分提取、废水处理、建筑材料、农业生产、回填复垦和发电等多个方面。随着对煤矸石研究的不断深入和纳米科学与技术的发展，将会有更多的煤矸石生态环境材料被开发出来，满足各行各业对绿色矿物材料的需求。

8.2　低品位非金属矿的性能调控

低品位非金属矿的资源禀赋特征使其拥有极大的开发潜力和应用前景。然而，低品位非金属矿的矿物组成和化学组成比高品质矿更复杂，通常表现出与单一矿物组分截然不同的性能，无法直接替代高纯度非金属矿进行应用。随着现代工业发展对非金属矿物材料的需求不断增加，优质矿产资源已不能完全满足实际需求，迫切需要开发低品位非金属矿物利用新技术。

目前常用的提高低品位非金属矿使用性能的主要方式有：一是通过提纯来提高有效矿物组分的含量，把低品位矿转变为高品位矿；二是通过酸、碱、热和改性处理提高矿物的表面活性，进而提高其吸附、载体等性能，拓展应用领域；三是通过结构调控，将颜色较深的非金属矿物转变成白色矿物，作为填料使用；四是利用低品位非金属矿物为原料，合成具有更优性能的新材料。

8.2.1　低品位非金属矿物提纯

纯度较高的非金属矿物可以直接作为基础功能材料用于化工、环保、新材料、功能复合材料等国民经济重要领域。然而，低品位非金属矿物是多种硅酸盐矿物、碳酸盐矿物和硫酸盐矿物的集合体，很难像高纯度矿物一样直接作为基础材料进行应用。因此，对低品位非金属矿物进行分离和提纯处理，除去石英、长石等杂质矿物，提高有用矿物组分的含量，是实现低品位非金属矿高效利用的最有效途径。目前，非金属矿物提纯的主要方法有干法和湿法。干法的主要原理是通过施加机械力将较大的颗粒分解成较小的颗粒，再利用矿物颗粒本身密度的差异进行风选分离，将较重的石英砂、硬质大颗粒等杂质除去，得到有用矿物含量较高的提纯矿物。干法提纯不需要使用任何液体分散介质，操作简单，成本低。然而，在实际操作中，干法仅能除去少数较重的矿物，提纯的效果有限，常用于矿物的初步提纯或粗提纯。湿法的主要原理是将矿物颗粒分散在水或其他溶剂中，水分子或溶剂分子可以填充晶束或聚集体内部的空隙以溶解可溶性物质，而且使颗粒表面膨胀并诱导颗粒表面带负电，提高颗粒间的排斥力，促进颗粒内多种矿物的剥离。在水或其他溶剂中，与溶剂作用较强的矿物颗粒可以很好分散并形成胶体，而与溶剂作用较差的矿物（如石英）则快速沉降下来，因而可以通过重力差异实现分级提纯。在提纯过程中加入化学分散剂，可以进一步提高提纯效率。与干法相比，湿法提纯可以获得更高的纯度。在工业应用中，通常干法和湿法结合使用，既能够保证一定的生产效率，又能够达到较好的提纯效果。

由于矿物种类繁多，在此选择具有一维纳米结构的凹凸棒石黏土和二维片层结构的膨润土的提纯为例，进一步说明非金属矿物的提纯过程。凹凸棒石黏土中含有凹凸棒石、石英等多种矿物。由于凹凸棒石是一维纳米棒晶形态，所以用干法进行提纯或解聚时，较强的机械力作用极易使棒晶折断，破坏凹凸棒石的一维纳米棒晶结构。因此，通常采用湿法提纯凹凸棒石黏土。例如，通过湿法球磨工艺，在分散剂六偏磷酸钠的辅助下可以将凹凸棒石与石英等杂质在水介质中分离开，然后通过低速离心（400 转/分）处理可以有效地将石英除去，得到纯度相对较高的凹凸棒石，同时还没有损伤凹凸棒石的纳米棒晶结构，实现了凹凸棒石黏土的纯化及棒晶聚集体的有效分散。膨润土是一种以二维纳米片状蒙脱石为主要成分的混合黏土矿物。研究者对蒙脱石含量为 44% 的膨润土（产自中国浙江省安吉高峪）进行了提纯研究。具体方法为：将膨润土研磨后分散在水中，然后添加分散剂六偏磷酸钠，搅拌形成浆液，再进行低速离心分离。发现在研磨时间为 60min、分散剂量为 1 wt%、离心速度为 700 转/分、离心时间为 2min 的条件下提纯效果最好，得到的蒙脱石的粒径在 $0.1 \sim 2\mu m$ 之间，平均直径约为 $0.5\mu m$。提纯过程中，分散剂增加了颗粒表面的负电荷，使蒙脱石片层的面对面（FF）接触转向为边对面（EF）接触。EF 接触时，蒙脱石片层之间的作用力较弱，所以在外部机械力（如超声波振动、机械搅拌）作用下，分散结构发生改变，石英等粒状矿物失去支撑，与蒙脱石分离（图 8-5）。

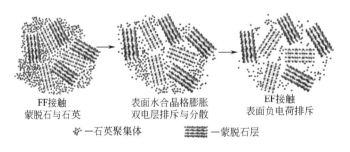

FF接触　　　　　　　表面水合晶格膨胀　　　　　　EF接触
蒙脱石与石英　　　　双电层排斥与分散　　　　表面负电荷排斥

🐾—石英聚集体　　　▦▦—蒙脱石层

图 8-5　蒙脱石和石英在膨润土中的分散过程

8.2.2 低品位非金属矿物酸活化

酸活化是改善非金属矿物结构和物理化学特性的常用方法。在处理过程中，酸可以溶解矿物颗粒中的碳酸盐矿物，溶解矿物颗粒外层的可溶物，使更多的功能基团暴露出来，从而促使矿物颗粒的解聚、杂质的消除和表面的活化。研究表明，无机酸处理可以增加表面积、孔体积和酸位点的数量，从而提高矿物的吸附能力、负载能力及其与其他物质的相容能力。

通过控制酸溶液的浓度和酸处理时间，可以控制酸溶蚀度，得到表面活化、内部活化和八面体溶蚀的硅酸盐材料。在常压条件下对低品位非金属矿进行处理，可以去除碳酸盐杂质，同时使矿物的表面活化，提高了其吸附性能。例如，用质量分数为 2.5% 的酸溶液处理低品位凹凸棒石黏土，可完全去除所含的白云石和碳酸盐；用 5% 盐酸处理后比表面积达到最大值；用 15% 盐酸活化处理后，凹凸棒石黏土对亚甲基蓝的吸附量提高了 54.2%。酸活化处理可以明显提高凹凸棒石黏土的孔容和比表面积，进而提高低压和高压状态下对苯的吸附量。当在水热条件下进行酸溶蚀反应时，溶液中的 H^+ 可以将硅酸盐矿物八面体中的金属离子（如 Mg^{2+}、Al^{3+}、Fe^{3+}）溶出，得到具有大量 Si—OH 或 Si—O— 基团的硅酸盐材料。由于八面体金属离子的溶出，得到的产物中以氧化硅为主，纯度更高，表面活性更好，适用于高分子材料的补强填料。例如，在 140℃ 水热反应条件下，用 2.0mol/L 的盐酸溶液处理砖红色的低品位凹凸棒石黏土，可以得到白色的、具有棒晶/片层混合结构的酸溶蚀凹凸棒石黏土。将其作为纳米填料制备聚合物复合膜，比低品位凹凸棒石黏土能更显著地提高膜的机械性能（拉伸强度：14.66MPa）和耐老化性能。

8.2.3 低品位非金属矿物碱活化

碱对非金属矿物（尤其是硅酸盐类非金属矿物）具有较强的溶蚀或活化作用。碱活化过程是利用氢氧根离子破坏 Si—O—Si、Si—O—M（M：Mg、Al、Fe 等）键或者置换出非金属矿物中的阴离子（如碳酸根离子等），进而使非金属矿活化的过程。Si—O—Si、Si—O—M（M：Mg、Al、Fe 等）键断裂后，可以形成更多的 Si—O⁻ 活性基团，增加矿物的表面负电荷，提高矿物对带正电荷分子或离子的亲和能力。矿物的活化程度或者晶体结构破坏程度与碱处理时间、碱浓度、温度、碱性强弱等因素有关。在碱溶蚀程度较低时，碱活化通常发生在矿物表面，表面基团被活化，而矿物内部结构保持完好。例如，在室温和固液比 1:10（质量:体积）条件下，将低品位凹凸棒石黏土用 2mol/L 的氢氧化钠溶液处理 3h 后，可以将低品位凹凸棒石黏土对亚甲基蓝的吸附率从 58.65% 提高到 85.34%。在碱溶蚀程度较高时，矿物可以被碱部分溶解，骨架结构被破坏，此时硅组分和铝组分可以发生重组反应，形成网络状硅酸盐结构。例如，将煅烧高岭土用浓氢氧化钠溶液处理后，可以得到具有···Si—O—Al—O—Si···网络结构的地聚物（geopolymer）。

8.2.4 低品位非金属矿物热活化

热活化是活化非金属矿物的一种常用方法。在高温作用下，非金属矿物会发生失水、脱羟基、晶相转变、晶相分解等一系列物理化学过程，从而使矿物的孔隙结构、表面基团类型与数量、离子交换性能等发生显著变化。例如，通过不同温度的热处理，可以选择性地除去位于凹凸棒石矿物晶体内通道中的沸石水、配位水和结构水，从而提高其对色素分子、染料、重金属离子等物质的吸附能力；通过热处理可以脱除高岭石中的羟基，得到无定型的煅烧高岭石；通过热处理可以除去蒙脱石层间的水，使晶面间距变小；在高于 750℃ 进行煅烧处理，可以分解矿物中存在的碳酸盐。在实际应用中，通常将酸处理、碱处理和热活化结合起来使用，以达到更好的活化效果。此外，热活化过程可以破坏一些惰性的 Si—O—Si（或 M）键，以提高非金属矿物的离子交换能力，提高吸附性能。

8.2.5 低品位非金属矿物增白

涂料、油漆、日用化工、建材、造纸等很多工业领域中需要白色的非金属矿物作为填料或助剂，市场需求量巨大。然而，由于硅酸盐类非金属矿物在形成过程中，外界致色离子（如铁离子、锰离子）对矿物结构中镁、铝等离子的类质同晶取代现象比较普遍，使得天然硅酸盐类非金属矿物的颜色较深，多数呈现出砖红色、棕色、灰黄色和灰褐色，白度较低，制约了其在很多工业领域中的应用。低品位非金属矿物在自然界中的资源储量极其丰富，将其开发成满足工业应用需求的白色填料或助剂，对其能否实现高效、高值应用至关重要。天然非金属矿物白度低的主要原因有两方面：一是其中伴生有赤铁矿、磁铁矿等颜色较深的伴生矿物；二是矿物结构中存在可以致色的变价金属离子。例如，甘肃省临泽地区凹凸棒石黏土矿物中由于存在伴生的赤铁矿，且矿物晶格中 Fe（Ⅲ）对 Mg（Ⅱ）或 Al（Ⅲ）的类质同晶取代较为普遍，导致矿物呈现砖红色或暗红色。为此，除去有色的伴生矿物和矿物晶格中的致色离子是实现非金属矿物转白的主要途径。

目前用于非金属矿物转白的方法有还原法和酸溶蚀法。还原法主要是用盐酸羟胺、水合肼、连二亚硫酸钠等强还原剂，在常压或水热反应条件下将矿物中的高价致色金属离子还原成低价，削弱其致色作用，使矿物白度提高。例如，将砖红色凹凸棒石黏土在盐酸羟胺溶液中进行加热回流，可以将矿物从砖红色转变为白色；将砖红色凹凸棒石黏土在二甲亚砜中进行溶剂热反应，也可以将矿物从砖红色转变为白色。酸溶蚀法主要是在水热或常压条件下，用无机酸、有机酸溶液处理非金属矿物，将其中的致色金属离子溶出，进而提高矿物的白度。由于有机酸处理可以在溶出矿物中致色金属离子的同时最大程度地保护矿物本身的形貌，所以在硅酸盐矿物转白方面被普遍使用。为了提高有机酸溶蚀矿物转白的效率，降低酸的用量，酸溶蚀反应也可以在无溶剂条件下进行。例如，将甘肃临泽地区的砖红色凹凸棒石黏土与占其质量 60% 的草酸固体混合后，进行研磨混匀，然后放入密闭容器中，在 120℃ 条件下加热反应 2h，得到了具有完整棒晶形貌的白色凹凸棒石黏土。固相反应工艺显著减少了草酸的用量，提高了反应效率。结构分析结果证明，伴生赤铁矿的溶解和矿物结构中 Fe（Ⅲ）的溶出是砖红色矿物转变为白色的主要原因。

8.2.6 矿物转化合成沸石

低品位黏土矿物中虽然含有多种矿物组分，但主要化学成分是 SiO_2、Al_2O_3 和 MgO，因此可以作为硅源和铝源合成沸石类材料，如 13X 沸石、Al-MCM-41 沸石。研究表明，以低品位天然高岭土为原料，不需要引入额外的硅源或脱铝处理，就可以通过碱熔-水热反应合成 13X 沸石。在 NaOH 熔融和水热反应过程中，低品位高岭土中的高岭石、伊利石和痕量石英转化为沸石。在 NaOH/高岭土重量比为 2.0，碱熔温度 200℃，碱熔时间 4h，90℃ 水热结晶 8h 条件下，制备出纯度较高的 13X 沸石，BET 比表面积达到 $326m^2/g$。将低品位黏土（坡缕石含量为 12.43%，蒙脱石含量为 4.32%，产自江苏盱眙县猪嘴山）与氢氧化钠混合，然后在 600℃ 下处理 2 h，再用水浸泡后，过滤得到合成沸石用的二氧化硅和铝源；然后加入模板剂聚乙二醇-4000 和十六烷基三甲基溴化铵的水溶液，搅拌均匀后调 pH 至 9.5，然后在 110℃ 下反应 24h，将固体产物过滤出来，干燥，粉碎，再在 550℃ 下煅烧，得到 Al-MCM-41 沸石分子筛（图 8-6）。

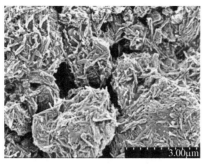

(a) 低品位凹凸棒石黏土   (b) Al-MCM-41 沸石分子筛

图 8-6　低品位凹凸棒石黏土和 Al-MCM-41 沸石分子筛的扫描电镜图

8.2.7　矿物结构重组合成新材料

　　虽然低品位非金属矿物中含有多种矿物组分，但每种矿物都是由 Si、O、Al、Fe、Ca、Na、K、Mg 等元素组成的。这些元素通过不同方式组合可形成形态各异、功能多样的非金属矿物。在特定的反应条件下（如水热、溶剂热），矿物中的 Si—O—Si、Si—O—M（M 代表金属离子）等连接键可以被切断形成活性价键，并可以重新组合成具有结晶或无定型状态的新物质。在额外引入其他金属离子的情况下，在重组过程中反应体系内金属离子组成发生变化，可以重组形成具有不同化学组成和结构的新材料。由于该过程是将低品位矿物中的多种矿物同步进行了重组（类似于化学中的"重结晶"过程），所以受原料组成的影响较小，只要通过调整反应体系内的硅镁比、硅铝比等，就可以得到组成相对均一的新材料。大量的研究已经证实，在碱性反应条件下，低品位非金属矿物中常见的矿物组分如石英、凹凸棒石、绿泥石、方解石、白云石等均可以发生重构反应，得到比低品位非金属矿物本身比表面积更大、吸附能力更强的新材料，为低品位非金属矿物的高值化利用开辟了新途径。例如，产自甘肃会宁的低品位凹凸棒石黏土中含有凹凸棒石、白云母、石英、绿泥石、方解石、白云石等多种矿物，其比表面积较低（52.87m²/g），对金霉素和土霉素分子的吸附容量分别仅有 99.88mg/g 和 69.01mg/g。然而，在硅酸钠、镁盐和氯乙酸存在的条件下，通过水热反应可以将低品位凹凸棒石黏土中的凹凸棒石、石英、方解石等矿物组分进行重组，得到了组成均一的多孔硅酸盐材料，其比表面积达到了 410.61m²/g，对金霉素和土霉素分子的吸附容量分别提高到 206.58mg/g 和 160.47mg/g。这种结构重组制备多孔硅酸盐材料的方法具有普适性，还可以将低品位伊蒙黏土、高岭土、煤矸石等矿物转变成吸附能力优异的多孔材料。

8.3　低品位非金属矿功能材料在生态环境领域的应用

　　低品位非金属矿物通常是多种矿物共生或伴生组成的矿物集合体，很难通过分离或提纯的方法获得组分单一的矿物，制约了其在高分子材料、能源材料等很多领域中的应用。然而，低品位非金属矿物中的多种矿物组分间存在协同作用，使其能够呈现出比单组分矿物更好的性能。例如，有的组分复杂的低品位矿物对离子或分子的吸附性能优于高纯矿物；有的缺陷较多的低品位非金属矿物的表面催化活性优于高纯矿物；有的低品位非金属矿物可以作为硅源和铝源合成分子筛等新材料。所以，利用低品位非金属矿物为原料制备对污染物具有吸附、催化功能的新型功能材料在环境修复领域受到了越来越多的关注。

8.3.1 在大气污染治理中的应用

大气污染防治与修复已经成为了 21 世纪面临的重大挑战之一，除了要治理传统工业生产废气（如 CO_2、CO、NO、NO_2、SO_2 等）排放引起的大气污染，还要防治新兴的挥发性有机化合物（VOCs）带来的大气污染问题。大气污染问题不仅威胁着农牧业生产、建筑物、人体健康，还会造成温室效应、沙漠化加剧、土壤污染（酸雨引起）等一系列生态问题，亟待开发低成本、高效率、易获取、绿色无污染的新材料应对大气污染物带来的挑战。低品位非金属矿物来源广泛、成本低廉、环境友好，在有害气体吸附、尾气净化、温室气体固定等方面具有广阔的应用前景。

8.3.1.1 在 VOCs 处理方面的应用

石化、化工、制药、印刷等行业的发展不可避免要产生大量的 VOCs 污染物。由于 VOCs 具有高毒性和通过空气大面积传播的能力，而且可以作为光化学反应源触发二次有机气溶胶的形成，所以 VOCs 污染已成为最严重的环境问题之一。

目前，吸附、膜分离、氧化和生物处理等多种方法已被用于控制 VOCs 污染。近年来，由于非金属矿物吸附材料具有成本低、性能好、热稳定性好等优势，在 VOCs 污染物吸附或催化净化方面受到广泛关注。研究证明，具有不同的形态和孔隙结构的多孔矿物硅藻土、斜发沸石、坡缕石对六种 VOCs（甲基乙基酮、正丁醇、醋酸正丁酯、2-庚酮、1,2,4-三甲苯、正癸烷）具有吸附能力，其中比表面积和孔体积较高的坡缕石的吸附效果最好。以不同形貌的非金属矿物为载体制备出了低成本、高效催化氧化清除 VOCs 的新型催化剂。例如，锰氧化物（MnO_x）被认为是过渡金属氧化物中对 VOCs 催化氧化效果最好的催化剂之一，但锰氧化物粒子在使用过程中易于团聚，导致活性降低。然而，将其负载到矿物表面上后，矿物基体可以使锰氧化物颗粒弥散分布，有效抑制粒子长大，提高催化剂活性。利用甘肃临泽地区红色低品位凹凸棒石黏土负载 $\delta\text{-}MnO_2$，制备出了锰氧化物均匀分布的复合催化材料。凹凸棒石黏土与 $\delta\text{-}MnO_2$ 的协同作用使其表现出非常优异的电化学活性和氧化还原能力。

8.3.1.2 在尾气及工业烟气处理中的应用

汽车尾气、工业烟气中含有 SO_x、CO、NO_x 等污染物，将其直接排放到大气中会严重威胁环境安全和人类健康。非金属矿物基催化材料在尾气和工业烟气处理方面得到了广泛应用。利用黏土矿物开发的新型陶瓷除尘过滤器，具有经济、简便、安全可靠和效果好的特点，应用前景广泛。在烟尘型大气污染治理中，可以利用黏土矿物开发新型大气污染物净化材料。膨润土具有比表面积大、吸附性强的特性，经过简单处理后可直接用于吸附过滤臭气（如 1,4-丁二胺、1,5-戊二胺、吲哚、丁烷等）、毒气及 NO_x、SO_x、H_2S 等有害气体。改性膨润土硅酸盐矿物吸附剂可以去除燃煤发电厂烟气中的汞,解决燃煤烟气中汞的影响,是目前性价比较高的一类吸附剂。经过疏水改性的膨润土可以对有机化合物产生较强的亲和作用,可以作为一种吸附剂除去燃料中重要污染物硫和氮的化合物,对氮和硫化合物的吸附容量分别为 38.7mg/g 和 54.5mg/g。

8.3.1.3 在温室气体处理中的应用

全球二氧化碳排放引起的温室效应严重威胁着人类的生存与发展。近年来,随着碳达峰和碳中和战略目标的提出,对温室气体进行低成本、高效处理受到极大关注。低品位的非金属矿物由于具有较低的成本、较大的比表面积和孔隙结构等优点,在温室气体处理方面应用前景广阔。黏土可以在自然条件下和改性处理后用作固体吸附剂,对 CO_2、C_2H_2、SO_2、N_2、O_2、CO、CH_4 等气体具有较好的吸附作用,并且黏土中二氧化硅含量越高,吸附剂对于 CO_2、SO_2 的吸附能力越强,尤其是改性黏土中无定型/游离二氧化硅的含量对气体吸附能力的高低起着决定性的因素。煤矸石中由于具有微小孔道,故其所含的多种矿物还对甲烷表现出较好的吸附能力,不同矿物对甲烷的吸附能力依次为铵伊利石>高岭石>伊利石>金云母。利用煤矸石作为硅源和铝源,可以合成新型多孔硅酸盐材料。例如,以廉价的煤矸石为原料,在模板剂十六烷基三甲基溴化铵存在的条件下,通过水热反应可以合成出具有 MCM-41 结构的新型介孔 SiO_2 材料,对二氧化碳表现出非常高的吸附能力。

低品位非金属矿物材料在大气污染治理和大气环境修复领域中发挥着重要作用,并在污染治理的规模、成本、工艺、设备、效果等方面具有明显的特点和较大的优势,深入系统地研究低品位非金属矿物的基本性能,揭示非金属矿物材料的净化机理,开发非金属矿物的净化功能,将有利于进一步扩大低品位非金属矿物的应用领域。

8.3.2 在水污染防治中的应用

随着我国工农业的不断发展,大量的重金属、染料、药物等污染物通过工业或者日常生活污水排放进入水源,甚至通过酸雨溶解并输入到溪流、河流、湖泊和地下水,威胁着生态系统的安全和人民的生命与健康。因此,通过简单有效的方法去除水中的污染物已经成为迫切需求。许多天然非金属矿物,如硅藻土、沸石、膨润土、凹凸棒石黏土、海泡石、累托石等对重金属、染料等污染物具有较强的吸附能力,而且还具有原料简单易得、单位处理成本低、本身不产生二次污染、使用过程和使用后对环境十分友好等优势,成为当前人们最为关注的水污染处理材料之一。

用于废水处理的天然非金属矿物大致可分为四类,分别为硅酸盐矿物、硅藻土、碳酸盐矿物和磷酸盐矿物。硅酸盐矿物根据其晶体结构的不同可分为层状结构硅酸盐矿物(蒙脱石、高岭石)、架状结构硅酸盐矿物(沸石)、层链状结构硅酸盐矿物(凹凸棒石)和岛状结构硅酸盐矿物(电气石)。低品位黏土矿物在废水处理中的应用比较多,其中含有不同结构与形貌的多种矿物,可以产生协同作用,提高对污染物的吸附净化能力。本部分重点介绍低品位非金属矿物材料在水污染物(重金属离子、有机污染物、无机污染物)净化方面的研究。

8.3.2.1 重金属污染废水处理

蒙脱石、海泡石等黏土矿物具有较大的比表面积和离子交换容量,对重金属离子吸附性能较好，可用于吸附处理废水中的重金属离子。由于凹凸棒石、海泡石、蒙脱石等多种矿物对重金属离子均有吸附能力，所以这些矿物组合而成的混合黏土矿物可直接或者经过改型处理后用于吸附重金属离子。例如，天然凹凸棒石黏土可以用于吸附 Cu（Ⅱ）等重金属离子，但吸附量仅有 111.86mg/g。为了提高吸附量，可以通过水热反应将凹凸棒石黏土中的凹凸棒石、石英、方解石等矿物重构成比表面积更大（407.3m²/g）、表面电荷更负（-46.4mV）、吸附能力更强的多孔硅酸盐吸附剂。在转变反应过程中，Si—O—Si 或 Si—O—M（M 主要为 Mg、Al）键断裂并重组成新的多孔硅酸盐材料，其表面含有大量的 —SiO⁻ 基团，可以对 Cu（Ⅱ）离子产生较强的络合作用，使其对金属离子吸附容量增加，可以达到 210.64mg/g。以低品位高岭土为原料制备地聚物，并与沸石复合，制备出了复合重金属吸附材料，对多种重金属均表现出较高的吸附能力，总体趋势为 $Pb^{2+} > Cd^{2+} > Cu^{2+} > Zn^{2+} > Cr^{3+}$。

8.3.2.2 染料污染废水处理

天然黏土矿物中存在大量可交换的亲水性无机阳离子和孔道，可以通过改性处理得到具有不同表面性质的吸附材料，用于不同类型染料分子的吸附去除。低品位黏土矿物中虽然含有多种矿物组分，但在某些情况下其对染料的吸附性能优于高纯度矿物。对比研究发现，含有多种矿物组分的甘肃临泽低品位凹凸棒石黏土矿物（含有凹凸棒石、绿泥石、伊利石、石英、方解石等多种矿物）对亚甲基蓝的吸附容量为 98.34mg/g，优于纯度较高的明光凹凸棒石黏土（主要含有凹凸棒石）的吸附容量（77.92mg/g）。在实际应用过程中，通常对低品位黏土矿物进行改性处理来提高其性能。常规处理方法如物理研磨、酸处理和热处理等和化学改性方法均可用于提高黏土矿物对染料的吸附性能。相比较而言，水热或溶剂热处理可以改变低品位矿物的晶相组成和结构，进而能更显著地提高矿物的吸附能力。例如，通过水热处理可以将低品位高岭土转变为介孔二氧化硅材料，再用于高效去除废水中的亚甲基蓝。在反应过程中，通过控制反应条件（氢氧化钠溶液浓度：2mol/L；反应温度：120℃；反应时间：3h；浸入时间：3h），可以制备出对阳离子染料吸附容量达到 135mg/g 的多孔硅酸盐材料（图 8-7）。

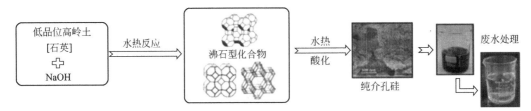

图 8-7 低品位高岭土转化合成多孔硅酸盐吸附材料的过程及其吸附染料的应用

8.3.2.3 磷废水处理

过量的磷酸盐进入水体会导致富营养化，对生态系统产生不利影响，因而开发一种低成本、高效率的磷酸盐吸收剂对于控制磷污染至关重要。近年来，黏土矿物基材料在含磷废水处理方面的应用引起了广泛关注。很多沉积型天然黏土矿物中含有大量的白云石、石膏、方解石等伴生矿物，导致矿物组成较为复杂，很难在工业领域进行应用。然而，这些伴生有含钙矿物的黏土具备制备高效磷吸附剂的先天优势。例如，以天然富钙的低品位海泡石矿物（含有海泡石、蒙皂石、方解石、白云石、石英等多种矿物）为原料可以制备出高效磷吸附材料，其最大磷吸附量可以达到 32.0mg/g，且吸附的磷不会解吸附，具有极高的性价比。在实际应用中，可以根据需要将此类矿物基吸附剂制成球状、条状等多种形态，具有非常广阔的应用前景。

8.3.2.4 氨氮废水处理

有效去除水中的氨氮污染物，不仅可以保护水资源，而且可以降低氨化合物挥发引起的大气污染。氮在水中常以铵（NH_4^+）的形式存在，其最经济有效的去除方法为选择性离子交换，主要原理是利用吸附剂中的 K^+、Mg^{2+} 和 Na^+ 等阳离子交换水中的铵离子（NH_4^+）。近年来，利用低品位黏土矿物合成氨氮吸附材料表现出经济、简单、高效的优势。例如，以伴生有含钙矿物的低品位凹凸棒石黏土（含有方解石、白云石和石英等伴生矿物）为原料，可以合成出一种可同时去除污水中氨氮和磷酸盐的硅酸盐吸附剂，在吸附 1h 后，可以将含 20mg/L 氨氮的溶液降低到浓度＜0.354mg/L，具有非常好的应用前景。

8.3.2.5 胺类污染物处理

以低品位非金属矿物为原料制备的材料在胺类污染物处理方面也有广阔的应用前景。例如，将低品位天然黏土（含有石英、高岭土等伴生矿物）与氢氧化钠熔融后冷却，得到白色粉末，然后放入 80℃水中剧烈搅拌 2h 得到凝胶相沉淀，在经过水热反应可以合成出含铝六方的有序介孔二氧化硅（Al-MCM-41）吸附材料，其对合成盐湖卤水中的十八胺表现出优异的吸附能力，性能明显优于原黏土。

8.3.3 在土壤污染防治中的应用

根据《全国土壤污染状况调查公报》显示，全国土壤总的点位超标率为 16.1%，其中轻微、轻度、中度和重度污染点位比例分别为 11.2%、2.3%、1.5% 和 1.1%。土壤污染类型以无机型为主，有机型次之，复合型污染比重较小，无机污染物超标点位数占全部超标点位的 82.8%。因此，土壤污染修复日益受到我国政府、科学界和产业界的高度关注。

土壤污染治理的主要目标是固定、去除或降解土壤中的重金属离子、有机分子等。土壤修复是指利用物理、化学和生物的方法转移、吸收、降解和转化土壤中的污染物，使其浓度降低到可接受水平，或将有毒有害的污染物转化为无害的物质。从根本上说，污染土壤修复的技术原理可包括为：改变污染物在土壤中的存在形态或同土壤的结合方式，降低其在环境中的可迁移性与生物可利用性；降低土壤中有害物质的浓度。低品位非金属矿物由于具有价格低廉、环境相容性好、重金属离子吸附能力强等优点，在土壤污染治理与修复方面具有广阔的应用前景。

8.3.3.1 在土壤重金属污染修复方面的应用

重金属是土壤中最主要的一类污染物，常见的土壤重金属污染物主要包括铬、镉、铅、汞、镍、铜等，具有污染范围广、持续时间长、具有隐蔽性和潜伏性、无法被生物降解等特点，使得重金属污染土壤较难修复。常用的重金属污染土壤修复方式有净化法（如土壤淋洗、植物净化）和固定法（如原位固定）。原位固定法就是利用固定剂，使污染物在原位被吸附或降解，进而降低污染物的迁移性和生物有效性。近年来，无机非金属矿物由于具有经济易得、绿色无毒等优势，作为固定剂在原位土壤修复方面备受关注。

许多具有捕获土壤中重金属能力的无机非金属矿物，如磷矿石、黏土矿物、泥炭土、石灰等都可用于土壤重金属的原位固定或修复。例如，使用环保稳定剂凹凸棒石、凹凸棒石/碳和磷酸盐矿化细菌产品（PMBP）可以稳定土壤中的 Cd 和 Pb，并减少蔬菜对重金属吸收的能力。在土壤培养、盆栽和田间试验中，凹凸棒石/碳对土壤中 Cd 的稳定效果最好，而 PMBP 对土壤中 Pb 的稳定效果最好。基于对有效性、成本和提高的产量进行评价，稳定剂的最佳用量为 5‰凹凸棒石/碳和 0.21‰ PMBP。

8.3.3.2 在土壤有机物污染修复方面的应用

土壤中的有机污染物给环境和生物健康带来的危害是更为复杂和多元的，一方面有机污染物通过根系进入植物，进而进入食物链危害人和动物的健康；另一方面，有机污染物会破坏土壤中的微生物种群，影响土壤的生态调节功能。天然无机非金属矿物同样在土壤有机污染物的净化和去除方面也可以发挥作用。在俄罗斯的原油产地，土壤受到原油泄漏造成的严重污染，当地学者历时两年，针对被 5%、10%和 15%原油污染的灰色森林土壤进行修复研究，指出硅藻土和活性炭的混合吸附剂原位处理高度污染土壤，大大减少了极性石油代谢物的植物毒性。不同黏土矿物对碳氢化合物的去除率不同，绿泥石、高岭石、蒙脱石、伊利石对碳氢化合物的去除率分别为 (13.2 ± 0.98)%、(34.2 ± 1.52)%、(68.0 ± 2.84)%和 (86.3 ± 2.25)%。此外，通过在天然黏土上负载纳米零价铁形成复合材料，可诱导非均相芬顿反应，能去除长期污染土壤的 2,3,4,5-四氯联苯，去除率最高为 76.38%。

8.3.3.3 在土壤性能改良方面的应用

去除土壤中的污染物只是土壤修复的一部分，还需通过改良处理解决土壤板结、酸化等问题。因此，排除或防治影响农作物生育和引起土壤退化等不利因素，通过技术措施改善土壤性状、提高土壤肥力，为农作物创造良好土壤环境条件也受到广泛关注。在土壤中加入天然非金属矿物，可以增大土壤的表面积，调控土壤酸碱度，提高营养元素在土壤中的缓释作用，增加土壤的阳离子交换能力，最终提高养分利用率，有效减少化肥使用量。土壤施用膨润土可使容重降低 12.23%，孔隙度增加 12.28%，能够较好地改善灌溉微咸水后土壤的物理环境。土壤改良剂能够明显降低 0~5cm 表层土壤因灌溉微咸水造成的盐分累积，低于土壤全盐量的幅度为 55.85%~73.58%。我国山西省境内的石灰性土壤中钾素相对亏缺，且大面积缺磷，由于碳酸钙对磷的固定，土壤中的无机磷约有 70%~80%以 Ca-P 形态存在。针对这一问题，在石灰性土壤中加入膨润土，土壤在保持水量条件下，经一周培养的土壤释钾量比未施膨润土的土壤增加了 6.99%。经过 14 天的干湿交替过程后，固钾率随加入外源钾浓度的增高而增加，分别为 18.5%、21.5%和 22.22%。黏土矿物的使用还可以调控土壤的酸碱度。产自甘肃临泽的碱性低品位凹凸棒石黏土的酸中和能力为 215cmol/kg，加入到酸性土壤中后，提高了土壤的 pH 值、阳离子交换容量、碱饱和度和交换性 K^+、Na^+、Ca^{2+} 和 Mg^{2+} 的含量，并降低了交换性 H^+、Al^{3+} 和酸度的水平。

8.4 低品位非金属矿功能材料在生命健康领域的应用

非金属矿物生态环境功能材料在生命健康领域中具有广阔的应用前景。在全球范围内，迄今为止测试的约 5% 的非金属矿在水合时具有抗菌性。非金属矿物在药理学应用中用作赋形剂，以改善味道、气味和颜色等感官特性或物理和化学特性。此外，它们的胶体性质使它们可用作乳化剂、胶凝剂和增稠剂，以避免药物制剂组分的分离。将非金属矿物掺入动物饲料中，可在无药物饲料中作为防结块和制粒助剂，并作为粪便的固结添加剂。非金属矿还可以用来有效地保护不稳定的农药，防止其挥发和光降解。在化妆品和美容药物方面，黏土矿物已被广泛用作化妆品中的增稠剂和乳液稳定剂。由于其对油脂、毒素等物质的高吸附能力，它们也被用作化妆品中的活性成分。

8.4.1 在抗菌材料中的应用

耐药细菌的不断出现引起了全球化的公共卫生危机，迫切需要开发新型抗菌材料。天然非金属矿物具有悠久的治疗和生物医学应用历史，其强大的抗菌性能备受关注。从历史上看，人类最早使用黏土来吸附毒素、通过涂覆肠衬里来舒缓消化以及涂敷在伤口上阻止出血。加拿大不列颠哥伦比亚省的基萨梅特黏土是一种抗菌黏土矿物，对白色念珠菌、新型隐球菌和海洋分枝杆菌具有杀灭能力，在当地民族中具有悠久的治疗应用历史。抗菌黏土通常具有纳米粒子尺寸（<200nm），其较大的表面积有助于抗菌反应物的溶解。抗菌黏土矿物组合中含有的还原铁矿物（例如黄铁矿）会促进活性氧（H_2O_2、$\cdot OH$、$\cdot O^{2-}$）的产生并对细胞膜和细胞内蛋白质造成损害。离子交换也会导致细菌膜结合的 Ca^{2+}、Mg^{2+} 和 PO_4^{3-} 的损失。黏土夹层或管状黏土的管腔可以容纳还原的过渡金属，保护它们免受氧化。根据非金属矿物的抗菌机制可设计出针对抗生素耐药细菌的新疗法，在伤口敷料、医疗植入物（关节置换物、导管）、动物饲料、农业病原体和抗菌建筑材料的生产中具有潜在应用。从德国布伦伯格采集的由铁皂石与石英、长石和方解石的混合物组成的黏土不仅具有抑菌作用，同时对革兰氏阴性菌也具有抗菌活性。

利用非金属矿物材料的抗菌特性，还可以拓展其应用范围。例如，通过伊利石、二氧化钛、碳酸钙、珍珠以及石墨等非金属矿物与黏合剂混合，可以制出具有多层结构的抗菌壁纸，不仅具有红外发射和抗真菌能力，而且还具有除臭和净化空气功能。利用非金属矿物的抗菌特性可以制出安全的食品防腐剂，使用后可以延长肉类、水果和蔬菜的保质期。利用非金属矿物的抗炎活性和抗微生物活性，可以制出泥浴疗法所用的浴泥，用于保湿抗衰老，保护细胞和延长细胞寿命。

8.4.2 在药物制剂和药物输送系统中的应用

非金属矿物作为赋形剂和活性剂广泛用于常规药物剂型。非金属矿物可能与药物分子相互作用，但也可能与药物产品的非活性成分如聚合物相互作用。基于这些相互作用，黏土矿物及其修饰形式可以有效地用于修饰药物递送系统。

吡喹酮是一种抗寄生虫药物，这种药物具有非常低的水溶性，需要高口服剂量给药，这将导致副作用，如治疗不依从性和寄生虫耐药的出现。具有高吸附性能的非金属矿物如蒙脱土、海泡石，是无毒、无害、生物相容和低成本的赋形剂，能够将药物封装在纳米空间中，控制药物的释放速率和释放率。此外，黏土矿物在半固体保健和治疗产品中具有广泛应用。黏土矿物可用在于许多具有不同功能的半固体制剂中，如在悬浮液和乳液中起到稳定、增粘、抗环境因素、对皮肤的黏附、吸附油脂、控制热量释放等作用。黏土矿物还可以与其他流变改性剂产生协同效应，得到具有更好流变学性能的制剂。

8.5 低品位非金属矿功能材料在生态建材领域的应用

8.5.1 在生态水泥生产中的应用

煤矸石、石煤渣、粉煤灰等低品位非金属矿由于成分特点及具有部分的潜热，完全可以用于硅酸盐熟料的生产。石墨尾矿中固定碳含量约 $20\% \sim 30\%$，成分为硅质原料，可全部代替黏土生产水泥。用石墨尾矿生产熟料煤耗低（比传统生产低 30% 左右），窑的产量提高 10% 左右，磨机电耗下降 10% 左右，生料易磨性、易烧性和成球性能得到改善。

尽管高品位高岭土储量严重受限，然而中品位、低品位、非高岭土和多矿物黏土的储量较多，因而利用低品位黏土制备水泥辅助胶凝材料引起关注。例如，低品位天然海泡石（纯度 $<30\%$）的火山灰活性通过煅烧得到增强，可进一步用作补充胶凝材料。海泡石的火山灰活性可能主要由活性 Si 的相含量决定，其中 $800℃$ 煅烧的海泡石的火山灰活性最高。养护初期，海泡石的加入明显加速了水泥水化。对比研究发现，与 $800℃$ 煅烧海泡石共混的浆料显示出最高的抗压强度值。

8.5.2 在地质聚合物合成方面的应用

由于水泥生产过程中会排放大量的二氧化碳，对气候产生不利影响，所以需要开发可以替代水泥的新型胶凝材料。地聚合物是最有发展前景的普通硅酸盐水泥的替代品，已被证明具有与普通硅酸盐水泥一样好甚至更好的性能，有望将水泥生产的二氧化碳排放量减少 80%。多种低品位非金属矿物或尾矿都有可能用于地质聚合物合成。例如，将低品位黏土在 $550℃$ 下煅烧 1h，然后用于合成地聚合物，可以得到 7 天抗压强度达到 47.8MPa 的地聚合物材料。

8.5.3 在环境友好陶瓷方面的应用

陶瓷是人们生产生活不可或缺的材料。近年来，利用成本低的低品位黏土矿物制备陶瓷材料受到了广泛关注。例如，以低品位凹凸棒石黏土（LPGS）和碳化硅（SiC）为原料，加入五氧化二钒（V_2O_5），通过干压成型和烧结制备低成本多孔陶瓷载体。将适量低品位海泡石、凹凸棒石矿物材料添加到卫生陶瓷、骨质瓷坯体中，可以提高陶瓷坯体的强度和骨质瓷的抗热震性。

8.6 低品位非金属矿开发利用现状与趋势

得益于得天独厚的资源禀赋优势,一些非金属矿得到了规模化开发,部分地区已经形成了规模化产业,甚至成为了地方的支柱产业。然而,在产业发展过程中,对于低品位非金属矿资源的开发利用成为了共性难题。由于地质成矿环境不同,不同产地或不同矿点的低品位非金属矿的矿物组成存在明显差异,导致表现出来的应用性能也明显不同,因此非金属矿物还具有明显的区域特征。为了满足当今工业发展对非金属矿物的需求,大量的优质高品位矿产资源不断被开发和利用,而品位相对较低的组分复杂的非金属矿物通常被作为尾矿处理,造成了资源的浪费。随着"循环经济"理念成为当今时代和未来的发展主题,针对资源禀赋特征和矿物结构特点,通过技术创新对低品位非金属矿物进行深入开发利用,对实现资源优势向经济优势转变具有深远的意义。

我国非金属矿物资源种类繁多,储量丰富,分布广泛,如金刚石、石墨、硅灰石、蛭石、沸石、硅藻土、凹凸棒石、海泡石等,蕴藏着巨大的潜在应用价值。然而,我国非金属矿产业的发展受到生产规模小、加工技术落后、产品附加值低、产品品种单一等问题严重制约,如陶瓷矿物材料、建筑矿物材料、化工矿物材料和冶金辅助矿物材料等,这种传统的矿物材料或产品附加值较低。天然的低品位非金属矿物中杂质较多而削弱了矿物的整体性能,因而在诸多领域的应用受到限制。随着国家提出"提高资源利用效率,发展循环经济,建设资源节约型、环境友好型社会"的发展主题,通过节能环保型非金属矿产材料的关键技术研究与应用工程示范,实现非金属矿产从资源属性向材料属性的延伸,将不断开拓非金属矿物功能材料新的应用领域,进一步提高我国非金属矿物材料的研发能力、产业技术装备水平和国际竞争力,逐步实现我国优势非金属矿资源的高效开发利用。

今后的研究重点将是多种低品位非金属矿材料的复合以及全组分利用,进一步提高材料性能,促进材料多功能化。矿物的深加工改造会使矿物的粒度变小,表面积变大,结构也发生变化,从而使矿物的吸附性、活性等发生变化。多功能矿物的复合,有利于取长补短,研发高性能复合材料。矿物材料再生利用的研究可以最大化地循环利用矿物材料,减少矿物的二次污染,同时拓宽非金属矿物的选择范围,将具有更高的环境应用价值。

为此,开展非金属矿物生态环境功能材料的技术研究及相关应用研究,既符合国家环保产业政策的新要求,也顺应"生态优先,高质量发展"的新趋势。低品位非金属矿生态环境材料制备技术的突破对解决经济社会发展中的环境污染问题具有重要作用,同时,将推动低品位非金属矿物产业结构的战略性调整,最终提升非金属矿物的经济和社会效益。

8.7 扩展阅读

材料的使用、发现和发明使人类在与自然界的斗争中,走出蒙昧混沌的时代,发展到科学技术高度发达的今天。然而,材料在提取、制备、生产、使用及废弃过程中往往消耗大量的资源与能源，不可再生的优质矿产资源被快速消耗，产生大量的尾矿和低品位矿，资源危机程度与日俱增；另一方面，环境污染与生态环境破坏日益严重，已经对我国国民经济和社会发展产生了重大影响。近年来，随着现代工业的快速发展，资源问题与环境问题更加凸显，资源枯竭、环境污染、人口增长过快已经成为 21 世纪人类面临的三个重大问题。

随着经济社会发展和人民生活水平的提高，除了对物质生活、精神生活有较高追求以外，对健康生活有了更高的要求，传统的环境不友好的材料将逐渐被淘汰，取而代之的将是环境友好的新材料。例如，2007 年 12 月 31 日，我国发布了《国务院办公厅关于限制生产销售使用塑料购物袋的通知》，限制和减少塑料袋的使用，遏制"白色污染"，促使环境不友好的塑料制品退出历史舞台，鼓励开发和使用可降解的塑料制品或其他替代材料。同时，各行各业都努力发展"循环经济"，开发各种再生利用技术，构建"产品—使用—废弃物—回收再生—资源—制造—产品"的可持续发展模式。在对材料"环境友好性"要求日益提高的背景下，已不再允许人们消耗大量的能源、化学原料，甚至以牺牲环境为代价来合成所需的材料，在这种情况下，天然材料的环境友好属性使其具有不可比拟的先天优势。非金属矿物是一种具有独特性能和环境友好优势的基础材料，在国民经济各领域中有着广泛的应用。非金属矿物材料具有良好的表面吸附、离子交换、化学活性等特殊的结构性能，在环境污染治理等各个领域得到广泛的应用，表现出明显的优势如，储量丰富、价廉易得；功能易于调控；环境相容性好；具有较高的稳定性；性能优异。长期以来，人们更关注利用各种人工合成方法来合成新材料，在天然材料加工、使用、提升和改造方面的研究仍较为薄弱。尤其是对于品位较低、组成复杂的天然非金属矿物的利用，直到近年才逐步受到关注，基础研究和应用研究都非常薄弱。

我国非金属矿产业发展起步较晚，但发展潜力巨大。随着"生态优先、高质量发展"成为新时代可持续发展的主题，非金属矿物基绿色功能材料将在发展循环经济、解决资源枯竭和环境污染问题方面发挥越来越重要的作用。在科技发展日新月异的今天，需要更多的人关注低品位非金属矿物生态环境材料的研究，形成强势的创新力量；需要通过学科交叉开发天然矿物材料高值化利用的新技术，实现天然低品位矿物的"低质高用"和"物尽其用"，真正实现资源、材料和环境的和谐发展。

思考题

(1) 低品位非金属矿生态环境功能材料的主要特点是什么？

(2) 结合非金属矿物的特点和现实生产、生活需求，思考一下还能开发出哪些新的生态环境功能材料。

(3) 低品位非金属矿生态环境功能材料的优势与劣势有哪些？

(4) 简述提高低品位非金属矿性能的主要方式有哪些。

(5) 低品位凹凸棒石黏土的利用途径有哪些？

参考文献

[1] Gong Z, Liao L, Lv G, et al. A simple method for physical purification of bentonite [J]. Applied Clay Science, 2016, 119, Part 2: 294-300.

[2] Ding J, Huang D, Wang W, et al. Effect of removing coloring metal ions from the natural brick-red palygorskite on properties of alginate/palygorskite nanocomposite film [J]. International Journal of Biological Macromolecules, 2019, 122: 684-694.

[3] 刘宇航, 孙仕勇, 冉胤鸿, 等. 甘肃临泽高铁凹凸棒土的活化及吸附特性研究 [J]. 非金属矿, 2019, 42 (06): 15-18.

[4] Ma YN, Yan CJ, Alshameri A, et al. Synthesis and characterization of 13X zeolite from low-grade natural kaolin [J]. Advanced Powder Technology, 2014, 25: 495-499.

[5] Zhang HR, Yuan G, Guo HJ, et al. Preparation and characterization of mesoporous materials from low-grade palygorskite clay and its applied in composite phase change material [J]. Journal of Energy Storage, 2021, 40: 102791.

[6] Tian GY, Wang WB, Zong L, et al. A functionalized hybrid silicate adsorbent derived from naturally abundant low-grade palygorskite clay for highly efficient removal of hazardous antibiotics [J]. Chemical Engineering Journal, 2016, 293: 376-385.

[7] Mambrini RV, Saldanha A, Ardisson J, et al. Adsorption of sulfur and nitrogen compounds on hydrophobic bentonite [J]. Applied Clay Science, 2013, 84: 286-293.

[8] Du H, Ma L, Liu X, et al. A novel mesoporous SiO_2 material with MCM-41 structure from coal gangue: preparation, ethylenediamine modification, and adsorption properties for CO_2 capture [J]. Energy & Fuels, 2018, 32 (4): 5374-5385.

[9] Wang W, Tian G, Zhang Z, et al. A simple hydrothermal approach to modify palygorskite for high-efficient adsorption of Methylene blue and Cu (Ⅱ) ions [J]. Chemical Engineering Journal, 2015, 265: 228-238.

[10] Sudagar AJ, Andrejkovičová S, Rocha F, et al. Combined influence of low-grade metakaolins and natural zeolite on compressive strength and heavy metal adsorption of geopolymers [J]. Minerals, 2021, 11 (5): 486.

[11] Zhang Y, Wang WB, Zhang JP, et al. A comparative study about adsorption of natural palygorskite for methylene blue [J]. Chemical Engineering Journal, 2015, 262: 390-398.

[12] Arasi MA, Salem A, Salem S. Production of mesoporous and thermally stable silica powder from low grade kaolin based on eco-friendly template free route via acidification of appropriate zeolite compound for removal of cationic dye from wastewater [J]. Sustainable Chemistry and Pharmacy, 2021, 19: 100366.

[13] Yin H, Yun Y, Zhang Y, et al. Phosphate removal from wastewaters by a naturally occurring, calcium-rich sepiolite [J]. Journal of Hazardous Materials, 2021, 198: 362-369.

[14] Sun C, Zhang F, Wang A, et al. Direct synthesis of mesoporous aluminosilicate using natural clay from low-grade potash ores of a salt lake in Qinghai, China, and its use in octadecylamine adsorption [J]. Applied Clay Science, 2015, 108: 123-127.

[15] Wang H, Hu W, Wu Q, et al. Effectiveness evaluation of environmentally friendly stabilizers on remediation of Cd and Pb in agricultural soils by multi-scale experiments [J]. Journal of Cleaner Production, 2021, 311: 127673.

[16] Gv A, Vk A, Es A, et al. Adsorptive bioremediation of soil highly contaminated with crude oil [J]. Science of the Total Environment, 2020, 706: 135739.

[17] Sun YM, Feng L, Yang L. Degradation of PCB67 in soil using the heterogenous Fenton process induced by montmorillonite supported nanoscale zero-valent iron [J]. Journal of Hazardous Materials, 2020: 124305.

[18] Yuan JH, E SZ, Che ZX. The ameliorative effects of low-grade palygorskite on acidic soil [J]. Soil Research, 2020, 58: 411-419.

[19] Wu C, Hong ZQ, Zhan BJ, et al. Pozzolanic activity of calcinated low-grade natural sepiolite and its influence on the hydration of cement [J]. Construction and Building Materials, 2021, 309: 125076.

[20] Fan ZR, Zhou SY, Xue AL, et al. Preparation and properties of a low-cost porous ceramic support from low-grade palygorskite clay and silicon-carbide with vanadium pentoxide additives [J]. Chinese Journal of Chemical Engineering, 2021, 29: 417-425.

海洋贝壳生态环境功能材料

导读

  贝类指具有贝壳的软体动物，包括鲍鱼和螺类、扇贝、贻贝、牡蛎、蛤类等，主要在海洋和河流等水系中生长发育。在海洋环境的影响下，自然生长在海洋中的贝类生物死亡后遗体在某些海域海岸形成贝壳砂。贝壳砂主要成分为碳酸钙，为天然的优质碳酸钙资源。另外，随着我国贝类养殖和加工业的快速发展，每年将产生大量贝壳，长期以来被视为废物丢弃在海滩路边，成为沿海地区亟待解决的环境问题。贝壳废弃物资源化利用是破解这一困局的唯一出路，不但可"变废为宝"，提高贝壳的附加价值，而且可促进贝类养殖业的健康发展，实现生态环境、经济效益和社会效益三者的共赢。贝壳中含有大量的碳酸钙，少量无机微量元素、可溶性蛋白、不溶性蛋白及其他有机成分，具有独特的结构、极高的强度和良好的韧性，是一种天然的无机/有机层状生物复合材料，其抗张强度是地质矿化碳酸钙的 3000 多倍。近年来贝壳广泛应用于土壤改良剂、吸附剂、建筑材料、催化剂、生物填料、陶瓷材料等领域。

  本章介绍海洋贝壳的资源禀赋特征、成分和结构特点、深加工方法以及性能调控；以海洋贝壳砂开发易洁抗菌功能陶瓷和贝壳材料在绿色建筑材料方面的应用为主要案例，介绍海洋贝类废弃物的资源化利用技术。通过应用案例介绍，加深对于海洋贝壳结构与性能之间的关系、深加工理论与方法以及生态环境领域应用等相互关系的认识。

9.1 海洋贝壳的资源禀赋特征

  联合国粮食及农业组织（FAO）对世界各地区和国家的水产养殖状况进行了数据统计，世界贝类总产量整体上呈现上升的趋势。以 2008 年为特定考查年份，世界贝类总产量前五大生产国依次为中国、日本、美国、韩国、泰国。中国以绝对优势位居第一，贝类总产量为842.4 万吨，占同年份世界贝类总产量的 74.2%（2008 数据来源：FISHDAB-20070808）。2019 年，我国海水养殖产量为 2065.33 万吨，其中贝类产品的养殖产量最多，为 1438.52 万吨。目前，我国海水养殖产量的 75% 以上是贝类，产业规模和产量居世界首位。图 9-1 为我国海水养殖产量及水产种类产量占比。

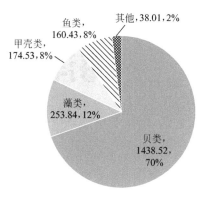

图 9-1 2015—2019 年我国海水养殖产量及水产种类产量占比

由于中国各个省份所处的地理位置不同，使得各个省份的海水贝类养殖产量也有很大不同。海水贝类养殖主要集中在沿海省份，特别是山东、福建、广东、辽宁，这四个省份占全国海水贝类养殖的大部分。

据统计，每加工 1000g 贝类就会产生 300～700g 废弃贝壳，而目前贝壳的利用率仅占贝壳总量的 30% 左右，再加之附加值低，因此贝壳被视为难处理废弃物。贝壳综合利用受技术水平的制约，大量贝壳被当作废弃物直接丢弃或堆积，占用了大量土地资源，也造成了沿海地区严重的环境污染，见图 9-2。从资源角度来看，贝壳是一种可再生的天然矿物资源。贝壳种类众多，但大部分都是由约 95% 的 $CaCO_3$ 晶体和少量有机质构成的，且贝壳特殊的组成结构与结晶状态，使其具有巨大的潜在应用价值。因此，实现废弃贝壳资源化、高值化利用已成为海洋生态文明建设的重要方向。

图 9-2 贝壳实物

9.2 海洋贝壳的成分及微观结构

贝壳是软体动物的外套膜，由软体动物特殊腺细胞的分泌物所形成。从壳质组成上，可分为无机质层和有机质层，其主要成分由 95% 左右的 $CaCO_3$ 与 5% 左右的贝壳素构成，其中贝壳素又包括多种不溶性多糖几丁质、不可溶性蛋白和可溶性蛋白。除此之外，贝壳还含有少量 K、Na、Mg、Fe、Zn、Se 元素的无机盐，是天然的有机-无机复合材料。

贝壳种类多样，晶型不一，可认为是以少量有机质大分子为模板，碳酸钙为单位进行自组装，通过生物矿化调节形成高度有序的多重微层结构，其基本结构一般都由三层组成：角质层、棱柱层和珍珠层。角质层位于最外层，是一层硬质蛋白，由不溶性多糖几丁质、富含丙氨酸和甘氨酸的不可溶性蛋白、富含酸性氨基酸的可溶性蛋白构成，薄且透明，具有光泽，耐酸腐蚀，耐磨，起到保护外壳的作用，如图9-3所示。

(a) 角质层表面(外表面)　　(b) 角质层背面(内表面)　　(c) 棱柱层表面
　　　　　　　　　　　　　　　　　　　　　　　　　　　　　　　(与角质层背面接触的层面)

图 9-3　贝壳角质层与棱柱层表面微观形貌

棱柱层位于珍珠层与角质层之间，由大量棱柱状文石或方解石晶体平行排列组成，增加贝壳硬度，并使其耐腐蚀，如图9-4所示。淡水贝壳的棱柱层一般为文石相，海水贝壳的棱柱层一般为方解石相。棱柱层有机无机相复合层状结构的形成，以及强界面相互作用等，为棱柱层力学性能的控制因素。

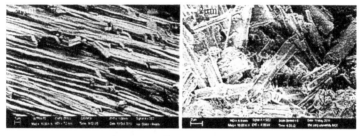

图 9-4　贝壳棱柱层微观形貌

珍珠层由平板状文石片层平行堆积而成，位于贝壳最内层，界面通过有机质粘连而成，具有特殊的"砖-泥"形式的微结构，如图9-5所示。文石板片是珍珠层最基本的结构单元，c 轴都垂直于珍珠层面，a、b 轴平行于层面，一般多呈假六边形、浑圆形、菱形及不规则多边形等，直径 $2\sim10\mu m$，厚 $0.5\sim0.7\mu m$。多边形文石晶体是由纳米级粉体构成的多晶体，多晶体上下表面凹凸不平与相邻珍珠层形成镶嵌互补结构。珍珠层这种独特的微观结构特点决定了裂纹偏转、有机物桥联、纤维拔出、小孔聚结等多种增韧机制的协同存在，使珍珠层具有超常的硬度和韧性。

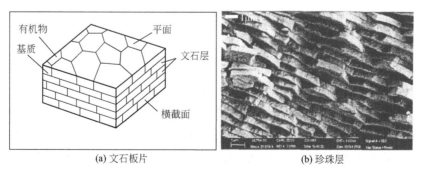

(a) 文石板片　　　　　　　　(b) 珍珠层

图 9-5　贝壳棱柱层微观形貌

9.3 海洋贝壳的深加工与性能调控

高温煅烧是贝壳深加工的常用方法之一，现以蛤蜊贝壳为例分析其高温热分解行为及结构演变过程。

9.3.1 高温热分解

蛤蜊贝壳中含有约 92%（质量分数）的文石和 6%（质量分数）的方解石，以及少量有机质。从图 9-6 可以看出，蛤蜊贝壳在高温下的变化可分为两个阶段，第一个阶段在 200～400℃之间，贝壳轻微失重，失重率为 4.55%，该阶段发生了有机质的变性和分解，这表明贝壳中有机质含量非常少；第二个阶段在 600～800℃之间，该阶段发生 $CaCO_3$ 的分解，随着 CO_2 的逸出，$CaCO_3$ 转化为质量较轻的 CaO，贝壳的失重率大幅增加，失重率为 42.86%。

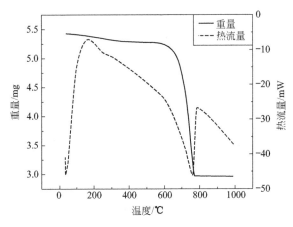

图 9-6　蛤蜊贝壳热重-差热图

9.3.2 高温结构演变

蛤蜊贝壳粉在热处理过程中的晶相结构变化过程如图 9-7 所示。天然蛤蜊贝壳中碳酸钙的晶型主要为文石型，其主要晶面 (111)、(021)、(012)、(102)、(112)、(221)、(113) 等均表现出强烈的衍射峰。经 200℃、300℃ 煅烧后，蛤蜊贝壳中碳酸钙晶型仍为文石型，而 400℃ 热处理后则全部转化为方解石晶型。蛤蜊软体分泌的有机质呈高度有序结构，恰好与文石晶体的特定晶面相匹配，因此能够诱导碳酸钙在有机质模板的作用下定向生长，从而形成文石晶相。在一定温度下贝壳有机质发生分解，导致与有机物键结的 Ca^{2+} 游离出来，文石晶相遭到破坏，形成热力学较稳定的方解石晶体。300℃ 煅烧过程中贝壳质量发生变化的原因是由于贝壳表层的角质层硬化蛋白发生分解，并伴随着贝壳中吸附水、结晶水的失去，而棱柱层及珍珠层中作为文石模板与碳酸钙紧密结合的有机质尚未发生分解，因此保持了稳定的文石晶相。

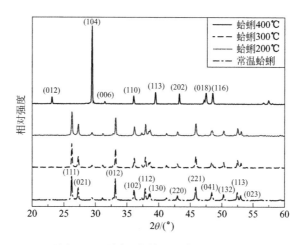

图 9-7　不同温度蛤蜊贝壳 XRD 图谱

红外吸收光谱图中 713cm^{-1}、860cm^{-1}、1082cm^{-1}、1480cm^{-1} 处的吸收峰为文石晶体中 CO_3^{2-} 的特征振动谱带；2520～2623cm^{-1} 范围内的特征峰由氨基酸中 CH_2 或 HCO_3^- 基团的伸缩振动引起；3425cm^{-1} 处的特征峰由水中的—OH 和氨基酸蛋白质中 N—H 的伸缩振动引起。对比煅烧前后的红外吸收谱图，如图 9-8，可以看出，贝壳粉经 300℃ 煅烧后，红外吸收光谱变化并不显著，说明仍保持了稳定的文石晶相；但在 3400～3500cm^{-1} 范围内的特征吸收峰强度变低，并且发生了蓝移，该现象是由于贝壳中吸附水、结晶水的失去以及部分氨基酸的分解造成的。

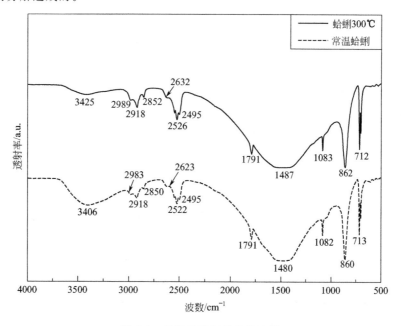

图 9-8　蛤蜊贝壳红外吸收光谱

9.4 贝壳砂制备易洁抗菌功能陶瓷

贝壳砂为海洋贝类生物死亡之后经海水推向岸边日积月累形成的一种生物矿化资源。贝壳砂属再生资源，以其为主要原料生产高档贝瓷，原料成本较低，与同等高档瓷相比较，有着较强的价格优势。贝壳中富含天然珍珠成分，长期使用贝瓷产品可以美容养颜，有益于身体健康。贝瓷是利用富含珍珠成分的贝壳砂为主要原料，采用二次烧成工艺精制而成的高级日用细瓷，具有白度高、半透明度好、壁薄质轻、机械强度高、热稳定性高、易洁抗菌等特点，达到了高级日用细瓷的指标。图 9-9 所示为贝壳陶瓷制品，由陶瓷釉和陶瓷坯体两部分组成。

图 9-9　陶瓷产品和釉、坯结构

9.4.1 易洁抗菌功能贝瓷坯体

以贝壳砂为主要原料可以引入足够的 CaO，但由于瓷胎中 CaO 含量高，缩小了烧结范围；贝壳砂烧失量大，造成烧成收缩大，产品易变形，而且在 $CaO\text{-}Al_2O_3\text{-}SiO_2$ 体系中，成瓷区的烧结范围太窄，从而构成了阻碍贝壳砂制瓷的两道难关。因此，在坯料配方实验中，采用生贝壳和贝壳合成熟料两种形式引入，使贝壳砂质瓷的坯料烧成收缩控制在允许的范围之内，保证产品的正常生产要求。表 9-1 为易洁抗菌功能贝瓷坯体原料化学组成。

表 9-1　易洁抗菌功能贝瓷坯体原料化学组成　　单位:%（质量分数）

名称	成本								
	SiO_2	Al_2O_3	Fe_2O_3	TiO_2	CaO	MgO	K_2O	Na_2O	烧灼
贝壳	2.15	0.89	0.45	—	53.12	0.42	0.21	0.11	41.78
大同土	44.64	38.82	0.17	—	0.48	0.20	0.44	0.20	15.83
坊子土	57.22	26.76	1.31	0.79	0.49	0.35	1.56	0.10	11.19
易县土	69.69	11.90	0.34	0.03	5.87	1.64	0.10	1.53	8.54
钾长石	65.02	19.30	0.09	—	—	—	12.72	1.47	0.33
石英	99.70	0.10	0.13	—	—	—	—	—	—
徐水土	69.39	20.48	0.98	0.15	0.70	0.15	2.68	0.13	5.46
龙岩土	79.01	12.43	0.26	0.02	0.64	0.28	1.56	0.84	5.26

制备陶瓷坯体的关键技术如下：①采用贝壳和其它矿物混合经高温煅烧合成一种稳定的钙镁铝磷硅复合硅酸盐熟料，这种熟料不仅具有足够的 CaO 含量而且它不再以游离状态

存在，使 CaO 单独存在时的不良作用减小甚至消失；②由 $CaO\text{-}Al_2O_3\text{-}SiO_2$ 的三元共熔系统转变到 $CaO\text{-}Al_2O_3\text{-}SiO_2\text{-}P_2O_5\text{-}MgO$ 等多元复杂的共熔系统，使产生共熔物的温度降低；③引入磷酸盐矿化剂使液相的产生速度缓慢，液相熔解石英的能力加强，从而提高高温黏度；④为了使泥料具有良好的塑性，除了采用泥料细加工、添加有机增塑剂外，还采用富含 SiO_2 且具有一定塑性的瓷石粉替代石英、长石，使泥料形成水化膜的能力加强，扩大了泥料的屈服值和最大变形量，使泥料具有良好的成型性能；且由于超细 SiO_2 的存在，使高温液相中 SiO_2 的溶解度增大而提高液相高温黏度；⑤由于贝壳合成熟料的使用，减小了烧成收缩，可采用快速烧成工艺，缩短烧成时间。

9.4.2 易洁抗菌功能贝瓷釉料

（1）易洁抗菌功能化材料的化学组分设计

图 9-10 为陶瓷清洗过程中，水、油、固三相共存时的接触角示意图，其中 O 代表油污，S 代表固体基物，W 代表水相。外力作用下，以界面张力 γ 描述油滴完全滚落的条件，则有：

$$\gamma_{so} - \gamma_{sw} = \gamma_{ow}cos\theta_w \geq 0 \tag{9-1}$$

要使水自动地从基物表面置换油膜，起决定作用的是 γ_{so} 和 γ_{sw} 的相对大小及 γ_{ow}，在满足 $\gamma_{so} - \gamma_{sw} > 0$ 的条件下，降低 γ_{ow} 就可达到单靠水流的作用将油污清除干净。

根据水相中油滴在固体表面的黏附功：

$$W_{ows} = 2(\gamma_w^d + \gamma_w^p + \sqrt{\gamma_s^d\gamma_o^d} + \sqrt{\gamma_s^p\gamma_o^p} - \sqrt{\gamma_s^d\gamma_w^d} - \sqrt{\gamma_s^p\gamma_w^p} - \sqrt{\gamma_o^d\gamma_w^d} - \sqrt{\gamma_o^p\gamma_w^p}) \tag{9-2}$$

式中，d 代表分散性；p 代表极性。可知，倘若固体是极性的，则水的 γ^d 和 γ^p 都起作用，因而固体与水的作用大于与油的作用，即 $\gamma_{so} > \gamma_{sw}$。如果固体是非极性的，则水的 γ^p 不起作用，结果在固体/水界面就有较大的剩余力场，因而 $\gamma_{so} < \gamma_{sw}$。因此，提高陶瓷釉面表面自由能的极性分量就可以满足 $\gamma_{so} > \gamma_{sw}$ 的条件，此时若再降低 γ_{ow}，则可实现降低 W_{ows}，达到水相自动置换油污的目的。

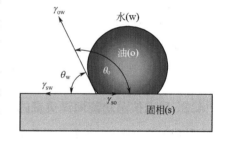

图 9-10　水、油、固三相共存时的接触角

利用电气石的电极性作用，变价稀土的激活作用和远红外辐射材料的红外辐射作用，协同表面能调控材料和无机抗菌材料，设计制造具有易洁、抗菌、活水三功能于一体的日用陶瓷表面亲水易洁抗菌功能化材料，化学组成为：

$$\sum(RE_i/Clay) \cdot A_x \cdot B_y \cdot C_z \cdot D_w \tag{9-3}$$

式中，i 为变价稀土数量，$i=1，2，3，\cdots，7$；x、y、z、w 分别为 A，B，C，D 组分的摩尔比；RE 为变价稀土元素；Clay 为黏土；A 为表面自由能调控功能组分，如氧化硅（SiO_2），氧化铝（Al_2O_3）；B 为抗菌功能组分，如 Ag、磷酸盐、氧化锌；C 为远红外功能组分，如麦饭石、玉石；D 为电极性矿物材料组分，如电气石。

变价稀土元素优选铈，Ce^{4+}/Ce^{3+} 等变价稀土元素具有较高的电极电位，可以减轻银离子因容易被还原而降低抗菌效力的倾向，并可使抗菌元素在材料中呈弥散分布状态，提高材料的抗菌效率；适当调整 SiO_2 和 Al_2O_3 的摩尔比可调控陶瓷材料的表面自由能及极性分量，实验最终确定 Si/Al 在 8 左右，氧化硅添加量为 3.1～3.2mol；电气石的加入有利于提高材料表面能的极性分量及远红外线辐射率，可以活化水，降低油、水的表面张力，从而降低油水之间的界面张力 γ_{ow}。稀土、电气石、远红外辐射材料（麦饭石）协同增效，可明显改善亲水易洁抗菌功能化材料的远红外辐射功能。

耐高温抗菌材料为磷酸盐复合银系抗菌材料：利用磷酸盐的吸附功能、离子交换功能和催化功能，将稀土与磷酸盐复合制备稀土复合磷酸盐无机抗菌材料。按一定比例称取氧化锌、碳酸钙、氢氧化铝等粉料，放在混料机中充分混合；混合均匀的粉料徐徐加入到 40～60℃浓度为 40%左右磷酸水溶液中，边加料边搅拌，待反应结束后，将制得的泥浆自然降温到 30℃左右，装入球磨机中；向磨机中加入硝酸银及稀土水溶液，球磨；中和、清洗、过滤、干燥；在超细球磨机中球磨，即可制成含稀土的复合磷酸盐无机抗菌材料。

（2）易洁抗菌功能化材料的制备

根据陶瓷釉料设计选材的原则及易洁抗菌机理，设计日用陶瓷表面亲水易洁抗菌功能化材料的化学组分为（质量分数）：稀土材料 2%～10%、远红外辐射材料 25%～40%、表面能调节材料 10%～30%、电荷调控材料 2%～10%、黏土等助熔材料 6%～15%、无机抗菌材料 2%～15%。

易洁抗菌功能化材料中关键材料的主要制备方法为：将表面能调控材料、黏土和无机抗菌材料进行前期混合球磨 8h，加热熔融至 1300℃±20℃，保温 2h，水淬制成熔块，粗磨后加入远红外辐射材料、电极性矿物材料进行后期球磨 16h，经粉碎处理制成粒径为 1～8μm 的超细粉体产品。

选用远红外辐射材料和电极性矿物材料作为功能组分，调控了材料表面自由能的极性分量，提高了材料的远红外辐射率，制备的功能化材料的表面自由能极性分量比例为85.91%，远红外辐射率为 92%，抗菌率 99%。

9.4.3 易洁抗菌功能海洋贝瓷的制备

易洁抗菌功能海洋贝瓷的制备工艺流程及烧结温度曲线分别如图 9-11 和图 9-12 所示，陶瓷釉料中易洁抗菌功能化材料的添加量为 12%（质量分数）。

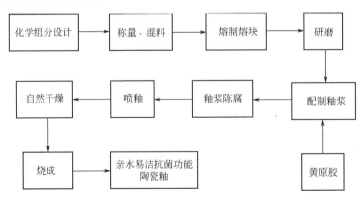

图 9-11　易洁抗菌功能贝瓷制备工艺流程

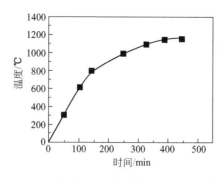

图 9-12 易洁抗菌功能贝瓷烧成温度曲线

9.4.4 易洁抗菌功能贝瓷的结构和性能

（1）贝瓷釉与坯结合的微观结构

普通陶瓷和易洁抗菌功能贝瓷坯釉结合断面微观形貌分别如图 9-13、图 9-14 所示。普通陶瓷釉层中有气泡存在，在使用过程中由于不断的冲刷侵蚀，气泡变为开口气孔，成为沾污的主要原因；易洁抗菌功能贝瓷釉层和坯体的致密度较高，几乎没有气泡。

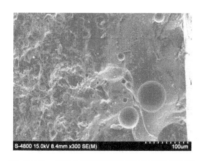

图 9-13 普通陶瓷坯釉结合断面形貌

图 9-14 易洁抗菌功能贝瓷坯釉
结合断面形貌

（2）贝瓷表面油滴运动行为

将一定量的食用油（约 $15\mu L$）滴在陶瓷试样的表面，待稳定后将试样缓慢放入装有蒸馏水的透明水槽中，记录油滴在水中的运动行为，如图 9-15 所示。易洁抗菌陶瓷试样放入水中时，其表面的油滴在浮力作用下开始产生聚合成球体的趋势，与此同时，水迅速地在陶瓷表面铺展，进入到油滴与陶瓷的界面之间，并加速油滴聚合，油滴与陶瓷之间的接触面积不断减小，直至自动浮起脱离陶瓷表面。而普通陶瓷表面的油滴在浮力的作用下只有轻微向上浮起聚拢的趋势，不能自行断开脱离陶瓷表面。

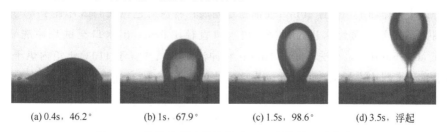

(a) 0.4s，46.2°   (b) 1s，67.9°   (c) 1.5s，98.6°   (d) 3.5s，浮起

图 9-15 易洁抗菌功能贝瓷表面上油滴的运动状态

（3）易洁抗菌功能贝瓷的性能

易洁抗菌功能贝瓷的常规性能应符合国家标准 GB/T 3532 相关规定，安全卫生性应符合表 9-2 要求，抗菌性能应符合表 9-3 要求，易洁性能应符合表 9-4 要求。

表 9-2　易洁抗菌功能贝瓷的安全卫生性要求

项目名称	指标要求
放射性指标	内照射指数≤1.0，外照射指数≤1.3。
急性经口毒性试验	实际无毒
多次完整皮肤刺激试验	无刺激
抗菌物质溶出试验[①]	抑菌环宽度 D＝0mm
遗传毒性试验（Ames 试验、小鼠骨髓嗜多染红细胞微核试验、小鼠精子畸形试验）	三项皆为阴性

① 抗菌物质溶出试验中应分别对金黄色葡萄球菌及大肠杆菌的抑菌环宽度（D）进行测试。

表 9-3　易洁抗菌功能贝瓷贝瓷的抗菌性能要求

项目名称	金黄色葡萄球菌（抗菌率）AS1.89	大肠杆菌（抗菌率）AS1.90
抗菌性能	≥90%	≥90%
抗菌耐久性能	≥85%	≥85%

表 9-4　易洁抗菌功能贝瓷的易洁性能要求

项目名称	指标要求
易洁性能	≤0.5g/m²
易洁耐久性能	≤0.6g/m²

9.4.5　易洁抗菌功能贝瓷易洁性能评价方法与标准化

（1）易洁性评价方法及标准

从制品上切取或制作尺寸为 50mm×50mm（尺寸误差小于±5mm）的瓷片作为试片，试片釉面要求平整光滑，无裂纹、斑点、落渣、毛孔等表面缺陷。试片数量为 6 片，分别用游标卡尺测量试片工作面尺寸，计算面积 S（cm²）。将试片用无水乙醇和蒸馏水依次在超声波清洗器中清洗 10min，取出后用蒸馏水再冲洗 5min，在烘箱中以 110℃烘干至恒重，取出后放置干燥器中冷却至室温。

测量烘干后的试片重量，记为 W_0（g）；用 0.05mL/滴的胶头滴管均匀地将 24～30 滴色拉油滴于试片工作面上，静置 10min 使油稳定铺展；将涂有色拉油的试片置于 45°角的试片托上，用 20～25℃的蒸馏水进行冲洗，出水口直径 1.5cm，出水口至试片冲洗端高度为 30cm，流量为 50mL/s，冲洗时间为 1min；将冲洗后的试片置于 110℃烘箱内烘干至恒重，取出后放置干燥器中冷却至室温，称试片重量并记为 W_1（g）；计算试片表面单位面积油污残余量 A（g/m²）。

$$A=\frac{(W_1-W_0)\times10^4}{S} \tag{9-4}$$

表 9-5 所示为日用瓷器易洁性评价标准。

表 9-5　日用瓷器易洁性评价标准

项目名称	易洁 I	较易洁 II	不易洁 III
表面油污残余 $A/(g/m^2)$	$A \leqslant 0.50$	$0.50 < A < 1.0$	$A \geqslant 1.0$

（2）易洁性检测装置

图 9-16、图 9-17 为陶瓷易洁性测试及评价装置的示意图及实物图，包括装置箱体、自动供水保温系统、冲水管路系统、自动化滴油系统、样品台系统、自动控制系统和污水处理系统。

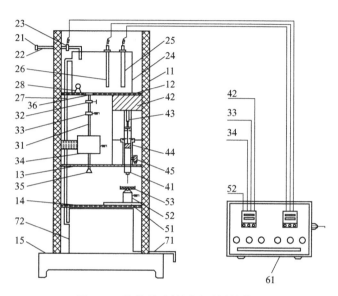

图 9-16　陶瓷易洁性测试及评价装置

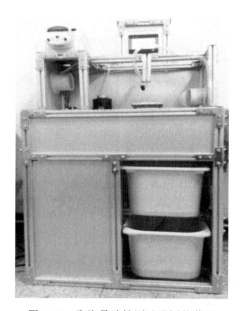

图 9-17　陶瓷易洁性测试及评价装置

装置的工作原理和过程是：在使用时，先触发自动控制系统的总开关，进水电磁阀 23 自动打开，进水管 22 向上水箱体 24 注水，1min 后，注水量达到上水箱体的储水刻度线，进水电磁阀自动关闭；随后，自动控温装置自动开启，控制水温在 25℃时，自动进样装置自动开启，推进丝杠 43 按压注射器 41 使其向正下方的陶瓷样片滴油（滴油量为系统预先设定好的固定油量），滴油完成后，静置等待 10min，在此段时间内，可手动移动载物控制装置，使其沿着可移动导轨槽 14 慢慢移动至试验冲头 35 正下方；10min 过后，出水电磁阀和自动控制流量计打开，自动控制流量计控制水的流量恒定在 50mL/s，水流速度为 1m/s，从而使得水流以恒定的冲击力对陶瓷样片进行冲洗，与此同时，载物控制装置 52 开启，控制样品固定夹 53 缓慢往外旋转−45°~45°，转动速度设定为 2r/min；工作 1min 后，出水电磁阀和自动控制流量计自动关闭，载物控制装置开关也同时关闭，即完成了陶瓷样片易洁性能检测的整个过程，然后可依据油污残留量法，即重量法来判断陶瓷样品易洁性能。

9.5　海洋贝壳在绿色建材中的应用

9.5.1　贝壳作为建材的应用历史

（1）作为砌筑材料——砌块

贝类壳体是一种生物质碳酸钙和有机质交织而成的有机无机复合材料。贝壳 $CaCO_3$ 晶体和有机质交叉叠成，堆积成极为齐整的有序结构，因此力学性能突出。

海洋贝类养殖不仅是人类的食物来源，也是很好的生物固碳、制备生物质碳酸钙的途径。由于贝类壳体复合材料的耐久特性，历史上在我国东南沿海代替石材和砖用作砌筑材料。图 9-18 为我国东南沿海渔村的用蚝壳砌筑的墙体。

图 9-18　蚝壳砌筑的墙体

（2）作为胶凝材料——烧制石灰

贝类壳体不仅可用作砌筑体，也可以烧制石灰用作胶凝材料。古代我国东南沿海渔民用贝壳烧制的石灰被称作"蛎灰"，又称蜃灰，俗名白玉，是我国沿海地区一种重要的传统建筑胶凝材料。构筑城墙、桥梁、房屋，修沟渠，都会使用到"蛎灰"。《天工开物》介绍，将蛎房"叠煤架火燔成，与前石灰共法"。

高分辨扫描电镜观察结果表明，贝壳结构的特征为纳米级碳酸钙颗粒与有机质交织而成，纳米级碳酸钙定向排列和有机质交织在一起，如图9-19所示。

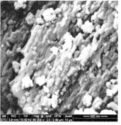

图9-19 贝壳结构的特征

贝壳煅烧时，530℃开始分解，804℃基本分解完成。由于有机质的存在，850℃以下煅烧时解决不了白度问题，有机质挥发比较慢；850～910℃高温煅烧且煅烧时间短时可以形成CaO和CaCO₃的混合物，时间足够长会完全生成$CaCO_3$，此时一方面碳酸钙分解，另一方面有机质被完全氧化挥发；高于910℃急剧分解，可形成白度相当高的CaO。图9-20为贝壳的热重-差热曲线，图9-21为高白度氧化钙样品。

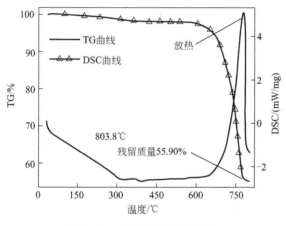

图9-20 贝壳热重-差热曲线

图9-21 高白度氧化钙

9.5.2 生物质碳酸钙的制备

从贝壳中获取生物质碳酸钙（基本矿相方解石）一般采取"堆腐"的办法，即在环境中微生物的作用下，发酵分解贝类壳体中的有机质，让微生物吃掉有机质之后剩下碳酸钙，粉碎后获碳酸钙粉体。"堆腐"除去有机质一般需要几年时间，且会需要大面积的土地且污染环境。

冀志江教授提出了生物加速分解贝类有机质的技术与工艺，主要是通过微生物发酵法加速各种有机物料（包括与贝壳壳体三维网络交叉叠层的有机质以及附着于珍珠层的残余腐肉）的分解，快速获得碳酸钙材料。具体技术工艺是在容器中加入适量水、有机物料腐熟剂与贝壳体一起在罐体中发酵，分解有机物，3～5天贝壳的有机质即可被分解；如果不加有机物料腐熟剂，利用自身携带的菌种7～10天也可实现有机质的充分分解，工艺流程见

图 9-22。有机物料腐熟剂种类包括细菌、霉菌和酵母菌，或者三者联合使用。细菌包括芽孢杆菌属、梭状芽孢杆菌属、假单胞菌属、变形杆菌属、链球菌属、小球菌属、葡萄球菌属、黄杆菌属、产碱杆菌属、埃希杆菌、肉毒梭状芽孢杆菌等；霉菌包括青霉属、毛霉属、曲霉属、木霉属、根霉属等；酵母菌包括酵母菌中啤酒酵母属、毕赤酵母属、汉逊酵母属、假丝酵母属、球拟酵母属等。

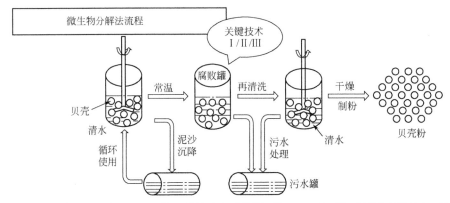

Ⅰ—添加有机物料腐熟剂，约 3～5 天；Ⅱ—不添加任何腐熟剂，约 7～10 天；Ⅲ—留存该部分污水，约 5 天。

图 9-22　生物加速分解贝类有机质技术工艺流程

　　经过微生物处理的贝壳，质地松软极其容易粉碎。此处理方法具有高效、低能耗、无污染的特点，且可以获得高纯度、结构完好的 $CaCO_3$，保留贝壳固有多孔构造，获得高白度的生物质碳酸钙颗粒。微生物处理的贝壳碳酸钙粉体白度可以接近 90%，这样的碳酸钙粉体可以用于涂料、造纸等诸多领域。

　　上述方法制备的生物质碳酸钙粉体，比表面积 $4.72m^2/g$，孔体积 $0.0231cm^3/g$，颗粒平均孔径 21.55nm。粉体的氮气吸附试验发现微生物处理的贝壳碳酸钙具有多孔矿物特征，如图 9-23 所示。

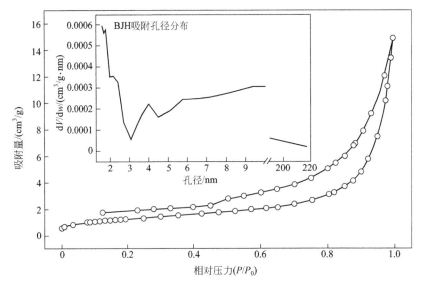

图 9-23　生物质碳酸钙粉体孔结构分析

生物分解法获得贝壳粉的化学成分见表 9-6，碳酸钙含量在 95.5%。

表 9-6　生物分解法获得贝壳粉的化学成分　　　单位：%（质量分数）

成分	CaCO$_3$	Na$_2$O	MgO	Fe$_2$O$_3$	SiO$_2$	Al$_2$O$_3$	SrO	SO$_3$
含量	95.50	1.33	0.65	0.51	0.49	0.18	1.15	0.19

9.5.3　贝壳生物质碳酸钙或氧化钙制备建筑涂料

用贝壳生物质碳酸钙或氧化钙制备的建筑涂料有液体类和粉体类两种。液体类涂料主要组成物质是成膜物质（高分子树脂）、填料、颜料和助剂，可以用贝壳加工的生物质碳酸钙替代矿物碳酸钙制备液体状涂料；粉体类建筑涂料主要组成包括黏接材料（胶粉、白水泥或灰钙粉）填料和颜料。在粉体建筑涂料中，可以用贝壳生产的碳酸钙作为填料，也可以用贝壳制备的 CaO 作为胶凝黏接材料替代灰钙粉（氧化钙和碳酸钙的混合粉体）。用贝壳生产的粉体类建筑涂层材料俗称贝壳粉装饰壁材。

贝壳粉装饰壁材是近年开发的一种新型装饰材料，其环保功能性逐渐受到消费者的青睐，产品市场规模不断扩大。国际上，在日本等海洋业发达的国家贝壳粉环保涂料已经得到广泛应用。贝壳粉装饰壁材是废弃物循环利用的新型建材，符合"节能、环保、利废、减排"的可持续发展战略。

9.5.4　其他

贝壳廉价易得，是天然药材，通过深加工可进一步提取有效药物成分，更好地发挥药效。从牡蛎壳中直接提取出的一种生物糖蛋白，具有收敛、镇静、镇痛等作用。以贝壳为原料用有机溶剂从贝壳溶解滤液中提取得到的贝壳多肽具有潜在药用价值。

贝壳中提取的生物保鲜剂对多种细菌、霉菌和酵母菌有抑制作用，对叶根霉、枯草芽孢杆菌和白色念珠菌抑菌率均超过 95%。多种贝壳煅烧物都能有效抑制猪瘦肉和豆腐干中的细菌生长，对致病性大肠杆菌、绿脓杆菌和金黄色葡萄球菌有强的抗菌活性，其中牡蛎壳煅烧物的防腐效果优良。高温处理后，贝壳提取物的抗菌性只有轻微减弱，这表明贝壳提取物具有较好的热稳定性。贝壳提取物的抗菌性随 pH 值的下降而明显减弱，因此，贝壳抗菌剂不宜在酸性条件下使用。

贝壳中碳酸钙含量约为 95%，是制备补钙剂的天然原料。利用双烧法从贝壳中制取粉状葡萄糖酸钙，产率达 91.03%；牡蛎壳 900℃ 下灰化 2h，加水制成石灰乳，加入 80% 的 L-乳酸中和，经过滤、结晶、洗涤、干燥可制得 L-乳酸钙，其产率为 92.45%，含量 89.41%。以海洋贝壳为原料研制的与人体机能相容，成左旋结构的可溶性海洋钙，性能与珍珠粉相似，人体对其钙的吸收率为 64.3%，远高于普通珍珠粉。

贝壳具有大的表面积及数量众多的孔隙，吸附能力、交换能力和催化分解能力较强，能够吸附多种有机质、重金属等成分，因其高效低耗及高去除率特性，在吸附领域受到极大关注。低氧条件下煅烧牡蛎壳制备的废水处理材料对有机磷的去除效率高达 98%；贝壳粉能有效吸附海岸带有机沉积物孔隙水中的 H$_2$S，并减少上覆水体的耗氧量，可用于修复富营养水域的有机沉积物；将扇贝壳用盐酸清洗、1050℃ 高温煅烧所得的吸附材料具有优异的微观结构，孔径大多分布在 20～70nm，比表面积是活性炭的 2.5 倍，对分子量较大的污染物和体积尺寸较大的细菌具有较强的吸附能力，是一种可广泛应用于吸附各种气体和液体杂质、各种细菌的新型功能吸附材料。焙烧后的贝壳粉在提高土壤 pH 值和交换性钙含量方面与石灰效果相当；贝壳砂改良土壤中的反硝化细菌，能提高土壤中的生物多样性。

贝壳作为一种天然矿物资源，具有硬度高、成本低、耐腐蚀、吸附性好等特点，通过特定方法制备或改性的贝壳粉，具有防火阻燃、吸湿防水、净化空气、吸附甲醛、成本低廉等特性，在建筑材料领域有广泛的应用前景。以硬脂酸钠改性后的贝壳粉可制备出耐冲刷的保温隔热涂料；利用贝壳粉改进砂浆成分配比，可用于制备绿色建筑材料；用贝壳代替砂浆中的水泥可有效减少水泥的消耗。

9.6 扩展阅读

党的十八大以来，国家高度重视海洋强国建设，国家领导人多次发表讲话论述了建设海洋强国的战略目标、发展路径、实践意义等内容。建设海洋强国必须将经济效益和生态效益相结合，海洋生态文明是生态文明的重要组成部分，要把海洋生态文明建设纳入海洋开发总布局之中。我国以海洋强国战略和"21世纪海上丝绸之路"为引领，积极融入全球海洋环境治理体系中，已建立 24 个国家级海洋生态文明建设示范区，打造了环渤海经济带、长三角和珠三角经济区为代表的现代化海洋产业集群，为其他地区建设海洋生态文明、发展绿色经济起到巨大的示范性作用。

我国高度重视海洋科技创新发展，在海洋科研体系的支撑下，自主研发了一系列海洋探测和海洋资源开发仪器设备，促进了海洋强国战略的实施。在深水钻井方面，2017 年中国第二艘深水钻井平台"海洋石油 982"、半潜式钻井平台"蓝鲸 1 号"、首个海上移动式试采平台"海洋石油 162"相继试验成功；在海洋科考装备方面，"蛟龙"号载人深潜器不断突破深潜纪录，"海斗一号"刷新了我国无人潜水器最大下潜深度纪录，自主研发的水下滑翔机创下了我国水下滑翔机的最大下潜深度纪录；在海洋工程方面，2017 年港珠澳大桥海底隧道建成通车，水陆两栖飞机鲲龙 AG600 也已成功首飞。另外，在海洋药物研究领域、信息自动化领域、海洋能利用方面都取得了重大成就，标志着我国海洋综合实力的提升，为建设海洋强国提供重要支撑。

朱树屏，世界著名海洋生态学家、海洋化学家、浮游生物学家、水产学家和教育家，世界浮游生物试验生态学领域的先驱，中国海洋生态学、海洋化学的奠基者和开拓者。他发明的"朱氏培养液"是至今国际上仍广泛使用的经典配方，"朱氏人工海水"为国际首创，是人工海水研究史上的里程碑，他所创造的一系列浮游植物纯培养技术至今也仍在国际上广泛应用。在世界海洋学和藻类学领域，他是唯一一位以其姓命名成果的中国科学家。朱树屏身负重任，兼职较多，但毫不居位自尊，始终坚持与科研人员、学生同甘共苦，奋斗在科研第一线。他的办公室也是起居室，为了工作，经常在此过夜。他倡导因陋就简搞科研，亲自教科研人员研制仪器设备。他学习、工作惜时如金，很少休星期天和节假日，常因工作忙随便买个烧饼在办公室干嚼，办公室备有一张行军床，有时就在办公室或实验室过夜。朱树屏将毕生精力全部献给自己热爱的科学事业、教育事业,以坚毅顽强的意志赢得了学术和事业上的光辉成就。

思考题

(1) 说明海洋贝壳的微观结构及其微结构高温衍变过程。
(2) 给出海洋贝壳的抗菌机理,举例说明贝壳在抗菌材料领域的应用。
(3) 解释说明海洋贝瓷的亲水易洁机理。
(4) 给出陶瓷易洁性测试的原理及方法。
(5) 海洋贝壳制备绿色建筑材料的优势是什么?

参考文献

[1] 中国渔业统计年鉴 [M].北京:中国农业出版社,2020.

[2] 代银平,王雪莹,叶炜宗,等.贝壳废弃物的资源化利用研究 [J].资源开发与市场,2017 (332):203-208.

[3] 王洪泼.废弃贝壳资源化利用现状及研究进展 [J].水产养殖,2021,5:15-18.

[4] Stewart B D,Jenkins S R,Boig C,et al.Metal pollution as a potential threat to shell strength and survival in marine bivalves [J].Science of the Total Environment,2021:755.

[5] Yao Z,Xia M,Li H,et al.Bivalve shell:Not an abundantuseless waste but a functional and versatile biomaterial [J].Critical Reviews in Environmental Science and Technology,2014,44 (22):2502-2530.

[6] 邓志华.文蛤贝壳层状结构及其性能研究 [D].长春:吉林大学,2011.

[7] 闫振广.合浦珠母贝贝壳珍珠层形成机理的研究 [D].北京:清华大学,2008.

[8] 匡猛,冀志江,王静,等.废弃贝壳在建筑材料中的应用 [J].砖瓦,2019 (11):124-126.

[9] 王卓清,盖广清.贝壳粉的特性及其在建筑材料领域的应用研究 [J].墙材革新与建筑能,2019 (8):63-65.

[10] Tang Q,Zhang Y M,Zhang P G,et al.Preparation and properties of thermal insulation coatings with a sodium stearate-modified shell powder as a filler [J].International Journal of Minerals Metallurgy and Materials,2017,24 (10):1192-1199.

[11] Hart A.Mini-review of waste shell-derived materials' applications[J].Waste Management and Research,2020,38 (5):514-527.

[12] Edalat-Behbahani A,Soltanzadeh F,Emam-Jomeh M,et al.Sustainable approaches for developing concrete and mortar using waste seashell [J].European Journal of Environmental and Civil Engineering,2019,1:1-20.

[13] Khan M D,Chottitisupawong T,Vu H H T,et al.Removal of phosphorus from an aqueous solution by nano calcium hydroxide derived from waste bivalve seashells:mechanism and kinetics [J].ACS Omega,2020,5 (21):12290-12301.

[14] 林作鹏.贝壳煅烧物抗菌性研究 [D].大连:大连海洋大学,2014.

[15] 陈小娥,方旭波,余辉,等.超微粉碎的贻贝壳粉作为钙补充剂的研究 [J].中国海洋药物,2008,3:24-27.

第 10 章

生物炭生态环境功能材料

导读

生物炭（biochar）源于生物质资源，是一种有益于生态系统且有助于植物生长的特殊功能材料。生物炭自刀耕火种的原始时代起就与人类文明息息相关。在国外，亚马孙河流域生活的原始土著民族发现并利用了一种特殊的"黑土壤"，这种土壤含有丰富的生物炭和其它有机物质，具有使土地变得肥沃多产的能力。在中国，从距今 7000 多年前的河姆渡遗址出土的文物中就发现有大量夹杂着木炭的黑陶，商周时期也有过使用木炭的记载，唐代诗人白居易的《卖炭翁》流传千古，同样反映了我国古代使用生物炭做能源的盛况。

由于生物炭具有特殊的理化性状及其在全球碳生物地球化学循环、气候变化和环境系统中的重要作用，能揭示古环境变化、地质时期火灾发生的史迹、沉积物的地质时间和人类活动历史等，是近些年大气科学、地学和环境科学研究的热点。同时，因学科交叉融合越来越多，土壤、农学、环境、能源和材料等学科领域的学者纷纷加入到生物炭的研究行列。

本章主要介绍生物炭的源禀赋特征；生物炭的结构特点、理化性能，以及结构与性能之间的关系；生物炭的生产、深加工方法以及性能调控方法。通过应用案例介绍，加深对生物炭结构与性能之间的关系、深加工理论与方法以及生态环境领域应用等相互关系的认识。

10.1 生物炭的资源禀赋特征

生物炭的历史源远流长，随着对生物炭的广泛关注和认识，越来越多的研究者试图统一对生物炭的定义。简单而言，生物炭一般是指生物质在缺氧条件下热裂解而成的富碳固态产物。随着粮食安全、环境安全、能源危机和固碳减排需求的不断发展，生物炭的内涵逐渐与土壤管理、农业可持续发展和碳封存等相联系。2009 年，美国康奈尔大学农业和土壤科学家 Johannes Lehmann 首先将生物炭特指为生物质在缺氧或有限氧气供应条件下，在相对较低温度下（<700℃）热解得到的富碳产物，而且以施入土壤进行土壤管理为主要用途，旨在改良土壤、提升地力、实现碳封存。到了 2013 年，国际生物炭组织（IBI）再次完善了生物炭的概念和内涵，指出生物炭是生物质在缺氧条件下通过热化学转化得到的固态产物，它可以单独或者作为添加剂使用，能够改良土壤、提高资源利用效率、改善或避免特定的环境

污染，以及作为温室气体减排的有效手段。这一概念更侧重于在用途上区分生物炭与其它炭化产物，进一步突出其在农业、环境领域中的作用。我国生物炭先驱陈温福院士在其提出的"秸秆炭化还田"理论中指出，生物炭是来源于秸秆等植物源农林业生物质废弃物，在缺氧或有限氧气供应和相对较低温度下（450～700℃）热解得到的，以返还农田提升耕地质量、实现碳封存为主要应用方向的富碳固体产物。

生物炭的生产原材料来源十分广泛，数量巨大，分类众多、不胜枚举，例如农业林业废弃物，包括作物秸秆、残株、稻草、果实外壳、食用菌基质、禽畜骨骼、粪便、甘蔗渣等；城市固体废弃物，如餐厨垃圾、城市污泥、纸质垃圾、落叶、树枝等；工业废弃物，如造纸废物、造纸污泥等；海水、淡水水生生物，如藻类、水生植物等，而上述这些原料统一可以认为是自然界中的生物质。从实际生产角度出发，通常还需对生物炭原料进行更细致的分类，这对于后续生产所采用的方法及其性价比非常重要，尤其是原料的水分含量（生物质的初始含水量决定了原料的干、湿分类）。干燥的生物质，例如农林业废弃秸秆、果壳等，收集后水分含量较低（质量分数一般低于 30%）；而餐厨垃圾、污泥、生活垃圾、禽畜粪便、藻类、水生植物等湿生物质含水率高［30%（质量分数）以上］，由于较高的含水率，这些原料在加工前需要进行干燥预处理，但干燥过程能耗高，会严重影响生物炭的经济性。

另外，需要指出的是，对于生物炭的成分，到底哪种生物质比较合适，哪种原料成分比较合理，目前国际上还没有统一的规范和标准。同时，生物炭的过度使用是否会对自然界的生态循环造成影响也有待考证，但利用废弃生物质资源生产生物炭在环境保护、可持续发展和碳减排方面的巨大生态效益已经是国际共识，世界各国都在大力推进相关技术研发和产业建设。2019 年，联合国政府间气候变化专门委员会（IPCC）将生物炭部分纳入了《IPCC-2006 年国家温室气体清单指南 2019 修订版》，这标志着生物炭技术已被正式认定为有效的固碳减排技术，同时，这也为生物炭生态效益转化为经济效益提供了机遇。据统计，2020年，全球生物炭市场收入达到了 2.61 亿美元，预计 2027 年将达到 4.77 亿美元，目前，北美和欧洲是生物炭的主要市场，北美占全球生物炭收入的一半以上。

10.2 生物炭的结构与性能

生物炭是生物质热解的固体产物，最为我们熟知的就是有数千年应用历史的木炭。除了木炭以外，包括前文提到的原料在内，几乎所有生物质原则上都可以转化为生物炭，转化的方式通常包括烘焙、热解和水热炭化。

10.2.1 生物炭的生产工艺

10.2.1.1 热解工艺

热解是指生物质原料在高温下的热化学分解，无需添加氧气。该过程从生物质的干燥开始，之后生物质被进一步加热并从生物质固体中释放出挥发性物质。这些挥发性物质能形成气体，如 CO_2，CO，CH_4 和 H_2 等，或可冷凝的有机化合物，例如甲醇和乙酸。通常生物质的热解处理可以得到三种产物：气体、生物油和固体残留物，其中固体残留物就是生物炭。热解处理的工艺条件主要包括热解温度和停留时间，可以根据热解温度和停留时间对热解处理进行分类，从而最终得到的不同的产物，最大限度地提升目标产物的产量（见表 10-1）。

表 10-1　生物炭制备工艺和产物

处理工艺	处理温度/℃	加热速率	产品
水热碳化	150～300		水热炭
烘焙	230～300	非常低	生物炭
慢速热解	380～530	低	生物炭，生物油，气体
快速热解	380～530	高	生物油，少量生物炭
燃烧	700～1400	非常高	气体
气化	>750	非常高	气体

如表 10-1 所示，快速热解（又名闪蒸）的目的是生产液态油，即从固体原料中释放出的可冷凝挥发物，该过程需要迅速冷却以避免液态油转化成轻质气体或聚合成炭。在该过程中，被加热的生物质通常在几秒钟内就达到反应温度，液体产率可高达原料干物质的 75%（质量分数）。

在生物炭的生产中，研究人员的主要目标是获得固体产品。在热解过程中，生物质中的水分蒸发和挥发性成分释放使得固体中的相对固定碳含量增加，与此同时，挥发性有机化合物在还可以在蒸气中聚合形成二次炭产品，进一步增加固体产率，因此在生产生物炭的热解过程中，一般需要较低的升温速度和较长的停留时间。例如传统的木炭生产很可能需要数天甚至数周时间才能完成碳化。慢速热解的温度约为 500℃，根据所需的产品特性和原料自身性质，这一温度也可以进行微调，例如在生物炭孔结构或表面官能团方面的特殊要求，高温有利于孔结构发育，却不利于保留生物炭的表面官能团。又如高碳含量（>95%）生物炭，其处理温度通常需要接近 1000℃，这对于木质原料而言并不难，但对于秸秆等原料就容易带来收率低等系列问题，因此，生物质原料的热解温度通常不会超过 700℃。处理温度在 200～300℃ 范围内的热解也称为烘焙，其主要目的是保留和集中固体中的大部分能量，并显著提高生物质的机械性能（例如可研磨性）。不同炭化温度下的生物炭结构，见示意图图 10-1。

除了上述工艺条件外，生物质原料本身的特性也会对转化工艺和产品特性产生影响。常见的生物质原料主要由纤维素、半纤维素和木质素这三种有机化合物组成，这些成分在处理过程中表现不同，会直接影响产品产量和特性。例如，半纤维素是由几种不同类型的单糖构成的异质多聚体，这些糖是五碳糖和六碳糖，包括木糖、阿拉伯糖和半乳糖等。它是三种主要成分中反应性最强的，可以在约 220～315℃ 的温度下分解。因此，一般可以认为低温烘焙处理的主要作用就是破坏生物质中的半纤维素。纤维素也是一种多糖，但与半纤维素不同，它的结构中没有支链，因而热稳定性更高，在 280～400℃ 之间的温度下才会分解。需要指出的是，尽管纤维素作为地球上最丰富的有机化合物已经被研究了数十年，但其热分解机理仍然有待探索。木质素是一种复杂的三维大分子，具有多种不同的化学键，可以在很宽的温度范围内分解，这一过程通常从 200℃ 开始，但最终完成的温度可能高达 900℃，并且

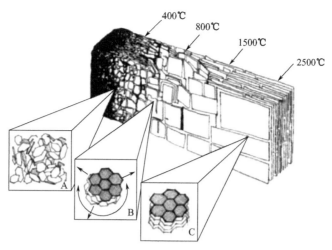

图 10-1　不同炭化温度下的生物炭结构
A—生物炭结构中芳香族碳增加，主要为无定型碳；B—生物炭结构中
涡轮层状芳香碳增加；C—生物炭结构趋于石墨化

还与原料停留时间有关。由于不同的热稳定性，纤维素、半纤维素和木质素的组成会影响所需的处理温度以及产品产量。

综上所述，热解处理生产生物炭一般可以划分为三个阶段：预热解、主要热解和含碳产物的形成。第一阶段，环境温度不超过 200℃，此时主要发生水分和挥发物性物质的蒸发，水分的蒸发会导致生物质中的各种有机化合物化学键断裂并形成—CO、—COOH 基团和氢过氧化物（hydroperoxide）。第二阶段温度为 200℃ 至 500℃，这一阶段半纤维素和纤维素快速分解。当温度高于 500℃ 时，进入最后阶段，木质素和其他具有更强化学键的有机化合物在最后阶段被降解。一般来说，在热解过程中，随着温度的升高，生物炭的产率下降，合成气的产率增加，而低热解温度有利于生物炭产量的增加。

10.2.1.2 水热炭化

水热炭化，也称为湿法炭化，相比于热解处理生产生物炭而言，该法具有更高的转化率，不需要原料的预干燥步骤，操作温度相对较低。水热炭化通常在 180～260℃ 的水中进行，炭化时间范围较宽（5 分钟到若干小时）。该工艺在水的饱和蒸气压随反应温度变化（即亚临界水）的情况下运行，在亚临界水中，水仍然是液体（低压），并充当非极性溶剂。此外，有报道表明，亚临界水和超临界水具有独特的性质，可用于销毁危险废物，如多氯联苯。

水热碳化适合处理湿生物质，而且由于不受原料水分含量的影响，该法可以省去高能耗的原料预干燥步骤，显著降低生物炭的生产成本。与解热处理工艺类似，水热碳化处理也会形成三相产物：生物炭（固相质量分数 40%～70%）、生物油（液相）和以二氧化碳为主的少量气态产物，三相产物的比例及产品性能同样与工艺条件密切相关。水热碳化过程的主要目的是将原料（如木质素）中的聚合结构分解成低分子量和小分子的化学化合物，分解速率取决于反应条件（如温度、时间、反应介质）。在水热碳化过程中，由于分解反应在亚临界水中进行，因此反应是由水解引发的，这有利于原料快速解聚成水溶性产品。另外需要指出的是，生物质原料中常常会含有各种矿物质元素成分，例如 Mg、Ca、Na、K、Fe、P、S 等元素，这些元素在热解过程中，会形成对应的氧化物而最终汇集在热解形成的固体成分中（例如，MgO、CaO、Na_2O、K_2O、Fe_2O_3、P_2O_5 和 SO_3），而在后续利用过程中，这些金属氧化物可能会导致产品生物炭在使用过程中出现潜在的腐蚀、结垢、结渣等。而对于水热碳化工艺而言，由于反应媒介是液体，在水热碳化过程的副产品中可以形成乙酸，上述氧化物会通过酸浸出而留在水热液中，从而降低固体产物中的灰分含量，这是水热炭化工艺的另一个优势。但同时，对于水热碳化的规模化和工业化生产来说，水的大规模和持续性供应也是一个重要的挑战，因为生产全面运行需要大量的水，这在经济角度是值得重点考虑的，实现合理的水循环，降低处理废水的成本，是该技术发展的重要方向。

10.2.2 生物炭的物理性质

10.2.2.1 比表面积

在生物炭的生产中，气体会在热解过程中从固体生物质结构中逐渐挥发出来，从而留下多孔的固体炭。孔隙率增高，每单位体积的生物炭质量就会降低，也就是生物炭的密度降低；同时，孔隙率的变化也会影响生物炭的表面积。生物炭具有较大的比表面积，研究人员通常使用 Brunauer-Emmett-Teller（BET）分析法来确定生物炭的比表面积，即在 77K 下以生物炭对氮气或二氧化碳的吸附量来计算比表面积。一般来说，温度的升高，有利于生物炭孔隙结构的发育和比表面积的增加。

10.2.2.2 孔径和孔容分布

尽管生物炭具有很大的表面积，但它对水和气体的吸附能力会受到孔隙大小的限制。生物炭的孔隙分布会跨越几个数量级，包括微孔（2nm 以下）、中孔（2~50nm）和大孔（50nm 以上）。孔隙体积的测定方法通常也用氮吸附进行，类似于 BET 分析。生物炭的孔隙结构是否发达主要取决于其微孔含量，这与活性炭类似，随着温度的升高，生物炭的总孔容也会随之增加。通常微孔可占据总孔隙体积或表面积的80%以上（例如在热解温度为 450~550℃得到的木炭），而未经处理的生物质原料中的微孔数量一般不到10%。另外，生物炭产品的粒度一般与反应温度成反比，也就是说，高加热温度能够产生较小的生物炭颗粒，而长停留时间和低加热速率产生较大的生物炭颗粒。

10.2.2.3 机械稳定性

生物炭的机械强度在很大程度上取决于其密度，而生物炭的密度又与其孔隙率相关，通常生物炭的机械稳定性与其孔隙率成反比，因此，加热过程中物质的释放或水分的蒸发会通过影响其密度（孔隙率）来影响生物炭的机械稳定性。一般具有高抗压强度的生物炭只能由高木质素含量和高密度原料制成。炭化过程的各向异性会使生物炭的机械稳定性低于母体原料。另外，当温度升高时，生物炭表面的含氧官能团，以及氧碳（O/C）和氢碳（H/C）比的降低也对生物炭的稳定性有一定影响。

10.2.2.4 疏水性

热解过程中发生的两个主要过程会影响生物炭的表面特性。官能团的减少会改变材料对水的亲和力，而孔隙率的增加会改变其对水的吸附量（持水能力）。吸水的表面称为亲水表面，排斥水的表面称为疏水表面。亲水性物质是极性的，疏水材料本质上是非极性的，与水的相互作用很小，但可能与非极性液体发生强烈的相互作用。通常通过烘焙处理就可以去除极性表面官能团（例如—OH、—CHO、—COOH、—NH₂）将生物质转化为疏水的生物炭。热解温度的升高会进一步增加生物炭的疏水性，因为高温会导致更多的极性表面官能团消失，同时增加生物炭的芳香性，这一点通常可以通过生物炭的 O/C 比的降低得到验证。同时，生物炭孔隙内的疏水表面可以防止更多的水进入生物炭内，从而降低生物炭的持水能力。但需要指出的是，目前已有研究表明，生物炭的疏水性并不会随着温度的升高而无限增强。生物炭的疏水性与其表面的脂肪族官能团有关，它们会在 400℃到 500℃的温度下被破坏。这也解释了为什么烘焙（通常高达 300℃）能够将亲水性生物质转化为疏水性炭，但温度进一步升高到 500℃以上可能会导致这种疏水性的丧失。此外，在较高温度下孔隙率的增加变得更加显著，并且炭可能吸收更多的水。生物炭的疏水性和持水性，如图 10-2 所示。

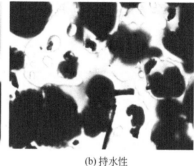

(a) 疏水性　　　　　　　　　　　　　(b) 持水性

图 10-2　生物炭的疏水性和持水性

10.2.3　生物炭的化学性质

10.2.3.1　元素组成

　　生物炭一般由非挥发性化合物（例如芳香族物质）和挥发性化合物（例如脂肪族物质）形成，它们具有高碳含量和低氧含量，脂肪族物质受温度升高的影响较大。在生产过程中，生物炭的碳含量会显著增加，例如未经处理的木材，通常其碳含量略高于 50%（质量分数），氧含量略高于 40%（质量分数）（按质量计算，不含灰分）。在生物炭生产过程中，最显著的变化发生在 200～400℃的温度范围内，在较高温度下，这两个值逐渐接近 100%（质量分数）（碳）和 0%（质量分数）（氧）的极限值。高温生物炭的碳含量可达 95%（质量分数）以上，氧含量小于 5%（质量分数）。木材的氢含量从 5%（质量分数）到 7%（质量分数）不等，在 700℃以上的热解过程中降低到不到 2%（质量分数）。生物炭表面的各种官能团也会随着元素含量的变化而受到影响，因此，可以根据生物炭的最终用途选择合适的处理温度，从而适当保留生物炭中的各种元素。

10.2.3.2　酸碱性

　　生物质通常呈微酸性或微碱性，pH 值为 5～7.5。热解会导致生物炭的一些酸性官能团

（例如羧基、羟基或羰基）在碳化过程中分离或减少，最终导致生物炭的 pH 值升高。处理温度是影响生物炭 pH 值的最关键因素之一。pH 值升高的主要原因是高温下生物炭结构中弱键（如羟基键）的断裂。具有较高 pH 值的生物炭在调节酸性土壤和温室气体排放方面具有重要应用，由于增加了土壤的 pH 值，土壤中 CO_2 和 N_2 的排放也可以减少，最终也可以减少氮肥的使用。

10.2.3.3 阳离子交换容量（CEC）

生物炭表面的官能团主要是带负电的，这使得它对阴离子的吸附能力较低，而对阳离子的交换能力较强。生物炭中大量矿物质（如 K、Ca、Na、Mg）的存在可以促进表面官能团的形成，使生物炭往往具有较高的 CEC 值。随着热解温度的升高，一些酸性官能团的消失会导致生物炭的 CEC 降低。

10.3 生物炭的深加工与性能调控

10.3.1 物理方法

物理改性是指通过物理方法来增强生物炭的某些特性。生物炭的生产很大程度上取决于几个变量，如生物质本身的特性（生物质类型、水分含量、堆积密度和粒度）、反应条件（停留时间、温度和加热速率）、环境条件（压力、载气类型、载气吹速）、反应装置和催化剂等等。生物炭的物理改性技术在成本和时间方面更具优势，而涉及酸或碱的化学改性则需要更多的时间来完成原料前处理和后续处理。常见的物理改性可从温度、压力、初始 pH 值、粒径、气体/蒸汽活化、微波改性、磁法等方面实现。

10.3.1.1 温度

生物炭的理化性质和结构变化与热解温度密切相关。在较高温度下，化学键重新排列并产生新的表面官能团（苯酚、吡啶、羧基、内酯等）。这些表面官能团可以作为电子供体和受体发挥重要作用，它们提高了生物炭的活性，宏观上改变了生物炭的性能。

10.3.1.2 压力

压力因素对生物炭改性影响最大的方式是真空热解。在真空热解过程中，压力范围一般控制在 0.05~0.20MPa 之间，温度范围一般为 450~600℃。在真空条件下，仅采用真空或低压去除热解过程中产生的蒸汽，可有效防止无机化合物的挥发，对产品的收率和质量有显著的提升作用。因此，真空热解是生产优质生物炭的重要方法之一，但高压热解需要更严格的反应条件和更高的经济成本。

10.3.1.3 初始 pH 值

本部分所涉及的 pH 值主要指的是应用环境的 pH 值。例如在废水处理应用方面，生物炭加入废水中后，废水的初始 pH 值对生物炭的功能有很大影响。pH 值是生物炭吸附过程中的重要参数之一，因为它同时对吸附剂的金属形态和表面电荷有重要影响。大多数重金属在酸性条件下呈游离态，容易迁移，而在碱性条件下，大部分以结合态存在，不易迁移。溶液的初始 pH 值对生物炭的表面电荷、表面官能团的离子状态和改性活化生物炭的活性中心有显著影响，从而影响吸附性能。

10.3.1.4　粒径

颗粒大小主要对生物炭的比表面积产生影响。一般来说，生物炭粒径越小，比表面积越大。生物炭吸附能力较好的主要原因之一就是较高的比表面积，虽然与活性炭相比，生物炭更易于生产，但其比表面积与活性炭相比仍然较低，吸附能力有限。改变生物炭粒径以提高吸附能力的方法是球磨。在球磨过程中，除了比表面积和微孔外，生物炭中的官能团还可以在适当的化学试剂存在下进行修饰。球磨不仅是一种经济、简单的制备高效吸附剂去除环境污染物的方法，也是一种有望降解吸附剂上吸附的污染物并降低其环境风险的技术。但是，球磨后的生物炭在露天环境中应用后很难回收，处理不善很容易造成二次污染。如果使用过的生物炭不能及时与环境分离，就起不到最初应有的控制污染物的作用，只会聚集污染物，造成更严重的区域或点源污染。例如在土壤应用中，较小的生物炭颗粒要么在土壤层中向下移动，要么很容易被风或水侵蚀。

10.3.1.5　气体/蒸汽活化

蒸汽活化是一种常用的物理活化方法，可在生物质原料挥发性成分分解的过程中促进微孔、中孔和大孔的形成，这与活性炭的生产工艺非常接近。活性炭具有较大的总孔体积，较大的内表面积，更宽的孔径分布。这种方法也可以去除来自生物炭的不完全燃烧部分和其他杂质。但是，蒸汽活化的温度较高，这会降低生物炭表面官能团含量。除了水蒸气之外，CO_2 改性活化也可以增加生物炭的表面积和孔体积。

10.3.1.6　微波改性

微波是一种电磁辐射，微波热解反应可以在 $200 \sim 300\,℃$ 的低温下进行，生物炭的产率可达 60%（质量分数）以上，在节能环保和生产效率方面有显著的优势。以电磁辐射为热源的微波热解是一种惰性环境下的热降解，微波辐射可以引起粒子的偶极旋转并从材料内部产生热量，与传统通过传导机制从表面到内部的热传递相比，微波热解可以同时加热原料的内部和表面区域。与传统的热解相比，微波改性在经济上具有更低的生产成本和更短的生产时间，这使得利用微波热解技术将生物质转化为生物炭具有很大的优势。

10.3.1.7　磁性改性

用于堆肥或吸附有害物质的生物炭在分离后会产生二次污染，因为其中的有害物质在富集后含量会很高，进而影响生物炭的再生和循环利用。比较有效的解决方法是将适合的磁性介质，例如零价铁（Fe^0）、γ-Fe_2O_3、$CoFe_2O_4$ 和 Fe_3O_4 与生物炭结合，经过磁改性的生物炭，可以很容易地从水溶液中收集、分离。

10.3.2　化学方法

化学活化是最广泛使用的活化方法，也称为湿氧化。化学改性比物理改性应用范围更广，它具有以下显著特点：①处理时间短，活化温度低；②活化后的生物炭具有更大的表面积；③产品生物炭的微孔结构发达且分布均匀。化学活化得到的生物炭因其较大的比表面积和发达的微孔结构，在环境治理中得到了广泛而重要的应用，可以有效去除空气、水和土壤中的污染物。化学改性主要包括氧化剂改性、酸改性、碱改性和金属盐改性。常见的改性剂包括酸类改性剂，如 H_2SO_4、HNO_3、HCl、H_3PO_4，碱类改性剂（如 NaOH 和 KOH）和氧化剂（高锰酸钾和 H_2O_2）。

10.3.2.1 氧化改性

生物炭可以利用酸或碱进行氧化，提高生物炭的阳离子交换能力、官能团利用率、微孔和比表面积。氧化改性通过形成新的复合位点来改善生物炭的理化性质，这通常会增强生物炭的吸附能力。与其他活化过程相比，氧化改性的生物炭通常表现出更强的金属结合能力，同时也具有更丰富的表面官能团，这使得氧化改性的生物炭可以用来吸附饮用水和废水中的有机和无机污染物。

10.3.2.2 酸处理

利用酸类物质对生物炭进行处理，既可以去除生物炭内部的杂质（如金属），发展其孔隙结构，提升表面积，又可以利用酸性官能团改善生物炭的理化性能，增强生物炭的吸附能力。例如有报道指出 H_3PO_4 改性后的生物炭具有更大的表面积和更多的含氧官能团，使得生物炭对重金属离子的吸附比未改性生物炭更高；而酒石酸、醋酸、柠檬酸等弱酸对生物炭的处理也能在生物炭表面形成羧基官能团，但经过修饰后的生物炭比表面积略有下降。此外，酸改性往往可以降低生物炭的 pH 值，较低 pH 值的生物炭在碱性钙质土壤中具有广阔的应用前景。

10.3.2.3 碱处理

同酸处理改性类似，生物炭的碱处理改性也可以改善产品生物炭的孔隙结构，提其升孔容和表面积，并增加其含氧官能团的含量。最常用的碱改性剂是 KOH 和 NaOH。碱活化的方法比较简单，通常是将生物炭在室温下浸泡在碱性试剂中，根据生物炭原料的类型，浸泡时间可以适当增减，一般持续 6~24 小时。浸泡完成后将生物炭洗涤至中性，并在反应器中在 300~700℃的氮气环境中进一步热解 1~2 小时。碱处理改性可以使生物炭表面产生正电荷，有利于吸附带负电荷的污染物。

10.3.3 生物方法

10.3.3.1 微生物固定化技术

固定化微生物技术是将特选的微生物固定在选定的载体上，使其高度集中并保持生物活性，在适宜条件下能够快速、大量增殖的生物技术。这种技术应用于废水处理，有利于提高生物反应器内微生物的浓度，有利于微生物抵抗不利环境的影响，也有利于反应后的固液分离，缩短处理所需的时间。生物炭具有发达的孔隙结构、丰富的表面官能团和较大的比表面积以及较低的生产成本，是一种优良的微生物固定化材料。微生物在生物炭表面固定的方法包括吸附法、交联法和包埋法。

吸附法一般依靠生物体与载体之间的作用，包括范德华力、氢键、静电作用、共价键及离子键。吸附法是一种简单易行、条件温和的固定化方法，但用它固定的生物体不够牢靠，容易脱落。

交联法又称无载固定化法，是一种不用载体的工艺，通过化学、物理手段使生物体细胞间彼此附着交联。化学交联法一般是利用醛类、胺类等具有双功能或多功能基团的交联剂与生物体之间形成共价键相互联结形成不溶性的大分子而加以固定，所使用的交联剂主要有戊二醛、聚乙烯胺、环氧氯丙烷等等。物理交联法在是指在微生物培养过程中，适当改变细胞悬浮液的培养条件（如离子强度、温度、pH值等），使微生物细胞之间发生直接作用而颗粒化或絮凝来实现固定化，即利用微生物自身的自絮凝能力形成颗粒的一种固定化技术。

包埋法是将生物体细胞截留在水不溶性的凝胶聚合物孔隙的网络中，通过聚合作用，或通过离子网络形成，或通过沉淀作用，或通过改变溶剂、温度、pH值使细胞截留。凝胶聚合物的网络可以阻止细胞的泄漏，同时能让基质渗入和产物扩散出来。在微生物的固定化方法中，以包埋法最为常用。

10.3.3.2 厌氧消化

厌氧消化指有机质在无氧条件下，由兼性菌和厌氧细菌将生物质降解分解为 CH_4、CO_2、H_2O 和 H_2S 的消化技术。与原始生物炭相比，利用生物质厌氧消化残渣制备的生物炭在阴离子交换能力、阳离子交换能力、比表面积和污染物处理方面具有更强的性能。利用厌氧消化残渣制备生物炭，不仅可以降低废物处理的处置成本，也是生产生物能源的绿色途径，在经济和环保方面的效益十分显著。

10.4 生物炭在环境领域的应用

生物质在炭化过程中，经历了由生物质到炭的物质形态转变，同时形成了极丰富的多孔碳架结构和不同种类的表面官能团、有机小分子及矿物盐等，这些结构和表面特性为其作为吸附、载体等功能材料奠定了重要基础，使生物炭可以在农业、环境、能源等多领域大展拳脚，得到广泛应用。下面主要介绍生物炭在环境保护方面的应用，其应用范围如图10-3所示。

10.4.1 土壤修复

生物炭在土壤中的应用和效果取决于所选择的生物质原料的自身性质和合成方法。土壤的化学和物理性质可以通过改变疏松程度、透水性、持水能力等来改变。此外，生物炭具有提升肥料吸收、养分（NO_3^-、NH_4^+、PO_4^{3-}）吸收的能力，降低养分浸出的能力以及促进农药降解等作用，有利于改善土壤肥力、促进作物生长、提高产量；同时，由于生物炭的吸附和富集作用，土壤中的农药等有害成分也可以得到控制，这也有利于增加土壤中微生物群落的新陈代谢活动。此外，在营养缺乏的土壤中添加生物炭，还会改变土壤的化学性质。例如，Lian等人的研究表明在土壤中使用生物炭，可以有效改善土壤的孔隙度，提升养分、水和空气的渗透，从而提高土壤的质量。Qu等人的研究表明在土壤中添加生物炭能够诱导粪便快速分解，减少堆肥过程中碳和氮的损失，从而提高土壤中的养分含量，在改善微生物

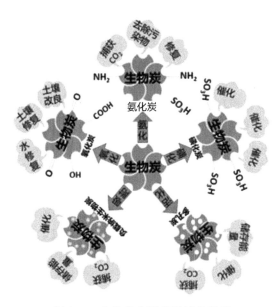

图 10-3　生物炭在环境领域的应用

活动、发挥堆肥农艺性能方面具有重要作用。Yoo 等人在正常土壤中使用生物炭并研究了路边植物（银杏树苗）的水分胁迫，他们得出的结果表明添加生物炭可以使土壤吸收更多水分，促进植物生长。

此外，使用不同类型的生物炭会影响土壤养分循环和养分供应，原因之一是生物炭会直接影响土壤中微生物群落的组成和结构。Farrell 等人用小麦和桉树枝条制备了两种 C^{13} 标记的生物炭，对生物炭对土壤微生物群落结构的影响进行了研究，通过特定的同位素分析，他们指出添加生物炭能够显著改变土壤中的微生物群落。Bao 等人以堆肥、蘑菇渣和玉米秸秆生物炭制备了混合材料并利用它来降解多环芳烃，研究结果表明堆肥、蘑菇渣和玉米秸秆生物炭结合，可以增加土壤中溶解有机碳的浓度，加速土壤中多环芳烃的降解。

10.4.2　温室气体吸收

60％的全球变暖是由于 CO_2 的释放引起的，如果我们以适当的方式控制 CO_2 的释放或吸收，就有可能减缓全球变暖。目前常见的方法包括吸附、膜分离、深冷分离、生物治理等，这些方法可以在一定程度上捕集并减少释放到大气中的 CO_2 数量。吸附是一种简单、可靠、不排放任何有害副产物的方法，能够持续低成本地减少 CO_2 排放。目前，CO_2 吸附捕集所使用的材料种类较多，包括沸石、活性炭、多孔聚合物、碳纳米管、胺功能化吸附剂、二氧化硅、金属氧化物、水滑石、金属有机骨架等。随着生物炭关注度的提升，有很多学者利用生物炭进行二氧化碳吸附，并获得了较好的效果。

10.4.3　工业废水重金属去除

重金属排放对环境造成的污染已经是世界性的环境问题，这些问题在发展中国家尤为严重。重金属排放的主要行业包括金属精加工、电镀、纺织、电池、玻璃、采矿、精炼矿石、农药、造纸、化肥、制革等，常见的重金属有铬（Cr）、铅（Pb）、镉（Cd）、汞（Hg）、砷（As）、铜（Cu）、硒（Se）等。由于重金属会在自然界长期积累富集，并进入生物链循环，这对所有处于生物链范围内的生物都会造成致命伤害。通常，工业废水中存在的重金属可以通过离子交换、反渗透、化学沉淀、螯合/络合、浮选、植物修复、化学氧化/还原、超滤、膜技术、吸附、电化学方法等去除。在这些方法中，吸附法的应用最为普遍，因为该法成本相对较低，而且其他方法常常都会伴随着次生问题，如淤泥的形成等，这会导致处理过程进一步复杂化。随着生物炭研究的兴起，研究人员开始尝试使用生物炭作为吸附剂去除工业废水中存在的重金属离子，研究结果表明生物炭的吸附效果与其本身的理化性质有很大的关系。重金属离子可以分为两种类型，阳离子型，如 Hg（Ⅱ）、Cd（Ⅱ）、Pb（Ⅱ）等，以及阴离子型，如 Cr（Ⅵ）和 As（Ⅴ）等。经过表面改性的生物炭会比原始未改性的生物炭具有更好的重金属吸附能力，例如通过使用氧化剂如 $KMnO_4$，$K_2Cr_2O_7$ 处理生物炭就可以将含氧官能团，如—COOH、—OH 等引入生物炭，从而利用生物炭与重金属粒子之间的离子交换作用、静电吸引作用、络合作用增强生物炭对阳离子重金属的吸附能力。另一方面，磁性颗粒或金属氧化物的负载可以增强生物炭吸附去除阴离子型重金属的能力，其去除途径包括离子交换、吸附兼还原和静电吸引。金属氧化物粒负载的生物炭制备工艺简便，可以直接将生物质原料浸泡在金属盐溶液中一段时间，将生物质取出干燥后热解，就可以得到含有所选金属离子的生物炭。生物炭对重金属的吸附模型，见示意图 10-4。

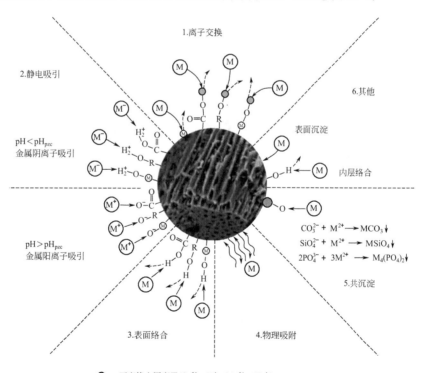

图 10-4　生物炭对重金属的吸附模型

10.4.4　有机化合物去除

挥发性有机化合物、杀虫剂、酚类化合物、含氮化合物、二噁英、多核芳香族化合物、塑料原料等经常存在于污水中，这些化合物通常可以通过向水中添加氧化剂，如芬顿试剂、H_2O_2、二氧化氯、臭氧等来去除，但些氧化剂与污染物反应后会形成被称为消毒副产物的含氧官能团，可能会引发生物活体成分中的细胞毒性、基因毒性和诱变活性。有研究人员尝试通过使用生物炭来克服、避免上述缺点，利用生物炭作吸附剂，通过吸附机制去除有机化合物。生物炭对有机化合物的吸附效率基于疏水作用、孔隙填充、静电作用、氢键以及有机化合物与生物炭之间的 π-π 相互作用。例如，Maya 等人设计了一种基于生物炭的使用点水处理系统，用于去除工业废水中的氟化物和铬；Dai 等人引入了源自稻草的磁性生物炭来吸附水中的四环素；Kalderis 等人使用造纸污泥/小麦壳生物炭去除水中的 2,4-二氯苯酚，上述研究都获得了较为理想的去除效果。生物炭对有机物的吸附模型，见示意图 10-5。

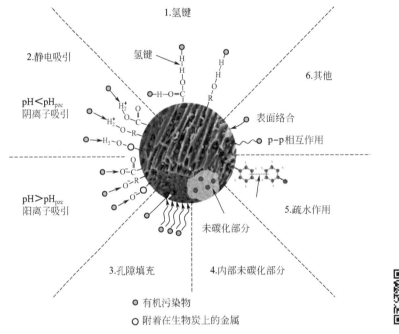

图 10-5　生物炭对有机物的吸附模型示意图

10.4.5　消毒抑菌

饮用水中存在的病原微生物对人体健康是有害的，虽然我们可以通过消毒的方式最大限度降低病原微生物的数量，但消毒后形成的副产品仍然可能导致健康问题。研究表明，生物炭不仅可以对微生物进行消毒，还可以消除副产品产生的二次影响。Ebe 等人用稻壳制备了一种生物炭作为抗真菌剂，并将所得结果与活性炭的抗菌结果进行比较，结果显示稻壳制备的生物炭具有比活性炭更好的抗菌效果。Zhou 等人的研究表明，零价铁生物炭复合材料具有良好的抗菌和抗真菌活性，不但可以去除水体中存在的污染物，而且对其中的细菌生长有很强的抑制作用。

尽管生物炭在土壤修复、改良，温室气体吸收，水体重金属和有机物去除以及饮用水处理等方面展示出了较好的应用效果和应用前景，但需要强调的是，随着生物炭的规模化使用，其对环境的潜在不利影响也需要加以注意。虽然目前对于生物炭的研究和应用的报道绝大部分都是关于其对环境的有益作用，但过度的使用生物炭也会给环境带来潜在的威胁和危害，这也要求我们要科学、客观、合理地利用生物炭。由于原料来源和制备工艺等因素的影响，生物炭中可能会包含有毒物质，如重金属、多环芳烃（PAH）、多氯联苯、多氯二苯并呋喃等等，如果使用不当，就会产生负面影响。目前已有研究指出，生物炭原料中可能会含有重金属，并且在热解过程会在某种程度上富集；另外，生物炭原料在炭化、还原和芳构化过程中会产生多氯类污染物和芳香类污染物，这些污染物生物利用度低，难降解，会给生物炭的广泛应用带来潜在的环境不确定性。对于广大研究人员而言，应该在将来的研究中深入考察、研究某些生产因素（例如生物质来源和制备条件）与生物炭环境风险之间的关系，评估生物炭的潜在环境风险。

10.5　扩展阅读

　　在亚马孙地区的大片红土之中，还有零星分布的小块沃土，其中最富饶的土壤类型被称作"亚马孙黑土"，这些黑土占不到亚马孙雨林土地面积1%的份额，只有个别地方出现几平方公里的大块黑土地，可达到一米多厚。在被大片贫瘠的红土覆盖的土地上，为什么会冒出这些零散的黑土呢？你可能会认为，珍贵的沃土的发现地都应该位于遥远的丛林深处，在那些杳无人烟的地方。但事实却并非如此，城镇、古城边缘，以及传统的养殖场周围都被发现有这种土壤。而且，人类居住区的规模越大、年头越久，黑土也就越多。这样的发现颠覆了一些人们长期以来持有的观点。之前，生活在丛林的农民不仅经常被指责滥砍滥伐，而且还背上了使土地变得越发贫瘠的骂名。然而，这些零散的肥沃黑土的发现表明，热带雨林中农业文明的耕种行为，在某种程度上不但没有破坏反而促进了土壤的肥沃。

　　有趣的是，考古学家也发现，我们认为最青翠、最茂盛的那部分原始森林，其实正是古代文明早已废弃的农田的所在地，古人类产生的废物滋养了那里的土地。考古学家通过对这些土壤成分分析后发现，其中含有人类放火烧毁木材和制陶的含碳残余物、农作物残余以及各种动物包括鱼类在内的骨头残渣。木炭中的黑色的碳被认为是组成黑土的重要成分，它可以在土壤中存在1000年或者更长时间，且它的孔洞结构十分容易聚集营养物质和有益微生物，从而使土壤变得肥沃，有利于植物生长。

　　在大西洋的另一边，生活在非洲的黑人土著同样也创造了富饶的黑土地，他们的创造流传至今，这给科学家的分析提供了很好的样本。19世纪去过非洲的探险家就在探险记录中提出，土著非洲人将土覆盖在点燃的木材、稻草或者农作物废弃物上使之长时间无焰燃烧，并把剩余的灰烬撒到他们的农田里（实际上，这就是我们现在生产"生物炭"的方法，即在缺氧环境下，使农作物碳化）。2010年，一位英国人类学家在非洲西部的利比里亚考察了150多个黑土地片区，这些黑土地围绕部落居住区组成了鲜明的环状：近处是靠脏兮兮的垃圾堆滋养起来的黑土，经常用作菜园；远处则是长期耕作物积累的黑土，被用来种植可可和可乐树等作物。这些事实说明，非洲土著很早就熟悉了黑土的肥沃价值，学会了怎样合成黑土，并用黑土改造了土地，增加了粮食产量，促进了农耕水平。

今天，很多环境保护主义者都梦想着人与环境的和谐互动，其实这样的梦想我们的祖先很早以前就已经实现了，他们的经验至今仍然鲜活实用，这对于我们保护生态环境，维护绿水青山，实现可持续绿色发展，也是值得借鉴和传承的。

思考题

（1）在生物炭的热解工艺中，热解温度与最终产物的成分有什么关系？

（2）对于生物炭的深加工与性能调控有哪些常见的方法？各自对产物的性能有哪些主要影响？

（3）生物炭在环境领域的应用主要用到了生物炭的哪些特性？请举例说明。

（4）生物炭应用的风险有哪些？

（5）谈谈你对生物炭在未来功能化发展中的一些展望。

参考文献

[1]　W F Chen, J Meng, X R Han, et al. Past, present, and future of biochar [J]. Biochar, 2019, 1：75-87.

[2]　J Lehmann, S Joseph. Biochar for Environmental Management：Science, Technology and Implementation [M]. 2nd ed. London：Earthscan from Routledge, 2015.

[3]　K Weber, P Quicker. Properties of biochar [J]. Fuel, 2018, 217：240-261.

[4]　R Zornoza, F Moreno-Barriga, J A Acosta, et al. Stability, nutrient availability and hydrophobicity of biochars derived from manure, crop residues, and municipal solid waste for their use as soil amendments [J]. Chemosphere, 2016, 144：122-130.

[5]　X F Tan, Y G Liu, G M Zeng, et al. Application of biochar for the removal of pollutants from aqueous solutions [J]. Chemosphere, 2015, 125：70-85.

[6]　E W Bruun. Application of fast pyrolysis biochar to a loamy soil-effects on carbon and nitrogen dynamics and potential for carbon sequestration [D]. PhD thesis. Technical Univ. of Denmark, 2800 Kgs. Lyngby, 2011.

[7]　N L Panwar, A Pawar. Influence of activation conditions on the physicochemical properties of activated biochar：a review [J]. Biomass Conversion and Biorefinery, 2020：1-23.

[8]　F Lian, B Xing. Black carbon (biochar) in water/soil environments：molecular structure, sorption, stability, and potential risk [J]. Environmental Science & Technology, 2017, 51：13517-13532.

[9]　J Qu, L Zhang, X Zhang, et al. Biochar combined with gypsum reduces both nitrogen and carbon losses during agricultural waste composting and enhances overall compost quality by regulating microbial activities and functions [J]. Bioresource Technology, 2020, 314：123781.

[10]　S Y Yoo, Y J Kim, G Yoo, et al. Understanding the role of biochar in mitigating soil water stress in simulated urban roadside soil [J]. Science of the Total Environment, 2020, 738：139798.

[11]　M Farrell, TK Kuhn, LM Macdonald, et al. Microbial utilisation of biochar-derived carbon [J]. Science of

The Total Environment，2013，465：288-297.

［12］ M Maya，W Gwenzi，N Chaukura，et al. A biochar-based point-of-use water treatment system for the removal of fluoride，chromium and brilliant blue dye in ternary systems［J］. Environmental Engineering and Management Journal，2020，19（1）：143-156.

［13］ J Dai，X Meng，Y Zhang，et al. Effects of modification and magnetization of rice straw derived biochar on adsorption of tetracycline from water［J］. Bioresource Technology，2020，311：123455.

［14］ D Kalderis，B Kayan，S Akay，et al. Adsorption of 2,4-dichlorophenol on paper sludge/wheat husk biochar：Process optimization and comparison with biochars prepared from wood chips，sewage sludge and hog fuel/demolition waste，［J］. Journal of Environmental Chemical Engineering，2017，5：2222-2231.

［15］ S Ebe，T Ohike，T Matsukawa，et al. Promotion of lipopeptide antibiotic production by Bacillus sp. IA in the presence of rice husk biochar［J］. Journal of Pesticide Science，2019，44：33-40.

［16］ Y Zhou，B Gao，A R Zimmerman，et al. Biochar-supported zerovalent iron reclaims silver from aqueous solution to form antimicrobial nanocomposite［J］. Chemosphere，2014，117：801-805.

［17］ 盛奎川，杨生茂. 生物炭概念的内涵及语词辨析［J］. 核农学报，2022，36（2）：481-487.

［18］ 廖承菌，吴郅俊，彭柳军，等. 生物炭概念及生物炭形成的影响因素综述［J］. 云南师范大学学报（自然科学版），2021，41（6）：57-62.

第 11 章

铁尾矿生态环境功能材料

导读

　　钢铁工业作为国家重要基础材料产业，是高水平基础设施建设、国防高技术产业发展的根本保障，我国已成为全世界钢铁产量最大的国家。用于炼铁的铁矿石主要有磁铁矿、赤铁矿和菱铁矿等，它是由天然铁矿石经过破碎、磨碎、磁选、浮选、重选等过程选出的。伴随着钢铁工业的快速发展，选矿过程中产生的大量尾矿带来的资源环境问题、安全问题日益突出。铁尾矿已经成为典型的大宗工业固体废弃物之一，经矿物分析，铁尾矿主要由石英、角闪石、长石、辉石、绿泥石、云母、方解石等矿物组成，具有开发无机非金属材料的巨大潜力。对铁尾矿资源进行深入开发研究，有望实现非金属材料工业原材料的替代和功能化利用。

　　本章首先介绍铁尾矿资源的禀赋特征、国内外资源分布情况；然后详细介绍铁尾矿的成分和结构特点、铁尾矿深加工方法以及性能调控方法；最后通过应用案例介绍，加深对铁尾矿矿物结构与性能之间的关系、深加工理论与方法以及生态环境领域应用等相互关系的认识。

11.1 铁尾矿矿物的资源禀赋特征

　　全球铁矿石资源丰富，根据美国地质调查局 2020 年的数据显示，全球仅陆地查明的铁矿石储量就有 1800 亿吨。铁矿石资源排名前 10 位的国家依次是澳大利亚、加拿大、俄罗斯、巴西、中国、玻利维亚、几内亚、印度、乌克兰和智利，占全球铁矿资源总量的81.3%。其中，澳大利亚有七个采矿中心，主要位于西澳大利亚州，包括全球最大的铁矿生产中心 Hamersley 铁矿；巴西淡水河谷的 Carajás 矿山是第二大铁矿生产区。此外，各个国家和地区铁矿石的储量和品位也极不均衡。巴西、澳大利亚、南非、印度等国的铁矿石多为赤铁矿，铁矿石含铁量大于 55%（质量比）、矿石中杂质较少；加拿大、乌克兰和美国铁矿石平均含铁量约为 30%。

　　我国的铁矿石多为含铁量较低的磁铁矿石，含铁量仅在 25% 左右，远低于全球铁矿石48.3% 的平均含铁量。京津冀地区的承德为国家可持续发展示范区，铁矿资源具有特色和代表性，承德市典型铁矿资源如下。

（1）鞍山式磁铁矿

承德市的鞍山式磁铁矿主要成矿特点是大中型矿床少，小型矿脉较多，且分布面广。按县域分：主要分布在宽城县、滦平县、丰宁县、兴隆县；按成矿区带分：主要分布在兴隆县跑马场至宽城县豆子沟、北大岭，滦平县周台子至小营和丰宁县杨营至石灰窑三个成矿带上。代表性矿产地有宽城县豆子沟、北大岭，兴隆县孤山子，滦平县周台子等。全市保有鞍山式磁铁矿资源储量 2.2 亿吨，平均品位 25％～35％。

（2）钒钛磁铁矿

钒钛磁铁矿是承德市的大宗、特色、优势矿产，主要分布在双滦区大庙、承德县黑山至头沟一带的斜长岩杂岩体中。承德是除四川省攀枝花之外全国唯一的大型钒钛磁铁矿矿产地，探明大庙式钒钛磁铁矿资源储量居全国第二位，全市探明大庙式钒钛磁铁矿矿产地 38 处，保有资源储量 7.23 亿吨。在全市已知大中型钒钛磁铁矿矿区的外围和深部、磁异常分布区仍有较大找矿潜力。

（3）超贫钒钛磁铁矿

超贫钒钛铁磁铁矿是承德自 2000 年来经过不断生产试验，开发成功的具有重大经济效益的一种新的铁矿床类型，主要分布在宽城县碾子峪—亮甲台、滦平县铁马—哈叭沁、平泉市娘娘庙、隆化县大乌苏沟—龙王庙、双滦区罗锅子沟、丰宁县前营—石人沟和承德县高寺台—岔沟等七大成矿区域。承德超贫钒钛磁铁矿资源丰富，探明资源储量居全省第一位，采选技术和生产工艺走在了河北省乃至全国前列。截至 2008 年底，全市探明超贫钒钛磁铁矿产地 70 处，资源总量达 78.25 亿吨（其中 $m_{Fe} \geqslant 8\%$ 的 45.70 亿吨、$6\% \leqslant m_{Fe} < 8\%$ 的 14.68 亿吨、$4\% \leqslant m_{Fe} < 6\%$ 的 17.87 亿吨）。

根据上述铁矿石的矿物特征和品位差异，不同矿区开采难度和尾矿排放量也存在较大差异。澳大利亚作为全世界最大的铁矿石产量国，每年产生约 6.32 亿吨铁尾矿。在巴西，铁尾矿的产生量约占铁矿开采总量的 20％～40％，根据 Carmignano O R 等提供的数据，2017 年仅米纳斯吉拉斯州就产生了 5.62 亿吨铁尾矿。印度每年约产生 1000 万～1200 万吨的细粒铁尾矿。而在加拿大、美国和非洲等国家，每年产生的铁尾矿不到 100 万吨。图 11-1 为世界主要国家每年产生的铁尾矿量。

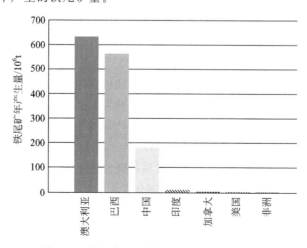

图 11-1 世界主要国家每年产生的铁尾矿量

据 Lottermoser 等估计，全球每年产生约 2050 亿吨固体矿山废物，其中 50 亿吨至 70 亿吨是矿山尾矿。而且随着采矿技术的发展，未来低品位矿石的利用率会更高，因此产生的铁尾矿数量也必将继续增加。

在我国，根据《全国矿产资源节约与综合利用报告（2019）》统计，截至 2018 年底，尾矿累积堆存量已达 207 亿吨。由于尾矿的利用量远低于排放量，这一数字还会持续增大。截至 2020 年，我国尾矿累积堆积量估算已达 222.6 亿吨，其中铁尾矿的堆存量占全部尾矿堆存总量的三分之一左右。我国铁尾矿主要分布在河北、辽宁、山东、山西、四川等地，其中，京津冀地区的尾矿库数量占到全国尾矿库总量的 25%，且大量尾矿库分布在张家口、承德和保定等高海拔地区，对京津冀地区的生态环境造成了严重威胁。图 11-2 为河北承德某矿区的尾矿库实景照片。

图 11-2　河北承德某矿区的尾矿库实景

11.2　铁尾矿矿物的组成与结构

11.2.1　铁尾矿的成分组成

我国铁矿资源多以中小型矿山为主，贫矿多、富矿少，矿石成分复杂、伴（共）生组分多。各矿区成矿条件和选矿工艺不同，导致铁尾矿种类繁多，性质复杂。铁尾矿的化学成分主要有 SiO_2、Al_2O_3、Fe_2O_3、CaO、MgO、K_2O 和 Na_2O 等。尾矿中 Fe_2O_3 的含量在 6%～18% 之间，部分超过 20%；SiO_2 的含量在 25%～80% 之间，极少数在 25% 以下；Al_2O_3 的含量一般在 1%～13% 之间，少数可以超过 15%；MgO 的含量在 1%～10% 之间，少数可能超过 10%；CaO 的含量在 13%～22% 之间，部分在 5% 以下。根据尾矿主要化学组成特点，可将我国的铁尾矿分为高硅型铁尾矿、高铝型铁尾矿、高钙镁型铁尾矿、低硅型铁尾矿和多金属型铁尾矿。也可以根据铁矿石种类分为鞍山式磁铁矿尾矿、钒钛磁铁矿尾矿等。承德地区的典型铁尾矿的成分组成如下。

（1）鞍山式磁铁矿尾矿

根据对承德市 58 个矿点鞍山式磁铁矿尾矿的主要化学成分分析可以看出，其基本特点为：中硅低钙，部分样品含铁较高。SiO_2 平均质量比含量 64.83%、$CaO＋MgO$ 含量 7.68%、Fe_2O_3 含量 10.27%；其中 SiO_2 最高含量 75.48%，SiO_2 最低含量 49.96%。承德市部分鞍山式磁铁矿尾矿的主要化学成分，见表 11-1。

表 11-1　承德市鞍山式磁铁矿尾矿的主要化学成分

单位：%（质量分数）

样品单位	SiO_2	Al_2O_3	CaO	MgO	Fe_2O_3
丰宁某矿业	75.48	6.14	3.95	3.04	8.91
滦平某矿业	72.88	5.24	3.46	2.45	10.35
双滦某矿业	66.9	8.01	4.29	3.52	12.34
兴隆某矿业	63.44	10.66	4.04	4.04	12.29
兴隆某铁选厂	49.96	8.11	3.1	2.96	26.64

从矿物组成来看，该类尾矿中主要为石英、长石，含有少量云母、闪石等，部分尾矿中可检测到磁铁矿。结合其化学成分特点，主要矿物为石英和铝硅酸盐矿物。

（2）钒钛磁铁矿尾矿

根据对承德市 78 个矿点钒钛磁铁矿尾矿的主要化学成分分析，钒钛磁铁矿尾矿基本特点为低硅高钙，含铁品位普遍较高。SiO_2 含量平均 43.48%、$CaO＋MgO$ 含量 24.03%、Fe_2O_3 含量 14.12%；其中 SiO_2 最高含量 58.18%，SiO_2 最低含量 33.63%。承德市部分钒钛磁铁矿尾矿的主要化学成分，见表 11-2。

表 11-2　承德市钒钛磁铁矿尾矿的主要化学成分　单位：%（质量分数）

样品单位	SiO_2	Al_2O_3	CaO	MgO	Fe_2O_3
丰宁某矿业	58.18	7.07	8.47	2.08	17.97
隆化某矿业	48.49	13.52	9.74	6.76	13.86
平泉某矿业	44.08	4.3	23.98	13.98	7.39
滦平某矿业	41.48	9.24	13.66	12.09	5.84
滦平老龙潭某矿业	33.63	13.28	16.58	5.21	21.86

从矿物组成来看，承德典型钒钛磁铁类尾矿中主要为角闪石、辉石、长石，含少量绿泥石、云母、石英等，部分样品中钛铁矿含量较高。结合其化学成分特点，主要矿物为钙镁硅酸盐和铝硅酸盐矿物。

11.2.2　铁尾矿的微观结构

铁尾矿中的金属矿物一般为磁铁矿和黄铁矿，脉石矿物一般有石英、角闪石、长石、黑云母、绿泥石、方解石、辉石等。铁尾矿的岩相组成可用偏光显微镜分析，图 11-3 为某矿区铁尾矿的偏光显微镜观察结果。

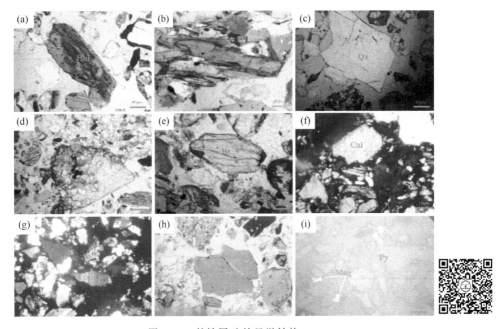

图 11-3　某铁尾矿的显微结构

(a) Hbl (普通角闪石，单偏光)；(b) Gru (铁闪石，正交偏光)；(c) Qz (石英，单偏光)；
(d) Aug (辉石，单偏光)；(e) Bt (黑云母，单偏光)；(f) Cal (方解石，正交偏光)；(g) Pl
(斜长石，正交偏光)；(h) Chl (绿泥石，单偏光)；(i) Mag (磁铁矿，反光)；Py (黄铁矿，反光)

　　磁铁矿和黄铁矿一般呈碎裂状，粒度较小，通常在 $3\sim4\mu m$，如图 11-3 (i)；角闪石、铁闪石呈长柱状，如图 11-3 (a) 和 (b)；石英为粒状结构，性质稳定，如图 11-3 (c)；辉石为短柱状，如图 11-3 (d)；黑云母呈假六方柱状，如图 11-3 (e)；方解石为片状或块状，呈玻璃光泽，如图 11-3 (f)；长石为板状或柱状晶体，如图 11-3 (g)；绿泥石具有层状结构，如图 11-3 (h)。总之，铁尾矿多样的矿物组成使其微观结构表现为形状、大小不规则的颗粒，且硅酸盐矿物中金属元素的存在使其呈多色。

　　图 11-4 为铁尾矿中所含几种典型非金属矿物 (石英、斜长石、辉石、绿泥石和角闪石) 的晶体结构示意图。可以看出，组成铁尾矿的非金属矿物一般包含相似的硅氧四面体基本结构单元。因此，可以通过热处理、化学处理、机械化学处理等方法调控铁尾矿的硅氧键结构，提升尾矿粉体的化学活性。

●Si ◯Al ●Fe ●Ca ●Mg ◯O ●H

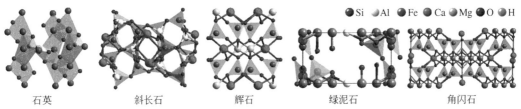

石英　　　　斜长石　　　　辉石　　　　绿泥石　　　　角闪石

图 11-4　铁尾矿中典型矿物的晶体结构

11.3 铁尾矿矿物的深加工与性能调控

11.3.1 热处理

热处理是通过高温来改变铁尾矿的组成及矿物结构，同时达到无害化或综合利用的目的。对于不同类型的铁尾矿，热处理对其化学成分和矿物结构的影响不同。一般而言，500℃及以下的热处理对铁尾矿的化学成分和矿物结构影响甚微；600℃左右的热处理会使铁尾矿中的绿泥石类矿物发生脱羟基反应，使其非晶化；800℃左右的热处理会使铁尾矿中的方解石矿物发生分解，硅石类矿物发生物相转变；1100℃左右的热处理会使铁尾矿中的闪石、云母类矿物发生晶体结构的破坏，促使辉石类新相的生成。

11.3.2 酸处理

酸处理铁尾矿包括无机酸处理和有机酸处理。无机酸处理是通过氢离子的酸蚀作用去除铁尾矿中的可溶性物质，在一定程度上改善铁尾矿的孔洞结构，改变铁尾矿的表面以及内部电荷；有机酸处理是将含有长链的有机酸接枝在铁尾矿的表面，改变其表面亲疏水性，抑制铁尾矿颗粒的团聚，有机酸处理对铁尾矿内部结构几乎没有影响。常用的无机酸为盐酸，2mol/L以下的酸溶液处理仅使铁尾矿中碳酸盐类矿物发生反应；5mol/L左右的酸溶液处理会使铁尾矿中氧化铁、绿泥石、长石类矿物的离子溶出，生成断键和孔洞，产生新的吸附位点和反应位点。铁尾矿中各矿物的反应程度受酸浓度、处理时间、处理温度等影响，过度的酸处理会造成铁尾矿中矿物结构的破坏和自身原有属性的改变，不利于铁尾矿的资源化利用。所以，需要根据实际需求控制铁尾矿的酸处理条件。

11.3.3 碱处理

碱处理是通过氢氧根离子作用于铁尾矿表面的O—H键，或矿物结构内的Si—O、Al—O化学键，使其发生断裂，促使新的吸附位点或反应位点的生成。铁尾矿中各矿物的结构较稳定，5mol/L以下的碱溶液处理对铁尾矿的矿物结构影响甚微，主要刻蚀铁尾矿表面的O—H键，或促进铁尾矿中可溶于碱溶液的氧化物参与反应，促进表面化学键的断裂和负电荷中心的生成；5～8mol/L的碱溶液处理可促使铁尾矿中石英、长石类矿物的Si—O、Al—O化学键发生断裂，促使负电荷中心的生成、孔洞的增加和比表面积的改善；大于10mol/L的碱溶液处理有望使铁尾矿中所含有硅氧四面体骨架的矿物参与反应，促使矿物结构发生分解，使离子溶出，获得含铁尾矿组分的离子水溶液。

11.3.4 碱-热联合处理

碱-热联合处理是将铁尾矿与NaOH固体按照一定比例混合后进行焙烧。铁尾矿中矿物的反应程度受NaOH与铁尾矿比例、焙烧温度、焙烧时间等影响。NaOH与铁尾矿比例越大、焙烧温度越高、焙烧时间越长越有利于铁尾矿中矿物，尤其是石英参与反应。碱-热联合处理铁尾矿时，温度是最主要的影响因素，随着焙烧温度的升高，尾矿中 SiO_2 的反应活性提高，产物中 Na_2SiO_3 的含量增加。在升温过程中，铁尾矿颗粒表面与熔融的 NaOH 接触，铁尾矿的晶体结构被破坏；随着温度的升高，铁尾矿中的石英和高岭土先后与 NaOH 发生反应分别生成可溶性的 Na_2SiO_3 和不溶性的 $NaAlSiO_4$；当焙烧温度达到 700℃ 时，铁尾矿中的辉石等组分开始分解，释放出 Al^{3+} 和 Fe^{3+} 等组分参与反应。与 NaOH 的混合焙烧过程不仅使铁尾矿中的稳定矿物转化为可溶性物相，而且提高了铁尾矿中金属组分的活性。

11.3.5 碱-热-酸联合处理

碱-热-酸联合处理是先将铁尾矿与 NaOH 固体的混合物进行焙烧，然后用浓酸浸泡焙烧产物制备高性能介孔二氧化硅环保功能材料。在焙烧过程中，铁尾矿与 NaOH 发生反应，生成的产物（主要为 Na_2SiO_3）覆盖在颗粒表面。在酸处理过程中，一方面，颗粒表面的 Na_2SiO_3 先发生溶解，在颗粒上留下孔道，然后其又在 H^+ 作用下转化为无定形 SiO_2 纳米粒子，这些 SiO_2 纳米颗粒相互支撑形成粒间介孔；另一方面，溶液中的 H^+ 沿着孔隙继续向内扩散直至进入颗粒内部，浸出金属离子，原位刻蚀出丰富的纳米孔道。得到的由多孔二氧化硅骨架和二氧化硅纳米颗粒组成的复合介孔二氧化硅材料，其比表面积最高可达 $544.68m^2/g$，孔容量为 $0.82cm^3/g$，平均孔径为 4.84nm。

11.3.6 机械力活化处理

机械力活化处理是将铁尾矿颗粒继续进行球磨或研磨处理，制备高活性粉体材料。机械力活化一般经历三个不同变形阶段：①脆性破坏变形阶段；②脆性与塑性变形并存的阶段；③塑性变形为主的阶段。机械力作用下，铁尾矿颗粒产生晶格畸变，各元素结合能逐渐降低，生成高活性低结合能的物相。机械粉磨 2.0h 铁尾矿 Si2p、Al2p、O1s 结合能最低，分别为 102.54eV、74.31eV、531.32eV；红外光谱测试得出，机械力粉磨作用下粉体表面的无序化物质增多，颗粒晶格产生变形以及位错，形成不稳定晶体结构，振动能得以提高，显著增加了铁尾矿的化学活性。

11.4 铁尾矿矿物材料在环境领域的应用

铁尾矿应用于环境领域是"以废治废"的典型代表，是铁尾矿资源化利用的重要方式之一。目前，铁尾矿在环境领域的应用主要体现在水处理、废气处理、土壤修复和改良等方面。首先，铁尾矿的资源禀赋特性和矿物结构特点使其有望应用于环境领域，铁尾矿的矿物组成为非金属矿物，矿物结构中含有一定的空位、孔洞和活性键；其次，铁尾矿的非金属矿复合物特征，使其有望作为非金属矿的替代原料合成各种生态环境功能材料；再次，铁尾矿中通常含有钾、锌、锰、铜、钼、磷等植物生长和发育过程中所必不可少的微量元素，有望应用于土壤修复和改良。

11.4.1 水处理

水污染是现今社会发展所面临的最重要问题之一。水中的常见污染物包括磷、重金属、染料、抗生素等，它们会对水生环境造成严重损害，并最终通过食物链威胁人类生命和健康。铁尾矿可直接或制备成生态环境功能材料应用于水中污染物的去除。

一方面，铁尾矿中含有 Fe_2O_3 或 Fe_3O_4 等金属氧化物，可直接作为吸附剂去除废水中的磷。当将铁尾矿直接用于水体中磷的去除时，其含有的 Fe_3O_4 对水体中磷的去除起主要作用，去除过程属于非均匀表面的化学吸附。另一方面，铁尾矿中的矿物为多种非金属，如绿泥石、云母、辉石等，这些矿物的晶体结构具有可调性，可通过物理或化学手段进行调控，提升其表面性能。陈永亮等通过低浓度酸-碱联合改性将铁尾矿的比表面积提升到 $95.90m^2/g$，改性后的铁尾矿对废水中 Pb^{2+} 的去除率可达 95.02%，主要由化学吸附控制。铁尾矿不经任何处理或仅经过低浓度的酸碱改性处理，依然存在吸附容量低和潜在环境风险的问题。因此，以铁尾矿为原料制备多孔材料和磁性材料在水处理方面更具应用前景。

以铁尾矿为原料制备多孔材料是利用铁尾矿含有 SiO_2、Al_2O_3、Fe_2O_3 的特点，从其结构中提取目标组分，制备介孔硅酸盐、介孔二氧化硅、分子筛、轻质陶粒等，这些材料具有高的比表面积、丰富的孔道和较好的稳定性，在水处理领域表现出良好的应用前景。将高硅铁尾矿细粉进行碱熔-水洗处理，可制备介孔硅酸盐环保功能材料，其比表面积为 $236.98m^2/g$，对亚甲基蓝的最大吸附量为 95.69mg/g；将高硅铁尾矿细粉进行碱熔-酸-水洗处理可制备高性能介孔二氧化硅环保功能材料，其比表面积为 $544.68m^2/g$，对亚甲基蓝的最大吸附量为 192.31mg/g。Deng 等从铁尾矿中同时回收硅和铁，制备载 Fe 介孔 MCM-41，其中，铁负载量为 5% 的 Fe/MCM-41 的光催化活性最好，120min 光照后可完全去除水溶液中的亚甲基蓝（初始浓度为 30mg/L）。以高硅铁尾矿为主要原料，辅以凹凸棒石为黏结剂，碳酸钙和玉米淀粉为造孔剂，可制备轻质多孔陶粒，将其作为生物膜法中的微生物载体，可用于高难废水的处理。轻质多孔陶粒负载微生物可促使微生物的繁殖，促进网状生物膜的形成，负载丝状菌和放线菌后，多孔陶粒对 COD、NH_3-N、总磷的去除率分别为 73.3%、62.6%、55.3%。

以铁尾矿制备磁性纳米颗粒是利用铁尾矿含有赤铁矿和针铁矿的特点，通过强酸从其结构中提取 Fe^{3+}，用于制备 Fe^0、Fe_3O_4 等。梁金生课题组以铁尾矿细粉碱-酸联合作用产生的滤液和绿茶提取物为主要原料合成了纳米零价铁材料。在合成过程中，溶液中的 Fe^{3+} 先被还原，作为纳米零价铁颗粒的核；Al^{3+} 后被还原，沉积在 Fe^0 表面，而后氧化成 Al_2O_3 层，作为纳米零价铁颗粒的壳。制备的纳米零价铁为无定形球状颗粒，其对亚甲基蓝、盐酸四环素和盐酸环丙沙星的去除率分别可达 99.46%、83.69% 和 78.29%。Horst 等以铁尾矿为主要原料合成了磁性 Fe_3O_4，并提出了其对金属离子可能的吸附机制：羟基是磁性纳米颗粒表面的主要官能团，它们可以参与氧化物与重金属之间的反应。而这些羟基（—OH）的特殊性在于它们是两性的，并且具有高反应活性。

11.4.2 废气处理

随着我国经济的高速发展，工业废气、汽车尾气等造成的空气污染日益严重，严重损害居住环境，危害人类身体健康。空气污染物主要包括 SO_2、悬浮颗粒物、氮氧化物（NO_x，包括 NO_2 和 NO）、挥发性有机化合物（VOCs，如苯、碳氢化合物、醛和酮）、CO 和 CO_2。以铁尾矿为原料制备的分子筛、氧化铁、复合材料等均有望应用于废气的处理。

Pedrolo 等评估了由固体废弃物合成的沸石在气体脱硫中的应用，发现沸石样品表现出良好的 SO_2 吸附性能，饱和吸附量达到 40mg/g。通过比较 9 种商用沸石对 1,4-二甲苯的吸附性能发现，沸石的孔径和硅铝比是影响 1,4-二甲苯吸附的主要因素。在潮湿条件下，USY 沸石表现出 100mg/g 的最佳吸附容量。Liu 等研究了 MCM-41 对常见 VOCs 污染物的去除，20℃ 时 MCM-41 对有机蒸气混合物中 VOCs 的吸附量达到 158.5mg/g；此外，Thomas 模型和 D-R 模型分别符合 VOCs 穿透曲线和等温线的拟合结果。利用铁尾矿制备的纳米多孔材料作为气体净化吸附剂可能是未来的研究方向之一。

NH_3 选择性催化还原（SCR）是一种行之有效的新型脱硝技术。以铁尾矿为原料制备的复合催化剂或铁氧化物催化剂均可用于 SCR 脱硝反应。研究表明，在 200～400℃ 的温度范围内，α-Fe_2O_3、γ-Fe_2O_3 和棒状 Fe_2O_3 均表现出优异的 SCR 催化活性。Gao 等研究了 SCR 系统中 Fe_2O_3 基催化剂的催化机理。结果表明，经 Fe 位活化后，NO 与 NH_3 反应形成 NH_2NO 中间体；再进一步分解为 N_2 和 H_2O，同时形成表面—OH 基团；随后，通过 O_2 辅助表面脱氢过程再生催化剂。可以合理推测，含有 Fe_2O_3 的铁尾矿也具有作为催化剂或催化剂基础材料的潜力。韩云龙等以铁尾矿为主要原料制备无载体催化剂，研究了其对 NH_3 还原 NO 的催化活性。结果表明，铁尾矿制备的催化剂在高温下具有良好的催化活性，600℃ 时催化还原率达 97.5%，且粒径越小催化还原率越高。此外，根据 Zeng 等的研究，Fe 负载的分子筛催化剂具有优良的 SCR 脱硝性能，400℃ 时，Fe-beta 催化剂对 NO 和 N_2O 的同时转化率超过 90%；200℃ 时，Fe-beta 催化剂对 NO 转化率超过 90%；350℃ 时 N_2O 转化率达到 90%。

11.4.3　土壤修复和改良

土壤污染是在经济社会发展过程中有害物质长期积累形成的，而工矿业、农业等人为活动以及较高的土壤自然背景值是造成土壤污染的主要原因。目前，我国面临的土壤问题主要包括重金属污染、有机污染、土壤酸化和土壤盐渍化等。因此，探索合适的改良途径，提高土壤理化性质和土壤肥力，是有关民生的重大生态环境问题。为了降低农业成本，减少对特殊原料的依赖，近年来人们对固体废弃物作为土壤改良剂进行了大量研究，并取得了不错的效果。

铁尾矿的资源禀赋特性和矿物结构特点使其具有一定的吸附活性，可直接用于土壤修复。研究学者研究了铁尾矿和锰尾矿对 As 污染土壤的修复。结果发现，施用两种尾矿后，土壤 pH 值升高，水稻籽粒中 As 含量降低。然而，铁尾矿对土壤修复的效果要差于锰尾矿，而且未经处理的铁尾矿直接作用于土壤可能存在其他的安全隐患。铁纳米颗粒是一种极具潜力的环境修复材料，以铁尾矿为原料制备的铁纳米颗粒是更加稳妥有效的土壤修复剂。一方面，铁纳米颗粒具有较高的反应活性，可以有效去除土壤中的各种污染物；另一方面，铁纳米颗粒作为肥料可以促进铁的吸收和植物光合作用。纳米零价铁（nZVI）对土壤中的 Cr（Ⅵ）具有还原作用，Cr（Ⅵ）的还原率取决于 nZVI 与 Cr（Ⅵ）的比例，当 nZVI 和

Cr（Ⅵ）的比值为1000mg/11mg时，其对Cr（Ⅵ）的最大还原效率能达到98％。此外，铁纳米颗粒对重金属污染土壤的修复机理还包括吸附和氧化作用。氧化铁纳米颗粒（GION）可通过解吸-共沉淀-固化机制来稳定土壤中的Cd，GION不仅对土壤中的Cd有良好的固化效果，而且能改善土壤性质和细菌群落。

铁尾矿中含有K、Ca、Mg、Fe等多种矿质营养成分，可以作为潜在的矿物肥料原料。这些营养元素以不溶性硅酸盐矿物的形式存在于尾矿中，不易被植物直接吸收，因此在使用前需要对铁尾矿进行活化处理。将铁尾矿、K_2CO_3和KOH的混合物在950℃下煅烧，可制备以钾长石（$KAlSiO_4$）为主要物相的缓释硅肥。热活化处理后，有效SiO_2含量从0.70％增加到20.77％，性能达到缓释肥料国家标准（GB/T 23348—2009）要求。此外，硅肥中重金属含量符合有机-无机复混肥料国家标准（GB/T 18877—2009）、肥料中砷、镉、铅、铬、汞生态指标（GB/T 23349—2009）和有机肥料农业标准（NY/T 525—2012）要求。盆栽试验表明，施用该缓释硅肥可促进小白菜的生长。将高硅铁尾矿与云母、白云石煅烧活化，可开发出富含植物生长所需有益元素的复合型土壤调理剂。当铁尾矿、云母和白云石的质量比为1.0∶1.5∶2.5、煅烧温度为1100℃时，土壤改良剂中活性SiO_2、CaO、K_2O、MgO含量分别达到18.04％、16.33％、2.17％、12.90％。除了对土壤肥力的贡献，碱性组分含量高的尾矿还能提高土壤pH值，改善土壤酸化；含磁铁矿尾矿磁化后能改变土壤结构，提高土壤孔隙度和渗透率。Tozsin等评估了硫铁矿尾矿对石灰性土壤中微量元素和重金属的作用，以及其对小麦作物生长的影响。结果表明，施用硫铁矿尾矿可以提高植物生长所必需的微量元素（Fe、Cu、Zn和Mn）的有效性，从而显著提高小麦的干物质积累量。但是，利用尾矿等固体废物制备的农业肥料可能存在难分解、肥力不足等缺点。为了解决这一问题，可将矿物原料与酸性有机物相结合，从而提高对不良土壤的修复效果。张丛香等将铁尾矿粉、粉煤灰与糠醛渣、有机发酵肥和ZH-1离子置换剂配制成复合土壤改良剂。研究发现，铁尾矿能够封闭盐碱土的毛细管、降低盐碱地土壤黏性和容重、补充土壤养分。田间试验结果表明，施用该土壤改良剂有效修复了东北地区的盐碱土壤，其中，中度盐碱地pH值从9.31降至6.95，盐分含量由0.42％降至0.21％；重度盐碱地水田pH值从10.46降至7.40，盐分含量由2.51％降至0.30％。

由于自然环境的复杂性和变异性，铁尾矿及其衍生产品对土壤改良、修复的性能研究大多在实验室进行，缺乏大规模现场应用。而且，铁尾矿中含有一定量的重金属元素，如果直接施用于土壤，可能会造成重金属污染。这些问题导致铁尾矿在土壤修复领域的应用进展甚微。因此，需要探索新的尾矿处理技术，使其成为安全有效的矿物肥料或土壤改良剂。在土壤修复过程中，也需要建立更加成熟的监测和分析体系来评估铁尾矿及其产品对土壤中植物和微生物的潜在风险。

11.4.4 其他

铁尾矿的资源禀赋特性以及硅酸盐复合矿结构特点使其在环保建材方面具有广泛应用前景。研究学者研究了铁尾矿替代石灰用作铺设和涂层用砂浆的技术可行性。与常规砂浆相比，含尾矿的砂浆显示出更高的堆积密度、机械性能以及较低的掺入空气水平。铁尾矿可代替天然骨料制备超高性能混凝土，研究发现，尾矿替代40％天然骨料制备的混凝土，其机械性能与纯天然骨料制备的混凝土的性能相当。以细粒低硅铁尾矿为主要原料在非水泥固化剂体系中制备了环保砖，其物理性能和耐久性符合非烧结砖 JC/T 422—2007 标准。云正以梅山铁矿尾矿为原料，制备了尾矿质新型墙体保温材料，得到了密度为 $1.42g/cm^3$、导热系数 $0.218W/(m \cdot K)$、抗压强度 $19.1MPa$ 的保温墙体材料。此外，以铁尾矿和废玻璃作为原料、SiC 粉末为发泡剂，可制备泡沫玻璃，尾矿含量对泡沫玻璃的密度、孔隙率、吸水率和抗压强度均具有一定影响。

铁尾矿的硅酸盐复合矿结构特点使其在环保陶瓷领域也具有应用前景。以钢渣为原料，添加不同含量的铁尾矿及其他辅料可制备陶瓷材料，样品的烧结温度低于传统陶瓷烧成温度 100℃ 左右，而强度接近国家标准的 2 倍。梁金生课题组以铁尾矿、碳酸钙、二氧化硅为主要原料，分别以电气石和稀土为添加剂，制备了具有远红外发射性能的铁尾矿复合陶瓷材料，其远红外发射率高达 92.5%；以高铁钒钛磁铁矿尾矿和高硅钼尾矿代替部分纯化学试剂，通过高温固相法协同合成了堇青石远红外发射陶瓷，当钼尾矿和钒钛磁铁矿尾矿添加量分别为 10%（质量分数）和 30%（质量分数）时，堇青石远红外发射陶瓷的发射率最高为 95.8%。铁尾矿中 Fe^{3+} 对 Mg^{2+} 取代会引起堇青石晶格参数的变化，降低其晶格振动的对称性，导致晶格畸变，增强了陶瓷的远红外发射性能。

11.5 扩展阅读

被业界称为"尾矿利用第一人"的是中国地质科学院研究员李章大。早在 20 世纪 80 年代，他就提出了"提高资源回收率，开发利用被视为尾矿废石的资源"的建议。他指出矿产是我国社会主义经济建设、循环经济运行不可缺少的基础资源，只有资源化开发利用矿山尾矿、废石，矿业才能成为节约资源、维护生态环境、强国富民的现代化产业。我们要实实在在地查明矿产资源特点及其可利用途径，从资源特点出发，经过试验研究，选择可供开发的产品及主攻项目；与相关行业、专业、技术进行边缘杂交、互相结合，择优组合有关工艺、技术、设备，从而开发出复合矿物原料新资源；在这个过程中，逐步化解矿山历史积留下来的弊端和欠负，恢复或维护矿山生态环境，清除灾害隐患，增添物质财富，提高劳动就业率及人员素质；促进科技进步，开拓尾矿的新用途，实现和谐创新、强国富民。

党的十八大以来，中央对科研成果的转化大力支持，并鼓励科研人员创新创业，"把科研成果写在祖国的大地上"，李教授潜心钻研，用实际行动将自己的科研成果进行集成、转化和落地，他用恒心、毅力和无畏的精神攻克重重难关，不为名利所累，是我们当代青年该追的明星。

近十几年来，铁尾矿的综合利用已经取得了不错的成果，其利用策略可分为两种。一是做"减法"，即从铁尾矿中回收有价元素和有用矿物。由于早期选矿水平的制约，我国尾矿中不仅留有大量可提取的金属组分，还有许多可用的硅酸盐矿物、碳酸盐矿物等可直接提取的非金属矿物组分。近年，铁尾矿再选技术发展迅速，包括重选、磁选、浮选分离和生物浸出技术，资源回收率不断提高。然而，铁尾矿含铁量低、粒度小、成分复杂，铁回收成本较高，而且回收有价元素后还会有 70% 以上的残留物存在。二是做"加法"，即以铁尾矿作为主要的矿物原料或与其它成分复配来制备不同材料。由于铁尾矿的化学成分、矿物组成、物理特性都十分接近天然非金属矿，因此有望以铁尾矿来替代传统的硅酸盐矿物原料，用于玻璃、陶瓷、混凝土、胶凝材料和地质聚合物等建筑材料的生产。

随着铁尾矿综合利用水平的不断提升，其利用模式已经开始向功能型、高附加值利用转变。国内外研究者开展了以铁尾矿为主要原料制备系列高附加值的功能材料的研究，如磁性纳米材料、纳米多孔材料、多孔陶瓷和地质聚合物等，这些具有特殊性能的功能材料在环保等领域，具有广阔的发展前景。

思考题

（1）按照化学成分特点或者铁矿石类型总结我国铁尾矿资源的特征。
（2）说明我国铁尾矿的结构特点及深加工方式。
（3）说明铁尾矿在环境领域的应用现状及前景。
（4）铁尾矿环保功能材料制品的类型有哪些？其结构与性能的关系是什么？
（5）简述我国铁尾矿资源化利用现状及改进措施。

参考文献

[1] 韩筱玉.基于铁尾矿资源的环保功能材料制备及性能研究 [D].天津：河北工业大学，2022.

[2] Carmignano O R，Vieira S S，Teixeira A P C，et al. Iron ore tailings：Characterization and applications [J]. Journal of the Brazilian Chemical Society，2021，32（10）：1895-1911.

[3] 杜春爱.铁尾矿粉的活化工艺和机理及对混凝土性能的影响研究 [D].北京：中国矿业大学，2017.

[4] Lottermoser B G. Recycling，reuse and rehabilitation ofmine wastes [J].Elements，2011，7（6）：405-410.

[5] Sahoo P K，Powell M A，Martins G C，et al. Occurrence，distribution，and environmental risk assessment of heavy metals in the vicinity of Fe-ore mines：a global overview [J]. Toxin Reviews，2022，41：675-698.

[6] Kinnunen P，Ismailov A，Solismaa S，et al. Recyclingmine tailings in chemically bonded ceramics-A review [J]. Journal of Cleaner Production，2018，174：634-649.

[7] Bai S，Tian G，Gong L，et al. Mesoporous manganese silicate composite adsorbents synthesized from high-silicon iron ore tailing [J]. Chemical Engineering Research & Design，2020，159：543-554.

[8] 陈永亮，陈君宝，杜金洋，等.改性铁尾矿对废水中 Pb^{2+} 的吸附及机理研究 [J].水处理技术，2021，47（12）：71-76.

[9] Fang N，He Q，Sheng L，et al. Toward broader applications of iron ore waste in pollution control：Adsorption of norfloxacin [J].Journal of Hazardous Materials，2021，418：126273.

[10] Horst M F，Lassalle V，Ferreira M L. Nanosized magnetite in low cost materials for remediation of water polluted with toxic metals，azo-and antraquinonic dyes [J]. Frontiers of Environmental Science & Engineering，2015，9：746-769.

[11] 杜熠.微生物载体高硅铁尾矿基多孔陶粒孔结构调控及生物效应研究 [D].天津：河北工业大学，2022.

[12] Deng Y，Xu X，Wang R，et al. Characterization and photocatalytic evaluation of Fe-loaded mesoporous MCM-41 prepared using iron and silicon sources extracted from iron ore tailing [J]. Waste and Biomass Valorization，

2020, 11：1491-1498.

[13] Pedrolo D R S, de Menezes Quines L K, de Souza G, et al. Synthesis of zeolites from Brazilian coal ash and its application in SO_2 adsorption [J]. Journal of Environmental Chemical Engineering, 2017, 5：4788-4794.

[14] Liu Y, Li C, Peyravi A, et al. Mesoporous MCM-41 derived from natural Opoka and its application for organic vapors removal [J]. Journal of Hazardous Materials, 2021, 408：124911.

[15] Ran X, Li M, Wang K, et al. Spatially confined tuning the interfacial synergistic catalysis in mesochannels toward selective catalytic reduction [J]. ACS Applied Materials & Interfaces, 2019, 11：19242-19251.

[16] Zeng J, Chen S, Fan Z, et al. Simultaneous selective catalytic reduction of NO and N_2O by NH_3 over Fe-zeolite catalysts [J]. Industrial & Engineering Chemistry Research, 2020, 59：19500-19509.

[17] Gao M, He G, Zhang W, et al. Reaction pathways of the selective catalytic reduction of NO with NH_3 on the alpha-Fe_2O_3 (012) Surface：A combined experimental and DFT study [J]. Environmental Science & Technology, 2021, 55：10967-10974.

[18] Tozsin G, Arol A I. Pyritic tailings as a source of plant micronutrients in calcareous soils [J]. Communications in Soil Science and Plant Analysis, 2015, 46：1473-1481.

[19] 云正. 利用铁矿尾矿制备轻质保温墙体材料的研究 [D]. 西安：西安建筑科技大学, 2011.

[20] Zhang Y, Wang L, Duan Y, et al. Preparation and performance of Ce-doped far-infrared radiation ceramics by single iron ore tailings [J]. Ceramics International, 2022, 48：11709-11717.

锂辉石尾矿生态环境功能材料

导读

  锂作为当今广泛应用的高能金属，有"工业味精""能源之星"之称，是新能源产业和玻璃、陶瓷等传统产业的重要基础原材料。锂资源的高效开发、利用和产业化进程，不仅引领着许多传统产业和新兴行业的战略方向，更关系着国家能源经济命运与环境生态前途。作为世界上主要的锂产品生产国与消费国，从锂辉石等花岗伟晶岩矿物中提锂是我国目前获取锂原料的主要途径。锂辉石属于单斜辉石族矿物，结构式为 LiAl [Si$_2$O$_6$]，理论化学组成为：Li$_2$O 8.02%、SiO$_2$ 64.58%、Al$_2$O$_3$ 27.40%。然而，天然锂辉石矿物中锂含量相对较低，在提锂过程中会产生大量的锂辉石尾矿。锂辉石尾矿铁含量低，含有硅、铝、钙、钾、钠等元素成分，在诸多工业领域具有很高的潜在应用价值。锂辉石尾矿的资源化再利用不仅能减少环境污染，提高资源综合利用率，还可以开发新型生态环境功能材料，促进锂产业链由粗放加工的开环模式向精深循用的闭环模式转变，形成优质高值、低碳绿色的产业发展模式。

  本章首先介绍锂资源分布、锂辉石及其尾矿资源禀赋特征和再利用的必要性，简述锂辉石及其尾矿的化学组成、物相组成和显微结构，概述不同组分锂辉石尾矿的深加工和性能调控方法。然后，通过分析利用锂辉石尾矿开发新材料的研究现状与前景展望，深化对锂辉石尾矿化学成分、物相组成、微孔结构、胶凝特性与生态环境新材料研究方法、开发应用等相互关系的认识。

12.1 锂辉石尾矿的资源禀赋特征

12.1.1 锂辉石及其尾矿资源

  全球锂资源储量较为丰富但分布并不均匀，据美国地质勘探局（USGS）统计，全球锂资源主要分布在智利、澳大利亚、阿根廷、中国、美国、加拿大等国家，各国锂资源储量占比如图 12-1 所示。锂资源虽然赋存于多种矿床，但能够开发利用的主要为盐湖卤水矿床和花岗伟晶岩锂矿床。卤水矿床虽然锂的单位含量低，但赋存总量巨大，占 60% 左右。花岗伟晶岩锂矿床则是矿物锂的主要来源，主要以锂辉石、锂云母、透锂长石等形式存在，常有多种微量稀有金属共生。

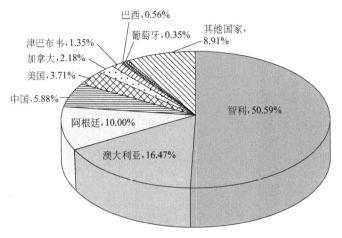

图 12-1　全球锂资源分布

　　我国锂资源储量居世界第四位，占世界锂资源总量的 5.88%，较为丰富且类型多样，既有锂辉石和锂云母等固体矿石锂矿床，也有盐湖与地下卤水等液体卤水锂矿床。然而我国盐湖卤水性质复杂，镁含量极高，Mg/Li 比值大，并且主要分布在青海、西藏等气候条件较差的高原高寒地区，开发难度大，开采成本高，工艺过程复杂，生产利用率低，导致我国盐湖卤水锂资源还未能实现大规模工业化开发。因此，目前从锂辉石等花岗伟晶岩矿物中提锂是我国获取锂原料的主要途径。

　　锂辉石属于单斜辉石族矿物，化学式为 LiAl[Si_2O_6]，有 3 种同质多象变体，即 α-锂辉石、β-锂辉石、γ-锂辉石。其中 α-锂辉石是低温稳定变体，存在于自然界，在地质学上通称为锂辉石，属单斜晶系，链状结构。β-锂辉石是高温稳定变体，属四方晶系，架状结构。γ-锂辉石为高温亚稳态变体，属六方晶系，架状结构。天然锂辉石晶质粗大，结构呈柱状或扁平柱状，如图 12-2 所示。

(a) 紫色　　　　　　　　(b) 黄色

图 12-2　自然界中不同颜色的锂辉石晶体

　　锂辉石空间群为 C2/c，晶格参数 $a=9.576$Å，$b=8.464$Å，$c=5.260$Å，$\alpha=\gamma=90°$，$\beta=110.455°$。锂辉石晶体结构多面体堆积模型如图 12-3（a）所示。晶体结构中 Si、O 原子以共价键形式构成硅氧四面体，并通过顶端氧原子的连接在 c 轴无限延伸，形成硅氧四面体链，而链与链之间则通过 Al^{3+}、Li^+ 连接起来，如图 12-3（b）所示。Al 以六配位形式与 O 键合形成［AlO_6］八面体，并共棱呈"之"字形延伸形成扭折链，Li 同样以六配位形式形成［LiO_6］八面体并在扭折链的左右两侧与［AlO_6］八面体共棱相接。每个［AlO_6］八面体会用自身两条棱实现与链内其他［AlO_6］八面体相连，两条棱和上下［SiO_4］四面体的氧相连，三条棱和其周围三个［LiO_6］八面体相连，结构单元非常稳定。

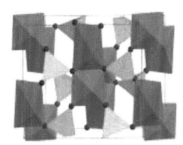 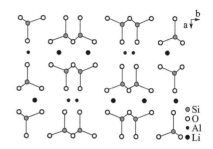

■ ［AlO_6］八面体 ■ ［LiO_6］八面体 ■ ［SiO_4］四面体

(a) 多面体堆积模型　　　　　　　(b) 沿 c 轴的投影示意图

图 12-3　锂辉石晶体结构

天然锂辉石中锂含量相对较低（Li_2O 含量 0.9%～3.0%），因此以天然锂辉石矿石为原料生产锂产品时，选矿和加工过程会产生大量的副产品，即锂辉石尾矿。相关数据显示，2020 年全球碳酸锂产量在 40 万吨以上，预计 2025 年将达到 65 万吨。目前全球每年产生锂辉石尾矿大约 400 万吨以上，而且随着新能源电池材料的迅猛发展，锂需求量和产量将快速大幅增长，锂辉石尾矿的产生量也将大量增加。锂辉石尾矿露天堆放，不仅占用大量土地资源，维护成本高，而且还存在一定的环境风险。因此，如何处理废弃的锂辉石尾矿，实现其资源化再利用是目前亟须解决的问题。

12.1.2 锂辉石尾矿资源应用前景

锂辉石属于铝硅酸盐矿物，普遍赋存于花岗伟晶岩矿床，常伴生有长石和石英等脉石矿物。锂辉石尾矿作为以锂辉石为原料生产锂产品的副产物，含有 SiO_2、Al_2O_3、K_2O、Na_2O、Li_2O、CaO 等化学成分，铁含量低，粒度较细，在建材、陶瓷、玻璃、分子筛、纳米高岭土等诸多领域有着广泛用途。锂辉石尾矿的资源化再利用，符合国家生态治理、零废物排放和循环经济的发展要求，可以降低生产成本，提升产品性能，推动降耗减排，促进锂产业链可持续发展。锂辉石尾矿已经成为一种越来越重要的生态环境功能基础材料。

12.2 锂辉石尾矿的结构与性能

锂辉石尾矿按照产生工序的不同，大致分为锂辉石浮选尾矿和锂渣。锂辉石浮选尾矿是锂辉石粗矿经过磨细、浮选得到锂辉石精矿之后，排放的"废弃物"。锂渣是对锂辉石精矿加工提炼碳酸锂的过程中，产生的固态或泥态物质。锂辉石浮选尾矿和锂渣由于成分和结构的不同，应用的领域和方式有较大差异。锂辉石尾矿要进行资源化再利用，首先要对其成分和结构进行研究表征。

12.2.1 锂辉石尾矿的化学组成

采用 X 射线荧光光谱（XRF）法，测得锂辉石浮选尾矿的主要成分为 SiO_2、Al_2O_3、Na_2O、K_2O，与长石的主要化学成分一致，如表 12-1 所示。

表 12-1　锂辉石浮选尾矿的化学组成

化学成分	SiO_2	Al_2O_3	Fe_2O_3	CaO	Na_2O	K_2O	P_2O_5
含量/%（质量分数）	77.5	13.5	0.2	0.3	4.8	3.3	0.1

经 XRF 法测定，新疆、江苏和四川三地硫酸法生产碳酸锂排放的锂渣的化学成分如表 12-2 所示。CaO 主要来源于碳酸锂生产过程中的石灰石粉或碳酸钙，SiO_2 和 Al_2O_3 主要来源于锂辉石，SO_3 主要来源于石膏和硫酸钠，Na_2O 主要来源于硫酸钠和碳酸钠、少量来源于锂辉石，K_2O 主要来源于锂辉石。

表 12-2　各地锂渣的化学组成　　　　　　单位:%（质量分数）

锂渣	来源	化学成分											
		SiO_2	Al_2O_3	CaO	SO_3	Fe_2O_3	P_2O_5	K_2O	Na_2O	MgO	MnO	TiO_2	Rb_2O	Cs_2O
Ⅰ	新疆	47.72	23.1	14.02	12.14	1.24	0.37	0.33	0.14	0.54	0.13	0.04	0.09	0.02
Ⅱ	江苏	56.5	25.08	5.95	10.12	0.83	0.34	0.3	0.29	0.22	0.07	0.07	0.132	0.03
Ⅲ	四川	58.27	23.75	5.81	9.06	1.36	0.36	0.42	0.2	0.32	0.08	0.13	0.11	0.02

XRF 法难以检测 Li 元素，但用电感耦合等离子体光谱仪（ICP）等方法，则可以检测到锂辉石浮选尾矿和锂渣中还有少量残留的 Li_2O。

12.2.2 锂辉石尾矿的物相组成

经 X 射线衍射仪测定，锂辉石浮选尾矿的 XRD 图谱如图 12-4 所示，其主要物相组成为石英、钠长石、微斜长石和少量的白云母，这与长石的物相组成相似，可在一定程度上替代长石。

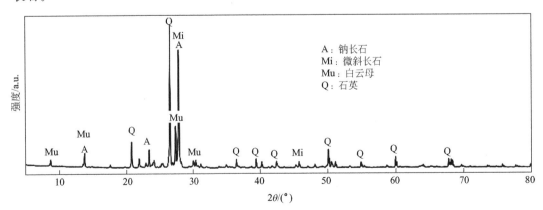

图 12-4　锂辉石浮选尾矿的 XRD 图谱

锂渣的 XRD 图谱如图 12-5 (a) 所示，其主要物相为锂辉石、石膏和石英，通过 XRD/Rietveld 方法分析得出其含量分别为 66.2%、13.3% 和 7.9%；再经过 FTIR 分析，锂渣中存在锂辉石、石英、硫酸盐与碳酸盐等矿物，FTIR 图谱如图 12-5 (b) 所示。

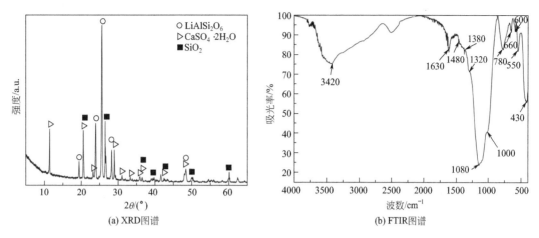

(a) XRD图谱　　　　　　　　(b) FTIR图谱

图 12-5　锂渣的 XRD 和 FTIR 图谱

12.2.3　锂辉石尾矿的形貌和结构特征

锂辉石浮选尾矿各物相的形貌经扫描电子显微镜-能谱（SEM-EDS）分析，如图 12-6 所示。结合 XRD 结果可知，图中 Q、A、M 分别为石英、钠长石和微斜长石。

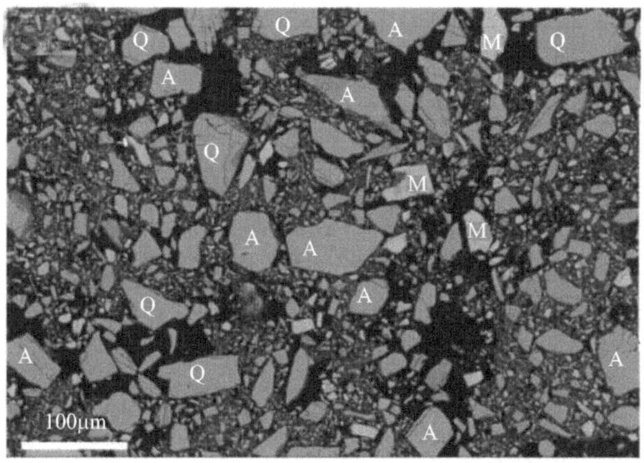

元素	石英(Q)/wt%	钠长石(A)/wt%	微斜长石(M)/wt%
O	48.44	44.12	41.65
Si	51.56	35.42	32.97
Al		11.52	10.68
Na		8.95	0.43
K			14.27

图 12-6　锂辉石浮选尾矿的扫描电镜照片和 EDS 分析结果

锂渣粉的形貌和成分的 SEM-EDS 分析结果如图 12-7 和表 12-3 所示。图 12-7 (a) 为锂渣粉的扫描电镜全貌照片，锂渣颗粒主要是呈现碎石状的锂辉石，同时可见有少量的棒状石膏晶体。其中锂辉石主要为层状类沸石结构，与 β-锂辉石相似，如图 12-7 (b) 所示；石膏的微观形貌为棒状，如图 12-7 (c) 所示；硅藻土的微观形貌为圆盘状，如图 12-7 (d) 所示；还有少量锂辉石呈球形，如图 12-7 (e) 所示；以及少量碳酸钙为饼状，如图 12-7 (f) 所示。

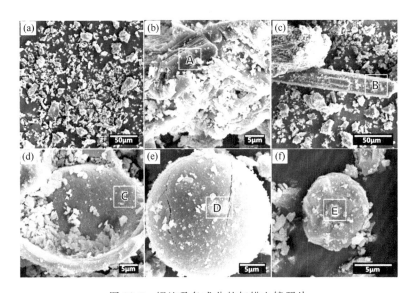

图 12-7　锂渣及各成分的扫描电镜照片

（a）锂渣；（b）A：层状锂辉石；（c）B：石膏；（d）C：硅藻土；（e）D：球形锂辉石；（f）E：饼状碳酸钙

表 12-3　锂渣中各相的元素组成　　　　　　单位：%（质量分数）

物相	元素组成						
	C	O	Si	Ca	Al	S	Mg
A	27.29	45.05	19.36	—	8.29	—	—
B	27.1	40.12	2.03	17.17	2.77	10.81	—
C	28.38	53.2	16.57	0.67	1.18	—	—
D	15.71	60.3	14.59	—	9.39	—	—
E	25.06	47.87	0.70	24.04	—	—	2.33

　　锂渣与水泥的多孔结构特征及差异，经氮气吸附法测试，结果如图 12-8 和表 12-4 所示。可以看出锂渣中的孔主要为 2~50nm 的中孔，且孔径分布较宽，呈现双峰分布，与水泥（PC）相比，锂渣粉（LS）具有更高的总孔体积和较小的平均孔径。

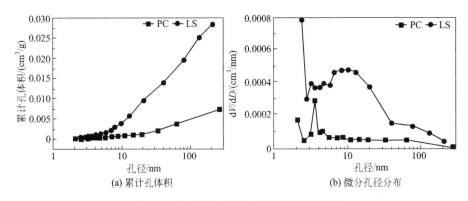

图 12-8　锂渣粉和水泥的孔结构测试结果

表 12-4 锂渣粉和水泥的氮气吸附测试结果

样品	比表面积/（m²/g）	平均孔径/nm	总孔体积/（cm³/g）
PC	0.8837	36.88	0.0071
LS	4.4001	19.96	0.285

12.3 锂辉石尾矿的深加工和性能调控

自然环境下的锂辉石矿物中包含大量的脉石矿物杂质，如长石、石英和云母等，经选矿后，这些物质以及少量残余的锂辉石成为锂辉石尾矿的主要成分。通过对锂辉石尾矿进行精细化浮选和磁选等深加工处理，可获取较高品位和回收率的云母、长石和石英精矿，有助于锂辉石尾矿资源的精细化再利用，减少尾矿排放量，减轻矿业活动的环境污染及土地占用，对生态环境保护具有重要的意义。

12.3.1 锂辉石尾矿浮选云母

云母属于层状硅酸盐矿物，由八面体配位阳离子层夹在两个相同［（Si、Al）O₄］四面体单层间所构成，部分 Al^{3+} 替换硅氧四面体中的 Si^{4+}，夹心面带一个受单位层间阳离子补偿的电荷，层间依靠十二配位的碱金属离子互相联系，键能较弱且离子具有活性，如图 12-9 所示。因此，矿物解离后，在水溶液中表面带有不依赖于 pH 值的较高的负电荷，低 pH 值时阳离子捕收剂可覆盖在负电荷区而使矿物疏水，与长石、石英等典型的架状结构硅酸盐矿物在浮选性能上具有较大的差异，因此在对锂辉石尾矿深加工处理时，一般优先浮选云母。

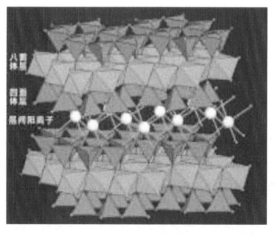

图 12-9 云母的晶体结构

云母浮选通常利用酸性阳离子捕收剂、碱性阴阳离子混合捕收剂两种方法，配合抑制剂对石英和长石的抑制作用，能有效分离云母和石英、长石。在酸性环境下，首先利用抑制剂如硫酸和淀粉抑制石英和长石类矿物的活性，再利用阳离子捕收剂烷基胺、十二胺等吸附在云母表面形成疏水层,可实现对云母的浮选。在 pH=2 的条件下,以 Pb(NO₃)₂ 和 CuSO₄ 为抑制剂,采用油酸钠捕收剂浮选白云母,回收率可达 90%,并很好地抑制了石英和长石的回收。在十二胺捕收剂体系中,通过添加 FeCl₃、(NaPO₃)₆ 和淀粉作为抑制剂,可以使长石和石英活性受到强烈抑制,而云母获得较高的活性,从而使长石、石英和云母有效分离。

在碱性环境下,混合捕收剂的种类是控制浮选行为的关键,通过控制阴阳离子捕收剂的配比和添加量可以实现在云母表面的共吸附。在各种不同的捕收剂组合中,十二烷基磺酸钠(SDS)和十二胺(DDA)为较佳的捕收剂组合,通过优化用量、配比可获得高品位和高回收率云母精矿。

12.3.2　锂辉石尾矿浮选锂辉石

锂辉石尾矿中只含有微量的锂辉石,因此从低品位的尾矿中浮选锂辉石就必须充分利用锂辉石与长石、石英等脉石矿物的结构差异,配合适当的阴阳离子捕收剂在锂辉石表面形成疏水层来浮选分离,如图 12-10 所示。

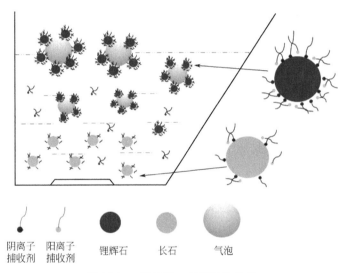

阴离子　阳离子　　锂辉石　　长石　　气泡
捕收剂　捕收剂

图 12-10　锂辉石、长石浮选分离

油酸钠/十二烷基丁二酰亚胺作为阴、阳离子型混合捕收剂时,阳离子捕收剂十二烷基丁二酰亚胺通过氢键吸附在长石和锂辉石表面,阴离子捕收剂油酸钠通过化学吸附吸附在锂辉石表面,可获得较好的锂辉石浮选分离效果。海藻酸钠作为抑制剂、十二胺作为阳离子捕收剂协同作用浮选锂辉石时,海藻酸钠和长石矿物表面的 Al 位点产生络合反应,阻碍后续十二胺的吸附,形成亲水长石表面,而锂辉石表面的氢氧化铝和不饱和氧原子密度比长石更大,为海藻酸钠/十二胺的吸附提供更多的有效点位,从而提高锂辉石的可浮性。

12.3.3　锂辉石尾矿浮选分离石英和长石

锂辉石尾矿经过云母和锂辉石的再浮选后,剩余的可用矿物成分主要是长石和石英。长石和石英虽然都是架状结构硅酸盐矿物,但是长石晶格中的 Al^{3+} 替代 Si^{4+},导致电荷失衡,引入带正电荷的碱金属或碱土金属离子填隙配衡，其与石英的这种化学成分和电荷的差异为二者的浮选分离创造了可能。目前，考虑到氢氟酸对人体、环境和设备的危害，一般不再将氢氟酸应用于石英和长石的浮选，石英和长石的浮选分离工艺主要有无氟有酸法和无氟无酸法两种。

无氟有酸法是利用除氢氟酸以外的强酸调节 pH，并加入胺类或混合捕收剂进行浮选分离的方法，其关键在于强酸对于长石的活化能力和捕收剂对于长石的吸附能力。长石的零电点在 1.5 左右，而石英的零电点在 2 左右，略高于长石。当用强酸调节 pH 时，使石英处于零电点附近，此时长石表面带负电，石英表面不带电，带有正电的烷基二胺等胺类阳离子捕收剂会优先吸附在长石表面，使长石浮起，而对于表面不带电的石英则无吸附作用。如果进一步添加阴离子捕收剂，则可以与阳离子捕收剂形成分子络合物，大大增加长石表面的疏水性，从而实现长石与石英的有效分离。

无氟无酸法是在无 pH 调节或者碱性环境的条件下，直接利用捕收剂定向吸附浮选分离石英和长石的方法。浮选机理在于：利用阴离子捕收剂与长石表面的铝离子位点形成一种比静电吸附更强烈的化学吸附，而后引入阳离子捕收剂形成疏水层；而石英表面与阴离子捕收剂只形成极微弱的静电吸附和氢键作用，加入抑制剂六偏磷酸钠即可解离，从而实现石英和长石的有效分离。pH＝7.1 时，在以一定浓度的 α-溴十二烷酸（α-BDDA）为捕收剂的条件下，Ca^{2+} 浓度对石英长石分离有较大影响，随着 Ca^{2+} 浓度的增大，长石的回收率显著提高。

无氟有酸法和无氟无酸法都能在无氢氟酸添加的条件下有效浮选分离锂辉石尾矿中的石英和长石，在有效保护环境资源和生态安全的同时也能得到较高的品位和回收率。要提高浮选效率，就必须充分研究不同类型捕收剂体系中的捕收剂浓度、种类、温度等对于长石和石英表面活性的调控机制，以及 Ca^{2+}、Mg^{2+} 等高场强的金属阳离子对于长石和石英表面活性的调控机制。

12.4 锂辉石尾矿材料在环境领域的应用

锂辉石尾矿材料具有火山灰活性、低温熔剂的组分特征，以及纳米微孔的结构特征，是制备生态环境功能材料的优良原料，在新型胶凝材料、节能减排、环境治理等领域，展现了广阔的应用前景和重要的生态价值。

12.4.1 锂辉石尾矿生产水泥

锂辉石尾矿材料在水泥生产领域的资源化再利用起步较早，在实际生产中的应用也比较广泛。水泥生产领域，可以应用的锂辉石尾矿主要以锂渣为主，锂渣可在水泥生产的各个阶段中引入，以替代混合材、黏土、水泥熟料等不同的原材料，发挥不同的作用。采用锂渣直接替代部分水泥熟料，可以有效降低水泥的细度，提高水泥的比表面积和标准稠度用水量，延长水泥的凝结时间。

锂渣在水泥生产的各个阶段应用广泛且引入量较大，在节约矿产资源、降低水泥生产成本、提高水泥产品性能的同时，消耗了大量的锂辉石尾矿，大大减少了锂辉石尾矿的堆积和排放，对实现可持续发展和生态环境的保护都具有十分重要的意义。

12.4.2 锂辉石尾矿生产混凝土

锂辉石尾矿材料在混凝土领域的资源化再利用，是目前锂辉石尾矿应用最热门的研究方向之一。混凝土中应用的锂辉石尾矿材料主要以锂渣为主，锂渣在混凝土领域有两种主要的应用形式，一种是作为掺合料改善混凝土的性能，另一种是替代水泥发挥胶凝材料的作用。以锂渣为掺合料并引入再生骨料制备锂渣混凝土，可明显提高混凝土对钢筋的粘接强度。采用锂渣和粉煤灰共同替代传统硅酸盐水泥，以细尾砂为骨料制备填充用混凝土，可以明显降低孔隙率（图 12-11），提高混凝土的抗压强度。

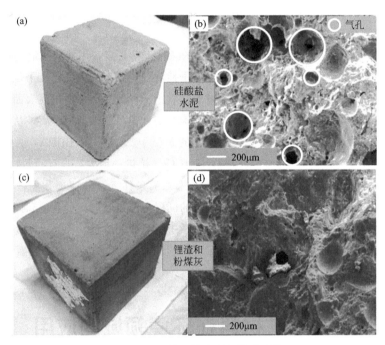

图 12-11 混凝土的宏观与微观形貌
（a）（b）传统硅酸盐混凝土；（c）（d）锂渣、粉煤灰混凝土

锂渣在混凝土中的应用可以节约矿产资源，降低混凝土成本，提高混凝土的性能；协同再生骨料、粉煤灰等其他工业固废的复合应用，既可减轻工业固废带来的生态环境负担，还可用于矿坑回填，通过对废弃矿山的治理，进一步实现对土地资源和生态环境的保护。

12.4.3 锂辉石尾矿合成地质聚合物

地质聚合物（geopolymer）材料可以采用天然无机硅铝酸盐矿物或工业固体废弃物为原料制备，是一种以 $[SiO_4]$ 和 $[AlO_4]$ 四面体为结构单元的三维立体网状结构胶凝材料。与传统的胶凝材料硅酸盐水泥相比，地质聚合物材料不仅制备过程更加节能环保，还具备比传统硅酸盐水泥更加优异的耐腐蚀性、耐高温性、抗渗性和界面结合强度。对于锂辉石尾矿，无论是锂辉石浮选尾矿还是锂渣，均含有大量的无定型 SiO_2 和 Al_2O_3，具有良好的火山灰活性，非常适用于制备地质聚合物材料。以高岭土、锂辉石浮选尾矿为原料，加入水玻璃，制备的地质聚合物材料经高温处理后仍能保持较高的抗压强度。

地质聚合物材料作为替代水泥的新型胶凝材料，不仅性能优异，而且生产耗能仅为水泥的 30%，同时生产地质聚合物材料的原料多为工业固体废弃物，其推广和应用可以带动包括锂辉石尾矿在内的多种工业固废的资源化再利用，并推动该领域实现低能耗、低碳可持续发展。

12.4.4 锂辉石尾矿生产陶瓷

锂辉石浮选尾矿中含有的 SiO_2、Al_2O_3、K_2O、Na_2O 等主要化学成分都是陶瓷材料的常见组分，因此锂辉石浮选尾矿在陶瓷材料领域的再利用也是热点研究方向之一。锂辉石浮选尾矿具有比长石更加优异的助熔效果，可以更有效地促进玻璃相的形成和莫来石的生长，提高陶瓷材料的抗压、抗折强度等机械性能，降低孔隙率，从而实现陶瓷材料的低温烧结。以锂辉石浮选尾矿、高岭土和低熔点玻璃粉为原料，添加发泡剂，可以低温烧成制备多孔陶瓷。

微晶玻璃又称玻璃陶瓷，是一种通过熔融淬冷后控制析晶制得的多晶材料，具有机械强度高、热膨胀系数可调、介电损耗小、耐磨耐腐蚀、化学稳定性及热稳定性好等优点。以锂辉石浮选尾矿为原料，通过优化烧结工艺，制备的微晶玻璃具有熔化温度低、适合轧制、粒状结晶相均匀分布的特点，非常适于作为建筑装饰材料。

笔者将锂辉石浮选尾矿引入卫生陶瓷坯料配方，加入量在 20%～30% 之间，替代了传统的钾长石、钠长石，产品性能完全符合卫生陶瓷国际标准的要求，已经在河北唐山大型陶瓷工厂实现产业化应用，每年消纳当地锂辉石提锂的浮选尾矿约 4 万吨，有效降低了陶瓷生产成本。其示范效应会带动锂辉石尾矿在全国卫生陶瓷和瓷砖行业的推广应用，减少因开采长石类原料对矿山环境的破坏和污染。

锂辉石尾矿应用于陶瓷，完全可以取代传统坯料中的长石类原料，不仅消耗大量锂辉石尾矿，而且降低陶瓷烧结温度，促进节能减排。

12.4.5 锂渣合成分子筛

分子筛是一种天然的或人工合成的具有筛选分子作用的水合硅铝酸盐，作为一种具有吸附和离子交换作用的多孔材料，广泛应用于污水、废气和土壤治理，其化学通式为 $(M_2'M)O \cdot Al_2O_3 \cdot xSiO_2 \cdot yH_2O$，其中 M'、M 分别为一价、二价阳离子，如 K^+、Na^+ 和 Ca^{2+}、Ba^{2+} 等。锂渣中含有大量的合成分子筛所需的有效成分，因此锂渣可以用于分子筛合成。以锂渣为原料，先经过水洗分离石英，再通过水热法合成的高纯度 NaX 型分子筛，其比表面积、孔径以及对水的最大平衡吸附量都接近于商品 NaX 型分子筛（如表 12-5 所示）。

表 12-5 市售分子筛与锂渣分子筛结构参数对比

样品	比表面积/(m^2/g)	微孔体积/(cm^3/g)	总孔体积/(cm^3/g)	微孔尺寸/nm
市售 NaX 分子筛	872	0.296	0.322	0.845
锂渣 NaX 分子筛	847	0.281	0.323	0.859

12.4.6 其他

高岭石广泛应用于造纸、陶瓷、耐火材料、涂料等行业。硬硅钙石导热系数低、堆积密度低、耐热性好、无毒无害可循环，广泛应用于能源、石油和建筑保温等领域。锂渣的主要化学成分为 Al_2O_3、SiO_2，还含有少量的 $CaSO_4$，硅铝摩尔比接近 2：1，对其进行碱溶脱硅后可以得到硅酸盐和羟基钙霞石等中间产物，这些中间产物经过进一步处理即可得到高岭石；而碱溶的具有无定形结构的 SiO_2 则可用于制备硬硅钙石。$NaOH$ 与锂渣反应，溶解锂渣中的 SiO_2 后，过滤分别得到滤渣和滤液。滤渣加入硝酸中搅拌均匀并进行水热反应，即可得到纳米高岭石；滤液与氧化钙进行反应，产物经过滤得到滤渣，滤渣加入去离子水中进一步进行水热反应，可得到硬硅钙石。

高岭石和硬硅钙石的合成，进一步扩展了锂辉石尾矿的应用领域，即制备高性能的纳米粉体材料和绿色环保材料。

综上所述，锂辉石尾矿作为一种生态环境功能基础材料，在诸多领域有着广泛、良好的应用前景，通过资源化深度开发，可以减少资源浪费、提高材料性能、促进降耗减排、降低环境污染，对生态环境的保护和治理具有重要的作用。

12.5 扩展阅读

锂辉石提锂的方法主要有浮选法和浸出法两种。浮选法广泛用于锂辉石原矿提炼精矿，但常用浮选药剂对环境有一定的危害，开发高效、环保的捕收剂是未来发展的主要趋势。相关研究表明，新型混合阴离子/阳离子捕收剂可通过化学作用和静电作用选择性吸附在锂辉石表面，从而获得良好的浮选分离效果，具有良好的发展前景。

化学浸出法通常用于锂辉石精矿进一步提锂，一般需要对矿石进行预先活化处理，其关键在于破坏硅酸铝结构，水热碱处理是一种比较常用的工艺，其流程如图 12-12 所示。化学浸出法提取率高，产品品质较高，但工艺复杂、能耗高，并且需要大量的酸碱等药剂，对环境危害较大。加强废弃物处理，开发低能耗、绿色浸出工艺对其持续高效发展至关重要。

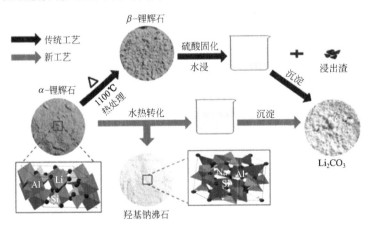

图 12-12　水热碱处理工艺流程

随着科技进步带来的新材料、新能源等战略性新兴产业的高速发展，锂资源越来越成为新能源汽车、移动储能设备和消费性电子产品等产业发展不可或缺的关键性资源，关系着当代和未来的国计民生。我国已成为全球锂资源消费量最大的国家。然而，国内锂资源产业层次较低且开发难度大，现有技术条件下能够开发的锂资源矿床非常有限，锂矿采选后产生的大量工业固废也难以回收利用。虽然我国锂资源储量居世界第四位，但现阶段消耗的锂资源仍大部分依赖进口，锂资源供应安全受国际政治、经济形势影响巨大。

美国对中国高技术领域的霸凌封锁是"逆全球化趋势"最具代表性的事件，深刻影响了世界高技术产业和战略性资源产业的格局。我国进口锂矿石主要来自澳大利亚，然而近年来澳大利亚与我国政治、经济摩擦不断，这给我国锂产业发展埋下了重大供应安全隐患。在复杂的国际政治、经济形势下，强化危机意识，提升独立自主开发能力，攻克我国盐湖提锂技术难题，实现锂尾矿无害化处理和资源化再利用，打造完整、高效、绿色的锂资源上下游产业链，保障我国锂资源的供应安全，践行"双碳"目标的庄严承诺，促进生态环境可持续发展，是时代赋予材料学人的重要技术命题。我们应该紧密围绕国家关于生态环境材料方面的重大技术需求，向老一辈科学家学习，勇于啃"硬骨头"，挑战"卡脖子"问题，开展原始创新，突破技术瓶颈，在祖国的经济建设和生态建设中闪光发热，在百年未有之重大变局中彰显责任担当。

思考题

(1) 我国锂资源主要赋存于哪类矿床？大规模开发的又是哪类矿床？

(2) 锂辉石尾矿通过进一步深加工可以得到哪些矿物资源？

(3) 对锂辉石尾矿进行深加工时，一般先对哪种矿物进行浮选？为什么？

(4) 从锂辉石尾矿中浮选石英和长石主要有哪两种方法？各自的特点是什么？

(5) 锂辉石浮选尾矿和锂渣的区别是什么？它们各自可应用在哪些领域？

参考文献

[1] 周贺鹏.微细粒锂辉石聚团浮选特性及矿物表面反应机理 [D].徐州：中国矿业大学，2020.

[2] Groves D，张良，Groves I，等.锂辉石：巨型花岗伟晶岩锂-铯-钽矿床中关键含锂矿物 [J].岩石学报，2022，38（1）：1-8.

[3] 徐龙华，巫侯琴，田佳，等.伟晶岩型铝硅酸盐矿物的晶体化学特征计算与分析 [J].有色金属（选矿部分），2017，4（06）：22-27.

[4] Lemougna P N，Yliniemi J，Ismailov A，et al. Spodumene tailings for porcelain and structural materials：Effect of temperature（1050-1200℃）on the sintering and properties [J]. Minerals Engineering，2019，141：105843.

[5] Wang Y，Wang D，CuI Y，et al. Micro-morphology and phase composition of lithium slag from lithium carbonate production by sulphuric acid process [J]. Construction and Building Materials，2019，203（10）：304-13.

［6］ 李保亮，尤南乔，曹瑞林，等.锂渣粉的组成及在水泥浆体中的物理与化学反应特性［J］.材料导报，2020，034（10）：10046-10051.

［7］ 刘方.硅酸盐矿物浮选过程中调整剂对捕收剂作用方式的研究［D］.沈阳：东北大学，2011.

［8］ 吕昊子，童雄，谢贤，等.阴-阳离子捕收剂浮选铁尾矿中低品位云母的试验研究［J］.硅酸盐通报，2016，35（7）：2047-2053.

［9］ Xu L，Jiao F，Jia W，et al. Selective flotation separation of spodumene from feldspar using mixed anionic/nonionic collector［J］.Colloids and Surfaces A：Physicochemical and Engineering Aspects，2020，594：124605.

［10］ Shu K，Xu L，Wu H，et al. Selective flotation separation of spodumene from feldspar using sodium alginate as an organic depressant［J］.Separation and Purification Technology，2020，248：117122.

［11］ 魏梦楠.石英及长石-石英系统的浮选行为和捕收剂吸附机理［D］.合肥：中国科学技术大学，2019.

［12］ Xie R，Zhu Y，Liu J，et al. Flotation behavior and mechanism of α-bromododecanoic acid as collector on the flotation separation of spodumene from feldspar and quartz［J］.Journal of Molecular Liquids，2021，336：116303.

［13］ 韩思甜，宗亮，巴东，等.用锂渣代替熟料生产通用硅酸盐水泥［J］.水泥工程，2009，（01）：32-33.

［14］ He Y，Chen Q，Qi C，et al. Lithium slag and fly ash-based binder for cemented fine tailings backfill［J］.Journal of environmental management，2019，248：109282.

［15］ Lemougna P N，Adediran A，Yliniemi J，et al. Thermal stability of one-part metakaolin geopolymer composites containing high volume of spodumene tailings and glass wool［J］.Cement and Concrete Composites，2020，114：103792.

［16］ Yang J，Xu L，Wu H，et al. Preparatron and properties of porous ceramics from spodumene flotation tailings by low temperature sintering［J］.Transactions of Nonferrous Metals Society of China，2021，31：8.

［17］ Zheng W，Cao H，Zhong J，et al. CaO-MgO-Al$_2$O$_3$-SiO$_2$ glass-ceramics from lithium porcelain clay tailings for new building materials［J］.Journal of Non-Crystalline Solids，2015，409：27-33.

［18］ Chen D，Hu X，Shi L，et al. Synthesis and characterization of zeolite X from lithium slag［J］.Applied Clay Science，2012，59-60：148-151.

［19］ Wang X，Hu H，Liu M，et al. Comprehensive utilization of waste residue from lithium extraction process of spodumene［J］.Minerals Engineering，2021，170：106986.

［20］ 尚玺，孟宇航，张乾，等.富锂矿物的锂提取与战略性应用［J］.矿产保护与利用，2019，39（6）：152-158.

第 13 章

新能源退役设施及催化剂资源化应用

导读

新能源一般指采用新技术和新材料系统开发利用的能源。发展新能源技术的核心和其应用的基础则是新能源设施与材料，主要包括锂离子电池、镍氢电池、太阳能电池等器件及其相应材料。目前，随着新能源的不断开发与应用，带来的资源环境问题也将日趋严峻。例如，新能源汽车的市场渗透率从 2016 年的 1.8% 增长至 2021 年的 13.4%，2021 年全国动力型锂离子电池的产量达 220GW·h，同比增长 165%；根据新能源汽车推广使用情况及动力电池 5~8 年的使用年限推测，未来将出现动力电池的大规模报废潮。对于镍氢电池来说，每 1 亿只镍氢电池约耗费 2000 吨的电极活性材料。另外，工业生产中废催化剂的产生量也是不可忽略的，全球每年约有 60 万吨的废催化剂产生。因此对电池和废催化剂中的有价金属进行回收，对于保护环境和稀贵金属资源的高效循环利用都有非常重要的意义。本章首先介绍退役锂动力电池的回收利用背景，详细介绍三元锂动力电池和磷酸铁锂动力电池的回收技术路线；介绍镍氢电池和退役催化剂材料中有价金属的回收方法。

13.1 退役锂动力电池材料

随着电动汽车在我国的推广和使用，报废动力电池量逐年增加，其带来的废旧动力电池回收利用与处理问题日趋严重。由于动力电池中含有铅、锂、镍、钴、铁、稀土金属及电解液，是一类重要的"城市矿山"，随意丢弃不仅会造成有价金属资源的浪费，同时会对大气、水体、土壤等造成一定的污染。因此，实现动力电池的规范回收与高效利用是推动我国可持续发展的重要部分，更是建立资源节约型、环境友好型社会的必然需求，不仅能产生巨大的环境效益，同时可带来显著的经济效益及社会效益。

13.1.1 锂动力电池回收利用背景

从 2014 年以来我国新能源汽车的产量及销量骤增，2021 年我国新能源汽车的销量已达

352.1万辆，成为全球新能源汽车第一大产销国。我国车用动力电池绝大多数为锂动力电池，其寿命约为5~8年，目前已陆续进入大规模报废期。2020年我国动力锂电池累计退役量约20万吨，2025年累计退役量预计约78万吨。在我国废旧锂动力电池被归类为有害固体废弃物，如果采用普通垃圾处理方式（填埋、堆肥、焚烧等）处理锂动力电池，其正负极材料、电解质、电解质溶剂等对环境和人体均具有一定的危害。如电解液中的六氟磷酸锂电解质遇水会发生分解产生剧毒气体氟化氢，会对环境和人体健康造成严重危害；正极材料中钴、镍、锰等金属离子的渗出极易导致水体、土壤的污染，并通过食物链最终影响人类的健康安全。另外，废旧锂离子电池具有一定的危险性，其电解液溶剂常为易燃性有机溶剂，如果处理不当可能会导致电池燃烧、爆炸等危险情况。因此，亟待开发环保、高效的废旧锂离子电池回收工艺。目前废旧锂动力电池的回收方式主要有两种：

① 梯次利用　当动力电池容量衰减至额定容量的70%~80%时，动力电池不再适用于电动汽车。但退役的电池经过检测、维护、重组等环节，仍可进一步在储能、分布式光伏发电、家庭用电、低速电动车等诸多领域进行利用。

② 拆解回收　当动力电池容量衰减至50%以下，无法继续使用，只能将动力电池进行拆解后进行资源化回收利用。目前废旧锂动力电池的资源化回收主要集中于正极（三元材料、磷酸铁锂材料）和集流体（铝、铜）。

13.1.2　三元材料锂动力电池的回收技术

三元材料锂动力电池由于其容量高、能量密度大等优点，成为我国新能源汽车的主要动力电池。三元材料锂动力电池中含有镍、钴、锰、锂等金属元素，且含量较高（镍、钴、锰、锂、铜、铝含量分别为12%、3%、5%、2%、13%、12%），通过拆解后提取金属元素、石墨、隔膜等材料具有一定的经济与环境效益。

（1）报废三元锂动力电池的回收预处理

报废三元锂动力电池的结构复杂、组成多样，需要进行放电、拆解剥离外壳等预处理过程，分离出各种有价值的部分以便后续回收利用。由于废锂离子电池的回收存在电击、火灾、爆炸和化学危害等潜在危险，安全有效地分离组件是预处理的主要目标。预处理过程主要包括放电处理、拆解。

① 放电处理　报废锂动力电池中大都残余部分电量，特别注意的是，报废三元材料锂动力电池与其他动力电池不同，在三元材料充放电过程中部分锂会沉积在正负极表面，锂极易与水发生反应生成可燃性的氢气，易导致废旧电池自燃。因此，在回收前需进行彻底放电，否则残余的能量可能在后续加工过程中释放热量，造成安全隐患。报废锂动力电池的放电方法分为物理放电法和化学放电法两种。物理放电法为短路放电，常用的手段主要是利用低温冷冻后穿孔强制放电。美国Umicore、Toxco公司利用液氮对电池进行低温预处理，在温度为-198℃下安全破碎电池，但是该种方法对设备要求较高，仅适用于小批量预回收，且此方法忽略了储存和运输过程中的潜在危险。化学放电法主要是指将报废三元材料锂动力电池浸泡在电解质溶液中通过电解的方式释放残余能量。常见的电解质溶液有氯化钠（NaCl）溶液、碳酸钠（Na_2CO_3）溶液、亚硫酸（H_2SO_3）溶液。将电池的塑料外壳去除后置于溶液中，浸泡24h后可实现电池的完全放电。该方法的优点是电池在浸泡过程中不出现

过热现象。缺点在于浸泡时间较长，且电解质溶液浓度及温度会影响电池放电速度，电池内的有价金属会溶解至导电液中，降低金属回收率。

② 锂动力电池的拆解　报废锂动力电池的拆解通常分为手动预处理和机械预处理两种类型。实验室研究中对小型单电池的拆解主要是通过简单的工具手动进行的，拆解后不同电池组件可分开回收。注意在拆解过程中使用安全防护装备以保证人身安全。手动拆解过程最大限度地减少了杂质对获得的材料的影响，但其低加工效率不适合工业应用。在工业生产中，由于其处理量较大，特别是当电动汽车的大型锂离子电池组需要拆解成更小的模块或单体电池时，无法实现锂电池各部分的精细拆解、分离。实际生产中常在去除外壳后采用机械破碎进行预处理，以降低后续处理难度。报废三元锂动力电池进入撕碎机进行撕碎，撕碎后的电池进入专用破碎机进行破碎，将电池内部正负极片及隔膜纸打散，打散的物料经引风机进入集料器，然后经脉冲除尘器把破碎中所产生的粉尘收集净化。

(2) 报废三元锂动力电池回收技术研究进展

废旧锂离子电池经放电、拆解等预处理后，根据回收过程中所采用的主要关键技术，可分为物理法、化学法和生物法。

① 物理法　根据电池组分的物理特性，如密度、溶解性、热稳定性等对电池部分组分进行分离、回收。主要使用的方法有火法、物理分选法、有机溶剂法。

a.火法。又称干法、高温煅烧法，旨在通过高温燃烧去除有机黏结剂，并通过物理或化学转化从废锂电池中回收或精炼有价值的金属。早期的火法冶金工艺需要大约1000℃的高温，常见的产品是钴、铁和镍基合金，但是锂金属无法直接提取，必须进一步从冶炼渣中浸出和提取。例如，日本的索尼和住友公司将废旧锂离子电池在草酸中浸泡后，于1000℃进行火法焚烧，去除电解液及隔膜，并实现了电池的破解，焚烧后的残余物质通过筛分、磁选来分离 Fe、Cu、Al 等金属。

目前的火法冶金技术包括还原焙烧和盐化焙烧两种类型。还原焙烧是指通过在真空或惰性气氛下将高价金属化合物转化为低价物质来分离和回收金属，废旧锂离子电池的电极材料可以转化为金属氧化物、纯金属和可溶性锂盐。例如，许振明等人提出通过无氧焙烧和湿法磁分离原位回收钴酸锂/石墨电极材料中的钴、碳酸锂和石墨的新方法。富集后的正负极材料在 N_2 气氛下于1000℃直接煅烧30分钟，利用石墨粉在焙烧过程中的还原作用，得到碳酸锂、钴和石墨混合产物。随后利用碳酸锂的微溶解性和钴的铁磁性，通过湿磁法对混合产物进行分离。为了进一步降低煅烧温度以及提高回收率，研究人员使用盐助溶剂对废锂离子电池进行焙烧和回收。盐化焙烧包括硫酸盐焙烧、氯化焙烧和钠化焙烧，已广泛应用于矿石化石火法冶金。其主要原理是在盐助熔剂的作用下焙烧金属氧化物，将金属氧化物转化为水溶性盐，从而实现组分分离。例如，以钴酸锂为主的正极废料与 $NaHSO_4 \cdot H_2O$ 混合并在600℃下焙烧30分钟，焙烧产物中的锂元素全部以 $LiNa(SO_4)$ 的形式存在，而钴元素的形式与 $NaHSO_4 \cdot H_2O$ 的含量密切相关。随着 $NaHSO_4 \cdot H_2O$ 含量的增加，钴元素形成以下化合物：$LiCoO_2 \rightarrow Co_3O_4 \rightarrow Na_6Co(SO_4)_4 \rightarrow Na_2Co(SO_4)_2$。煅烧产物通过水浸和化学沉淀进一步分离和回收。

火法工艺较简单，可有效去除黏结剂、电解液等有机物质；在高温环境下反应速度快，效率高；且该方法对原料的组分要求不高，比较适合处理大量或较复杂的电池。但此方法对设备的要求高、能耗大，且在处理过程中会产生有害气体，需要增加净化回收设备以吸收净化有害气体，防止产生二次污染。另外，得到的金属中杂质含量高，需经过进一步提纯才能获得高纯度的金属材料。

b. 物理分选法。物理分选法是指将电池拆解分离，对电极活性物、集流体和电池外壳等电池组分经破碎、过筛后，利用物质密度、磁性、表面物理化学性质的差异进行分选的一类方法。物理分选法的操作较简单，但是不易完全分离锂离子电池，并且在筛分和磁选时，容易存在机械夹带损失，难以实现金属的完全分离回收。图 13-1 为报废三元材料锂动力电池的预处理及物理分选工艺流程图。经机械破碎后，通过磁选回收铁，通过粒径分选回收电极材料，通过密度分选回收铝和铜。

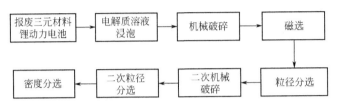

图 13-1　报废三元材料锂动力电池的预处理及物理分选工艺流程

另外，利用材料表面物理化学性质的差异也可进行材料分选。机械破碎浮选法是首先对完整的废锂离子电池进行破碎后，将获得的电极材料粉末进行热处理去除有机黏结剂，最后根据电极材料粉末中钴酸锂和石墨表面的亲水性差异进行浮选分离，从而回收钴锂化合物粉体。破碎浮选法工艺简单，可使钴酸锂与碳素材料得到有效分离，且锂、钴的回收率较高。但是由于各种物质全部被破碎混合，对后续铜箔、铝箔及金属壳碎片的分离回收造成了困难；且因为破碎易使电解质 $LiPF_6$ 与 H_2O 反应产生 HF 等挥发性气体造成环境污染，需要注意破碎方法。

c. 有机溶剂法。利用强极性的有机溶剂对有机黏结剂有较好溶解性的特点，将黏结剂溶解后使正极活性材料与集流体分离，可排除回收过程中集流体铝的干扰，从而简化回收工艺，提高回收效果。常用的有机溶剂为 N,N-二甲基乙酰胺（DMF）、N-甲基吡咯烷酮（NMP）、二甲亚砜（DMSO）等。考虑到目前水溶性黏结剂在现有锂动力电池中的使用，溶剂也可使用水和乙醇的混合溶液。

采用有机溶剂萃取法来分离材料与箔片的实验条件比较温和，但是有机溶剂具有一定的毒性，对操作人员的身体健康可能会产生危害。同时，由于不同厂家制作锂离子电池的工艺不同，选择的黏结剂有所差异，因此针对不同的制作工艺，在回收处理废旧锂电池时，需要选择不同的有机溶剂。此外，对于工业水平的大规模回收处理操作，成本也是一个重要的考量。因此，选择一种来源广泛、价格适宜、低毒无害、适用性广的溶剂非常重要。

② 化学法　将报废三元材料锂动力电池破碎后溶解，然后采用合适的化学试剂，选择性分离浸出溶液中的金属元素，产出高品位的金属或碳酸锂等，直接进行回收。该方法的设备投资成本较低，适合中小规模废旧锂电池的回收。因此，该方法目前使用比较广泛。

a. 沉淀法。一般指经酸溶液体系浸取的含钴、锂金属离子的液体经除杂后，最终采用草酸铵将钴离子以草酸钴的形式沉淀、饱和碳酸钠溶液将锂离子以碳酸锂的形式沉淀下来，过滤干燥得到产品。例如，在硫酸、双氧水体系浸出的含钴离子溶液中，以草酸钴形式回收钴的回收率可达90％以上。但沉淀法工艺较繁琐，对反应条件（沉淀剂的纯度和剂量、反应时间、反应温度等）有严格要求。

b. 盐析法。通过在原溶液中加入其它盐类，使溶液达到过饱和并可以沉淀析出某些溶质成分，常作盐析的无机盐有硫酸钠、硫酸镁、硫酸铵等。

c. 萃取法。其工艺流程与沉淀法类似，不同之处在于钴和锂是通过萃取进行分离回收的。此法得到的产品纯度高，但是对设备要求较高，且过程较复杂。

d. 机械研磨法。利用机械研磨产生的热能促使电极材料与磨料发生反应，从而使电极材料中原本黏结在集流体上的锂化合物转化为盐类的一种方法。不同类型的研磨助剂材料的回收率有所区别，较高的回收率可以做到：Co回收率98％，Li回收率99％。机械研磨法也是一种有效的回收废旧锂离子电池中钴和锂的方法，其工艺较简单，但对仪器要求较高，且易造成钴的损失及铝箔回收困难。

③ 生物法　生物法是利用微生物的代谢功能将正极中金属元素转化成可溶化合物并选择性地溶解出来，得到金属溶液后，利用无机酸将正极材料各组分分离，最终实现有价金属的分离与回收。贾智慧等采用了氧化亚铁杆菌和氧化硫杆菌处理废旧锂离子电池，该方法回收成本低，常温常压的工艺条件易于实现。但是该方法的不足是菌种不易培养，浸出液难分离。生物法具有成本低、污染小、可重复利用的特点，已成为废旧锂离子有价金属的回收技术重要发展方向。但是其也有要解决的问题，比如微生物菌种的选择与培养，最佳浸出条件，金属的生物浸出机理等。

13.1.3　磷酸铁锂动力电池的回收技术

磷酸铁锂动力电池由于其安全性较高、快速充电及循环寿命长等优点，是我国新能源汽车发展初期的主要电池类型。目前约70％以上的即将报废电池是磷酸铁锂动力电池。在磷酸铁锂动力电池中含有的$LiPF_6$、有机碳酸酯、铜等化学物质均在国家危险废物名录中，$LiPF_6$有强烈的腐蚀性，遇水易分解产生HF；有机溶剂及其分解和水解产物会对大气、水、土壤造成严重的污染，并对生态系统产生危害；铜等重金属在环境中累积，最终通过生物链危害人类自身；磷元素一旦进入湖泊等水体，极易造成水体富营养化。由此可见，如若废弃的磷酸铁锂动力电池不加以回收利用，对环境及人类健康都有极大危害。

相较于三元锂电池，报废的磷酸铁锂电池几乎不含高价值金属元素（如钴、镍等），而是主要由铝、锂、铁、磷和碳元素组成。因此，企业对其回收动力不充足，也没有发展出经济性强的处理方式。但随着磷酸铁锂动力电池市场占有量和报废量的日益上升，其带来的环境问题逐渐凸显，废旧磷酸铁锂动力电池中的磷酸铁锂回收利用也成为动力电池回收的重点内容之一。目前，关于报废磷酸铁锂动力电池的回收主要集中于两方面：金属回收、修复再生磷酸铁锂正极材料。

（1）报废磷酸铁锂动力电池的金属回收技术

① 物理法回收技术　随着磷酸铁锂动力电池的大规模使用，越来越多集成化磷酸铁锂电池的设备和技术被开发出来。因此，在回收利用时实现电池的精细化拆解较为困难。采用物理法回收技术是将整个电芯破碎后通过不同组分的密度、磁性等物理性质进行分选，实现

电池中铁、铝、铜、正负极材料的分离回收。图 13-2 为物理法回收报废磷酸铁锂动力电池的工艺流程。

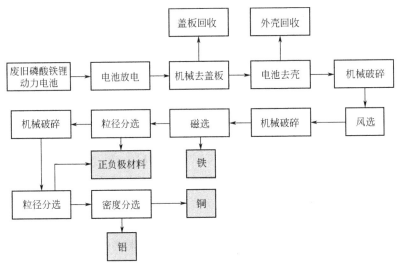

图 13-2   物理法回收报废磷酸铁锂动力电池的工艺流程

② 化学法回收技术   此类工艺以回收锂为主，因磷酸铁锂不含有贵金属，故对钴酸锂的回收工艺进行改造。图 13-3 是化学法回收磷酸铁锂动力电池的工艺流程。首先将磷酸铁锂电池拆解得到正极材料，粉碎筛分得到粉料；之后将碱溶液加入到粉料中，溶解铝及铝的氧化物，过滤得到含锂、铁等的滤渣；将滤渣用硫酸与双氧水的混合溶液浸出，得到浸出液；将浸出液加碱沉淀出氢氧化铁，灼烧氢氧化铁，可得氧化铁；最后调节浸出液的 pH 值（5.0～8.0），过滤浸出液得滤液，加固体碳酸钠浓缩结晶得碳酸锂。

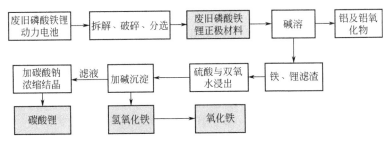

图 13-3   化学法回收磷酸铁锂动力电池的工艺流程

（2）报废磷酸铁锂动力电池的正极材料再生修复技术

由于磷酸铁锂动力电池中贵重金属的含量较低，单一回收其中的金属经济效益较低。因此，利用废料直接再生或修复为新的磷酸铁锂正极材料具有更高的附加值和回收效益，是现阶段磷酸铁锂动力电池回收的研究热点。

磷酸铁锂正极材料的再生技术是指将含铁、锂的滤渣直接添加适量的锂、铁、磷酸重新煅烧得到新的磷酸铁锂正极材料。如图 13-4 所示，首先将磷酸铁锂电池拆解得到正极材料，粉碎筛分得粉料；之后热处理去除残留的石墨和黏结剂，再将碱溶液加入到粉料中，溶解铝及铝的氧化物；过滤得含锂、铁等的滤渣，分析滤渣中铁、锂、磷的摩尔比，添加铁源、锂源和磷源，将铁、锂、磷的摩尔比调整为 1：1：1；加入碳源，球磨后在惰性气氛中煅烧得到新的磷酸铁锂正极材料。

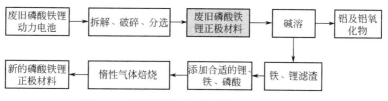

图 13-4　磷酸铁锂正极材料的再生技术流程

磷酸铁锂正极材料的修复技术是指仅需要对回收的废旧磷酸铁锂正极材料补加一定量的 Li、Fe、P，不破坏磷酸铁锂的结构，不需要使用大量酸碱试剂的方法。如图 13-5 所示，将废旧磷酸铁锂动力电池整体经机械粉碎后，利用有机溶剂 NMP 或强碱溶解分离其中的铝，剩余的材料即为 $LiFePO_4$ 和炭粉的混合物。向该混合物中引入 Li、Fe、P 以调整此三种元素在材料中的摩尔比，再经球磨、惰性气氛下高温煅烧后可重新合成 $LiFePO_4$ 材料。但是由于铝、铜等杂质的存在会对修复的电池材料的电化学性能有一定的影响，与首次合成的磷酸铁锂电池正极材料相比，该材料的电容量、充放电性能均有所下降。该方法不需要使用大量酸碱试剂，对环境的污染较小，工艺流程简单易操作且环保，但对废旧电池正极材料的纯度要求较为苛刻。

图 13-5　磷酸铁锂正极材料的修复技术流程

13.2　退役镍氢电池材料

13.2.1　镍氢电池发展现状

镍氢（Ni/MH）电池的正极活性物质为氢氧化镍 $[Ni(OH)_2]$，负极活性物质为储氢合金，电解液为碱性水溶液（如氢氧化钾溶液，KOH）。储氢合金一般是由易生成稳定氢化物的元素 A（La、Ti、Mg、V 等）和其他元素 B（Mn、Fe、Co、Ni 等）组成的金属化合物，主要包括稀土-镍系（AB_5）型、镁系（A_2B）型、锆系（AB_2）型和钛铁系（AB）型四种，其中 AB_5 型和 AB_2 型储氢合金目前市场的占有率最高。镍氢电池充放电过程各电极反应如下。

充电时，正极反应：$Ni(OH)_2 + OH^- \rightleftharpoons NiOOH + H_2O + e^-$

负极反应：$M + H_2O + e^- \rightleftharpoons MH + OH^-$

电池总反应：$Ni(OH)_2 + M \rightleftharpoons NiOOH + MH$

放电时，正极反应：$4OH^- \rightleftharpoons 2H_2O + O_2 + 4e^-$

负极反应：$4MH + O_2 \rightleftharpoons 4M + 2H_2O$

电池总反应：$OH^- + MH \Longrightarrow H_2O + M + e^-$

镍氢电池的电极材料中不含有镉（Cd）、铅（Pb）、汞（Hg）等重金属，因此被称为"环保电池"。镍氢电池具有充放电速率高、能量密度大、可循环充放电等优点，因而受到了越来越多的关注。1988年，镍氢电池进入了实用化阶段，主要作为小型移动电源应用于电子信息领域；2013年，全球小型镍氢电池出货量达到11.6亿只，大型镍氢电池的出货量达到2.11亿只，我国镍氢电池的出口量为6.27亿只；2014年，在混合动力车领域，日本镍氢电池市场产值已超过铅酸蓄电池市场产值。镍氢电池的发展使得其在电池市场中占有相当大的份额，目前我国镍氢电池的产量和出口量已超过日本，成为世界第一。随着国际社会对环境保护要求的不断提高，对于废弃物中存在的可能危及生态环境的镍（Ni）、铬（Cr）、钒（V）等元素的限制将会越来越严格，废弃镍氢电池也被看作是一种对环境有害的废弃物。

13.2.2 镍氢电池产生的电极废料

储氢合金的生产冶炼过程中，由于氧化和渣化等作用，会产生约占合金质量2%的废渣。镍氢电池中含有大量的镍、钴（Co）以及稀土元素（RE），且镍氢电池在长时间的充放电循环过程中也会产生不少的废弃物。在失效的镍氢电池电极材料以及储氢合金冶炼废渣中，主要金属元素为Ni、La、Ce，还有少量的Co、Al、Mn等金属元素。对于镍氢电池来说，负极合金的氧化是镍氢电池发生失效的主要原因，其过程是在合金的表面生成RE、铝（Al）等元素的氢氧化物，从而使储氢合金发生结构的变化，进而引起电化学容量的迅速降低，甚至可能完全失效。

随着混合动力汽车的快速发展，废弃镍氢电池的回收以及废弃镍氢电池中有价金属的再利用引起了越来越多的关注。如果将废旧镍氢电池随意丢弃或填埋，经过长期的腐蚀和磨损，废旧电池中的Ni、Co等金属元素和电解质溶液就会渗出到大自然中，对环境造成严重的污染。大自然中Ni、Co等金属元素的累积将引起生物的不良反应，甚至能够通过富集作用危害人类健康与生存。其中，Ni元素能够引起皮肤过敏导致皮炎或呼吸器官障碍等疾病，甚至可以引发呼吸道癌；金属Co具有很强的渗透性，极易进入皮肤内层，引起肺部和肠胃病变，同样具有致癌性。各国对于金属排放量的管控也越来越严格，这在很大程度上促进了对镍氢电池的回收利用。另外，除了显著的环境效益外，废旧镍氢电池的回收还具有一定的经济效益和社会效益。镍氢电池中含有的一些有价金属元素，例如Ni、Co及RE等都是用途比较广泛并且价值比较高的金属物质，这些金属不仅矿资源品位比较低并且提取难度也比较大，因此对废旧电池进行资源化处理有利于金属资源的利用。

随着经济的不断发展，我国的各种矿产资源也日趋减少，当务之急是建立一个持续的消费方式以及可循环的经济模式。因此，回收和利用废旧镍氢电池不仅可以减少其对环境的污染，而且还能够促进资源的循环利用，缓解资源匮乏的现状，对实现可持续发展具有非常重要的意义。

13.2.3 镍氢电池回收再利用技术

目前，废旧镍氢电池的回收再利用技术主要包括机械回收技术、火法冶金技术、湿法冶金技术、生物冶金技术、电池直接再生技术等。其中，比较主流的三种方法为火法冶金技术、湿法冶金技术和废旧电池直接再生技术，这几种方法都已取得了较好的研究进展。

火法冶金技术，又被称为干法或烟法冶金技术，该方法主要利用废旧镍氢电池中不同金属元素的沸点差异进行分离和熔炼。以镍铁合金的回收为例，首先将废旧镍氢电池进行机械破碎解体、洗涤（除去 KOH 电解液）等处理，再重力分选出有机废弃物后干燥，然后放入焙烧炉中高温焙烧，最后将镍铁合金进行冷凝，从而实现金属的回收（Ni 质量百分含量约为 50%～55%，Fe 质量百分含量约为 30%～35%）。所得到的镍铁合金材料可根据不同目标进一步冶炼，冶炼的产品可用于铸铁或合金钢的生产。

该方法是目前较成熟的废旧镍氢电池回收方法，日本的住友金属和三德金属等几家公司均采用该方法对废旧的镍氢电池进行处理。美国 TWCA 公司将废旧镍氢电池通过机械粉碎—清洗—分离有机物—干燥—重熔和适当的合金化处理后，以中间合金形式回收电池中的大部分 Ni、Co 等有价金属，所得中间合金分别用于铸铁生产的合金化，以及某些镍基合金和合金钢生产的原材料等。内蒙古科技大学姜银举等人，针对废旧稀土镍氢电池中有价金属的回收也开展了系列研究工作，采用选择性氧化还原-渣金熔分法回收 Fe-Ni-Co 合金和稀土氧化物渣，该方法对 Ni 和 Co 的回收率达到 99% 以上。火法冶金技术具有工艺简单、操作方便、流程短、可操作性强、处理量大等优点，适合处理较复杂的蓄电池；但是其缺点是得到的合金价值低，烟气中含有二英粉尘和重金属污染物，稀土元素成分也进入了炉渣，资源浪费较大，且需要消耗的能量较多。

湿法冶金技术的一般步骤如下：首先将废弃镍氢电池经过机械粉碎法、去碱液、磁力与重力分离方法处理后，将含铁物质分离出来；然后再用酸浸的方法，将电极材料进行溶解并过滤除去黏结剂和导电剂石墨等不溶物质，得到含有 RE、Fe、Mn、Al 等金属盐溶液；最后再采用离子交换、溶剂萃取或化学沉淀等不同的回收方法，将金属成分进行有效回收。湿法冶金技术的重点和难点是确定最优浸出条件和分离 Co、Ni 元素。与火法冶金技术相比，湿法冶金产生的废液易于处理、产生废弃物较少、可将各种金属元素单独回收、且回收率及纯度高、能耗低，是目前各国较为广泛使用的一种方法。

针对不同镍氢电池正负极材料所含成分不同的情况，人们开发出了不同的湿法处理方式。Zhang 等人应用湿法冶金技术有效分离和回收了大容量镍氢电池中的有价金属，主要步骤为酸浸—萃取—稀土分离—镍钴分离及提取等。首先，采用合适浓度的盐酸（HCl）溶液浸出电极材料，将其中的 Ni、Co、稀土及 Fe、Al、Zn、Mn 等全部转入溶液；然后用含萃取剂 D2EHPA 的煤油溶液将稀土及杂质元素 Fe、Al、Zn、Mn 等从浸出液中萃取出来，实现它们与 Ni、Co 的分离；再从负载稀土和杂质元素的有机相中反萃取稀土，使其与杂质元素分离，可回收约 98% 的稀土元素；萃取余液蒸发浓缩之后，用含 TOA 的煤油溶液选择性地萃取 Co，镍通过草酸铵沉淀法以草酸镍的形式直接回收，整个工艺可以回收 96% 的镍和98% 的钴。郑瑞娟等人采用湿法冶金技术从废旧镍氢电池正极材料中回收 Co 元素，并制备出 Co_3O_4。在 70℃、3M 的硫酸溶液中溶解 4h 时，Co 的浸出率最高，约为 90%，再向浸出液中添加过硫酸铵，将 Co^{2+} 氧化为 Co^{3+}，调节体系 pH 值，形成氢氧化钴 [$Co(OH)_2$] 沉淀，最后将沉淀物进行煅烧即可得到 Co_3O_4。徐丽阳等人采用硫酸浸出-稀土复盐法从废旧镍氢电池负极材料中回收镍、钴和稀土元素，该方法既可以分离大部分的稀土，同时保证稀土的纯度，又保持镍钴的高回收率。

废旧电池再生技术主要是指通过采用一定技术，将废弃镍氢电池的活性物质直接再生为电池正负极材料的技术。这种方法具有资源回收效率高、工艺比较简单、生产成本较低等优点。南开大学新能源材料化学研究所根据镍氢电池的失效机理，先将失效镍氢电池的正负极分离，再采用分别处理电池正极和负极的方法，对失效镍氢电池电极合金粉末使用化学方法处理合金表面的氧化物，然后调整合金中各元素的含量，进行再次冶炼，用这种方法回收的电池的性能基本上达到了新电池的水平。日本丰田自行车株式会社发明了一种新型的镍氢电池再生技术，首先将向镍氢电池中注入包含 Ni、Co 离子的浓硫酸，升温持续一段时间，保证浓硫酸能够彻底地消除负极表面的氢氧化物，恢复隔板的亲水性能及负电极的容量，再通过充电流的方式，提高负极活性，最后补充新电解质，将正极容量进行恢复，以达到实现镍氢电池的重复再利用。

13.3 退役催化剂材料

13.3.1 废催化剂回收背景

催化剂是一种可以改变化学反应速率，却不改变化学反应热力学平衡，且在化学反应前后物理和化学性质无明显改变的化学物质。目前在石油化工、医药、电子工艺、环境污染治理、精细化工等行业均有广泛的应用。据统计，现在大约 90% 以上的工业反应中使用了催化剂，催化剂在工业生产中占有非常重要的地位。每年消耗的催化剂高达 80 万吨以上，同时会伴随着 50 万～70 万吨的废弃催化剂产生，且这个数值随着经济的不断发展是在继续增加的。

催化剂并不是可以在反应中无限期使用的，随着反应的进行，催化剂会因为各种各样的原因导致活性的降低，甚至失活，从而产生失效催化剂（或称为废催化剂）。催化剂活性降低的原因可能有以下几方面：①发生热老化，因过热而导致活性组分晶粒的长大，甚至发生烧结而使催化活性下降；②遭受某些毒物的毒害而使催化剂部分或全部丧失活性；③一些污染物聚集在催化剂表面或堵塞催化剂孔道而降低其活性；④催化剂抗碎强度欠佳，使用一段时间后颗粒破碎引起系统阻力上升而无法继续使用，或者催化剂活性变得很低，影响正常的催化过程和质量。催化剂的寿命短的数月甚至几天，长的则可达 7～8 年，所以在工业生产过程中会不断地产生废催化剂。

以往对废催化剂的处理方式主要以丢弃、填埋、焚化等方式为主，但是这些废催化剂中含有大量的有用物质，上述处理方法不仅浪费资源，还会造成严重的环境污染，因此许多国家明令禁止使用上述方法处理废催化剂。美国环保署在 2002 年出台禁止丢弃、填埋废催化剂的法律法规，欧盟、日本、中国等国家也相继出台类似的法律法规。对废催化剂中有价金属进行回收是解决此问题的有效方法，它不仅能够节约资源，还能够减轻废催化剂对环境的污染，同时还能获得可观的经济效益。废催化剂的有价金属回收、无害化处理或再生利用不仅能缓解全世界金属的供需矛盾，提高资源的综合利用，而且具有很高的经济和社会价值，这与我国的科学发展观相一致。

13.3.2 废催化剂中有价金属的回收

氢能作为一种清洁的新型能源载体，已成为全球能源技术革命的重要方向。大部分氢能项目中都需要使用催化剂去提高氢能的利用效率，但是由于催化剂的寿命问题，使得废催化剂的回收有着非常重要的研究意义。另外，随着环保要求的不断提高，催化加氢技术在化工中的作用也越来越受关注，特别是对所涉及的催化剂的研究。下面介绍铂和镍等几种典型的废催化剂中有价金属的回收。

13.3.2.1 废催化剂中金属铂的回收

铂属于铂族金属，即铂（Pt）、钯（Pd）、铑（Rh）、铱（Ir）、锇（Os）、钌（Ru）6 种金属元素之一，在矿石中的合计品位一般约为（3~6）g/t，提取困难，因此 Pt 的产量极低而被称为稀有贵金属。铂的用途广泛，可用于饰品、医药、电子器件、废气催化净化材料和燃料电池等。其中，燃料电池使用氢作燃料，其产物为水，是一种清洁能源。但是氢气和氧气的反应很慢，只有在 Pt 催化剂存在的条件下，反应才能快速进行。因此，随着燃料电池的兴起和发展，Pt 的用量还会进一步的增加。

对于废催化剂来说，虽然它的催化功能已经丧失，但是其 Pt 族金属组分仍然保留下来，是 Pt 族金属重要的二次资源，对其进行回收具有非常大的经济价值。许多国家对 Pt 族金属废催化剂的回收利用都十分重视，例如德国迪高沙公司从 1968 年就开始回收废铂网催化剂，美国铂族金属的回收量在 1995 年就已经达到 12.4~15.5t。

铂及铂族金属催化剂一般由载体和活性组分构成，其载体多数为氧化铝、二氧化硅、活性炭或分子筛等，活性组分主要为 Pt、Pd 或 Rh。废弃的铂族金属催化剂中通常会含有积碳或者其他杂质，对其回收主要就是实现活性组分和载体的分离。铂族金属催化剂的回收方法主要包括火法和湿法两大类，其中火法包括熔炼富集法、火法氯化与高温挥发法和焚烧法，火法回收对设备要求比较高，而且工艺流程较为复杂，仅适合于大规模生产；湿法包括载体溶解法、活性组分溶解法和全溶解法，湿法对设备要求较低，不需要高温高压，可以应用于规模较小的生产。现阶段由于技术和生产规模的原因，我国主要以湿法回收为主。

（1）熔炼富集法

熔炼富集法是向高温熔融的废催化剂中加入熔剂和捕集剂，载体在溶剂的作用下分解并熔为炉渣，捕集剂与铂族金属形成熔融的贱金属合金相或熔硫与炉渣分离，使铂族金属得到有效富集。熔炼法是在矿产资源提取、回收铂族金属中应用较普遍且回收率最高的一种方法。熔炼富集法分为金属捕集法和等离子熔炼法。

金属捕集法是在高温条件下，载体与熔剂形成易分离的炉渣，铂族金属转化为捕集金属熔体，从而实现载体和铂族金属的分离。常用的金属捕集剂有 Fe、Cu、Ni、Pb 等。金属捕集法适用的物料范围广，尤其适用于铂族金属含量很少及载体难溶的废催化剂，且操作费用低。

等离子熔炼法是指利用等离子电弧技术提供熔炼所需的高温环境，在立式等离子电弧炉内对炉料实施强化熔炼，使废催化剂中的 Pt 富集到捕集料中，载体成分进入渣相，从而实现 Pt 与载体的分离。该法是一种用于处理以铁质堇青石（2FeO·2Al$_2$O$_3$·0.5SiO$_2$）、镁质堇青石（2MgO·2Al$_2$O$_3$·0.5SiO$_2$）等为载体的难熔废催化剂的特殊熔炼富集法。等离子熔炼法速度快、铂族金属富集倍数高、生产效率高、流程短、无废水和 SO$_2$ 的污染，但是处理蜂窝堇青石载体汽车催化剂时金属与渣分离困难且合金的后续处理工艺困难，另外投资大、能耗高、设备特殊、等离子体枪使用寿命短。

（2）火法氯化与高温挥发法

氯化法是一项广泛应用的冶金新技术，用氯化法处理失效催化剂的目的就是氯化铂族金属使其转化为氯化物。火法氯化法是在较低的温度（500～600℃）下进行氯化，即中温氯化焙烧，使铂族金属转化成可溶性的氯化物，然后用稀盐酸或水溶解，从溶液中回收铂族金属。高温挥发法也称为气相转移法，是在较高温度（1000～1200℃）下进行氯化，使铂族金属转变成氯化物形式挥发，再用水或氯化铵溶液从气相中吸收铂族金属氯化物。英国专利介绍过一种从以多孔碳化硅为载体的废弃铂族金属汽车催化剂用高温氯化挥发法回收的工艺，在废弃催化剂中加入氯化钾，然后于 1000℃ 的条件下，在流化床中用氯气进行氯化。氯化法耗能少、操作简便、试剂消耗少，铂族金属的回收率高，但也存在设备腐蚀严重、毒气需处理等缺点。

（3）焚烧法

焚烧法适用于以活性炭作为载体的含铂及铂族金属废催化剂。焚烧法就是脱碳后从烧渣中回收铂族金属，该方法能有效脱除大部分载体，使得金属得到有效富集。对碳质废催化剂，焚烧法是最经济且有效的方法。冯才旺等人研究了从含废 Pt-C 催化剂中回收 Pt 的工艺，该工艺回收的铂纯度达 99.9％，回收率达 98.6％。焚烧法流程短，效率高，处理成本低，是从单一碳质载体型失效催化剂中回收铂族金属经济实用的方法。

（4）载体溶解法

载体溶解是使用非氧化性的酸溶或碱溶的方法处理 Al$_2$O$_3$ 载体催化剂，催化剂中 Pt 不溶解，只有 Al$_2$O$_3$ 载体溶解，有价金属保留在残渣中而与载体分离，进而实现富集铂族金属的目的。郑勇等人在研究中采用 30％的硫酸（H$_2$SO$_4$），于液固比 6：1、温度 110℃下搅拌 1～3h，载体 Al$_2$O$_3$ 可以全部转入溶液。杨茂才等人用氢氧化钠（NaOH）浸出含 Al$_2$O$_3$ 96.5％，Pt 0.35％的废催化剂，当 Al 的浸出率控制在 88％～92％时，浸出液中的 Pt 小于 5×10^{-4} g/L，贵金属的富集倍数最高为 12 倍，Pt 的回收率达到 99.9％。酸溶法使得溶解载体后的金属得到有效富集，贵金属回收率高、成本低，但是载体溶解液过滤困难；而碱溶法需要耐压设备和高压蒸汽，而且所生成溶液的黏度较大，固液分离较困难，不如酸溶法有效，因而实际应用不多。

（5）活性组分溶解法

溶解活性组分法是加入试剂直接溶解废催化剂中的铂族金属，再从溶液中提取 Pt。浸出过程一般是在盐酸体系中加入一种或几种氧化剂，如硝酸、次氯酸钠、次氯酸、氯酸钠、氯气或双氧水等。使 Pt 最终以 PtCl$_6^{2-}$ 的形式进入溶液，实现 Pt 的浸出，从而达到与载体分离的目的。朱书全等人用氯酸钠作为氧化剂和盐酸一起浸出废催化剂中的 Pt，当氯酸钠溶液的浓度控制为 2.5g/L 时，Pt 的回收率高于 98％。该法的优点是 Al$_2$O$_3$ 载体不被破坏，可重复使用；缺点是 Pt 溶解不彻底，回收率较低。

（6）全溶解法

全溶解法是在较强的酸性和氧化性条件下，将废催化剂的活性组分和载体同时溶解，然后再用离子交换或萃取法从溶液中回收贵金属的方法。张方宇等人用硫酸、盐酸加氧化剂一起溶解废催化剂，再从溶液中提取 Pt 族金属，Pt 回收率高于 98%。全溶解法的优点是铂族金属的回收率和纯度较高，缺点是只能用于处理载体为 γ-Al_2O_3 的催化剂，而且酸的消耗量大，不仅成本高，对环境的污染也比较大。

13.3.2.2 废催化剂中金属镍的回收

镍系催化剂在氢化作用、加氢脱硫、氢化裂解精炼等过程有着广泛的应用，产生的废催化剂中镍含量低的一般在 1.2%~6%，高的可达 60%~90%。镍在废催化剂中的存在形态比较复杂，能够以 Ni、NiO 或 $NiAl_2O_4$ 等多种形态存在。炼制镍金属所用的硅酸镍矿中 Ni 的含量仅为 2.8%，且呈逐渐减低趋势，因此为解决资源短缺问题，回收废催化剂中的金属镍是十分有必要的。从镍系废催化剂中回收有价金属的方法一般分为三种，即火法、湿法和联合法。但是火法存在回收成本高和环境污染等问题，其相关研究和引用较少，所以下面主要介绍湿法和联合法。

（1）酸浸法

酸浸法一般采用硫酸、盐酸、氢氟酸、硝酸或混合酸为溶剂，将废催化剂中的镍和其它金属（Al、Fe 等）一起溶到溶液中，再通过净化、浓缩、结晶或电解等工序得到金属镍或镍盐。王虹等人以硫酸为浸出剂从含镍废料中回收 Ni 和 Cu，浸出液经分步净化的方法得到了硫酸镍、硫酸铜和电解镍，使有价金属得到回收，在最佳工艺条件下镍的浸出率为 87.88%。Lai Yi-Chieh 等人将在 300℃ 下预处理 30min 的废催化剂用 HNO_3、H_2SO_4 和 HCl 的混合酸处理，当这三种酸的体积比为 2∶1∶1、固液比 40%、浸出时间 1h、温度 70℃ 时，Ni 的一次浸出率高达 99%。酸浸法是一种传统的方法，特别是硫酸浸出法，由于其浸出剂廉价、投资小、反应周期短且大多在常压下进行，所以仍是含镍废催化剂中镍回收的首选方法。

（2）氨浸法

氨浸法是基于氨与镍的良好络合性，进而从含镍固体中分离和提取镍的方法。氨络合过程必须在密闭反应器内进行，防止氨泄漏造成环境污染，同时避免氨损失对浸出效果的影响。氨浸法的优点是能够选择性浸出 Ni、Zn、Co 等有价金属，而与杂质（Fe、Al、Ca 等）几乎不发生反应，且产品纯度高、选择性好、浸出剂可以循环使用，但是其浸出速度慢、浸出率较低。

（3）联合法

联合法是将火法、湿法或其他方法结合使用的一种处理方法。另外在湿法、联合法处理含镍废催化剂过程中，有时常用到萃取、电解等方法，以达到分离、净化或得到单质金属的目的。

13.4 扩展阅读

随着"绿水青山就是金山银山""碳达峰、碳中和"的提出，实现资源的绿色、高效、循环利用具有重大意义。目前，电动车辆在我国市场份额中所占的比重越来越大，电池等能量存储和转化设施的产量及退役量将逐年增加。从环境角度来讲，废旧电池内含有大量的重金属以及废酸、废碱等电解质溶液。如果随意丢弃，腐败的电池会破坏水源，侵蚀人们赖以生存的庄稼和土地，生存环境将面临巨大的威胁。从资源角度来讲，退役新能源设备属于一种宝贵的"城市矿山"，含有大量有用的金属元素，如贵金属、锂、镍、钴等，一旦废弃会造成资源浪费。因此，加强新能源设施的资源化回收利用，是推进我国生态环境建设的必要措施，是促进循环、绿色经济的重要一环。2018 年，工信部发布了《新能源汽车动力蓄电池回收利用管理暂行办法》，要求汽车生产企业应承担动力蓄电池回收的主体责任。但是，对于废弃电池回收的初期，仍有很多行业内的混乱现象。据统计，2020 年中国动力电池累计退役量约 20 万吨，但是大量流入小作坊等非正规渠道，带来安全和环境隐患。为解决这一问题，国家也制定了相关的政策。截至 2021 年 4 月，共 27 家企业进入工信部符合"新能源汽车废旧动力蓄电池综合利用行业规范条件"的名单。作为一名工科的学生，未来的行业工程师，我们在行业发展的同时，一定要把"绿色发展，健康发展"的概念植于心中，做到创新和家国情怀并重！

思考题

(1) 报废三元锂动力电池的回收预处理有哪些常见的方法？
(2) 废旧磷酸铁锂电池的回收技术和策略有哪些？
(3) 废催化剂中金属镍的回收有哪些常见的方法？
(4) 废催化剂中金属铂的回收有哪些常见的方法？
(5) 废旧电池的回收有什么意义？常用的镍氢电池回收方法有哪些？

参考文献

[1] Harper G., Sommerville R., Kendrick E., et al. Recycling lithium-ion batteries from electric vehicles [J]. Nature, 2019 (575): 75-86.

[2] Fan M., Chang X., Meng Q., et al. Progress in the sustainable recycling of spent lithium-ion batteries [J]. SusMat, 2021 (2): 241-254.

[3] Du K., Ang H., Wu X., Progresses in sustainable recycling technology of spent lithium-ion batteries [J]. Energy & Environmental Materials, 2021: doi. org/10.1002/eem2.12271.

[4] 陶志军，贾晓峰. 中国动力电池回收利用产业商业模式研究 [J]. 汽车工业研究，2018 (10)：33-42.

[5] Assefi A., Maroufi S., Yamauchi Y., et al. Pyrometallurgical recycling of Li-ion, Ni-Cd and Ni-MH batteries: A minireview. Current Opinion in Green and Sustainable Chemistry, 2020, 24: 26-31.

[6] 姜银举，罗果萍，马小可，等. 直接还原-渣金熔分法回收稀土储氢合金冶炼废渣 [J]. 稀土，2012, 33 (6)：53-56.

[7] 郑瑞娟，钟坚海，凌宝龙，等. 废旧镍氢电池正极材料中钴的提取研究 [J]. 新乡学院学报，2015, 32 (9)：22-25.

［8］ Duclos L. ，Svecova L. ，Laforest V. ，et al. Process development and optimization for platinum recovery from PEM fuel cell catalyst ［J］. Hydrometallurgy，2016，160：79-89.

［9］ Wu H. ，Duan S. ，Liu D. ，et al. Recovery of nickel and molybdate from ammoniacal leach liquor of spent hydrodesulfurization catalyst using LIX84 extraction ［J］. Separation and Purification Technology，2021，269：118750.